WIN in the Workplace

阳光 编著

竞争要手段

职场是门技术活

民主与建设出版社
·北京·

图书在版编目（CIP）数据

职场是门技术活 . 1, 竞争要手段 / 阳光编著 . --
北京 : 民主与建设出版社 , 2023.3
ISBN 978-7-5139-4199-0

Ⅰ . ①职… Ⅱ . ①阳… Ⅲ . ①成功心理－通俗读物
Ⅳ . ① B848.4-49

中国国家版本馆 CIP 数据核字（2023）第 088964 号

职场是门技术活 · 竞争要手段
ZHICHANG SHI MEN JISHU HUO JINGZHENG YAO SHOUDUAN

编　　著　阳　光
责任编辑　郝　平
封面设计　书心瞬意
出版发行　民主与建设出版社有限责任公司
电　　话　（010）59417747　59419778
社　　址　北京市海淀区西三环中路 10 号望海楼 E 座 7 层
邮　　编　100142
印　　刷　唐山楠萍印务有限公司
版　　次　2023 年 3 月第 1 版
印　　次　2023 年 6 月第 1 次印刷
开　　本　880 毫米 ×1230 毫米　1/32
印　　张　4
字　　数　60 千字
书　　号　ISBN 978-7-5139-4199-0
定　　价　198.00 元（全 5 册）

注：如有印、装质量问题，请与出版社联系。

职场是门技术活·竞争要手段

前言

preface

也许你是刚刚入职、希望快速适应职场的“菜鸟”；也许你是工作三五年、渴望升职加薪的普通员工；也许你是遇到职业发展瓶颈的管理者；也许你是想突破职场天花板的领导者……仅仅明白要好好工作是不够的！如果你渴望冲破眼前的迷雾，找到更宽广的发展空间，就一定要找到适合自己的进阶之路，这样才能更好地应对职场中出现的各种难题和挑战。

为了让职场人士充分认识并了解职场发展的基本道理、不同阶段的发展策略，在奋斗过程中少走弯路，稳步发展，我们特别推出了《职场是门技术活》这套书，以供职场人士学习。

这套书共分为《竞争要手段》《执行有学问》《管理要谋略》《管人要心计》《权谋要智慧》五个分册，理论联系实际，系统详尽、深入浅出地阐述了如何从工作实践入手，解决各方面的难题，获得更大的成功。

本书内容全面，方法实用，讲解透彻，通俗易懂，既有系统的理论介绍，也有能即学即用的技巧和策略。

如果读者朋友们能在深入阅读本书的基础上开动脑筋，认真学习和思考，并把所学的知识加以运用，无论自己处于怎样的阶段、陷入何种困境，日积月累，必将找到突破困难的方式，掌握最切合实际的各种应对方法，找到真正属于自己的职场之道，走向职场的新阶段！

目录
CONTENTS

第一章
打动面试官，让自己脱颖而出

15 秒吸引面试官眼球

一份完美的简历往往能够出奇制胜，它不仅能够充分展现出应聘者的才能，还可以瞬间抓住未来雇主的注意力，给面试官留下一个良好的直观印象。

如果你的简历是一篇推销自己的文章，人事专员就是你的客户。但记住一点，你的客户正在做一份非常辛苦的工作。他在看你的简历时，还有上百份的简历在等着他。通常他会在你的简历上停留 8 秒钟左右。他停留在你的简历上的时间越长，你被选中的可能性就越大！

换位思考的思维方式在任何时候都是解决问题的首要考虑！把自己摆在工作到晚上十点，还有上百份的简历等着看的状态下——这时你会选自己的简历吗，你会给你的简历打多少分——然后再去修改你的简历。那么我们来看一看，世界 500

强企业的人事经理是怎样看待简历的。

花旗中国区人事部门招聘经理于女士想看到的是求职目标明确的简历——一页纸的简历。在简历写作中，推敲你的措辞，围绕你的目标来写，不要什么都写。好简历会让人感觉舒服，这就要求从字体到版面布局，从纸张到写作，都要让面试者看着舒心。

英特尔中国区招聘经理陈女士表示，首先简历要写得清晰明了；其次，主要工作经历要与申请职位相关；最后，由于英语是英特尔的工作语言，日常用语、文件写作、技术用语以及与亚太区的合作都是用英文，要求员工必须能用英语在工作中交流。

掺水的简历在英特尔没有前途。负责招聘的经理们都有一定经验，伪造的东西很容易被看出来，面试时问几个问题就可以了解你。到那时，不管你有怎样的能力和资格，对不起，公司对品德不好的人不感兴趣。

爱立信人力资源部副总裁牛女士指出，好的简历，目的性要强，用人单位需要什么，你就提供什么。抒情的句子不必要，如“给我一个支点，我将撬起地球”“让我们风雨同舟”“给我一个机会，我会还你一个惊喜”……这样煽情的话，就像谈恋爱时，第一次见面就冲上来进行肉麻的表白，结果只会适得其反。

另外，对于职务要求表述要简洁、平实、有力，语言要清晰，逻辑性要强。这些是基本的要求。你还应该做个有心人，针对招聘单位的特点和要求，“量体裁衣”特制一份简历，表明你对用人单位的重视。

肯德基人力资源部资深经理邱女士的观点是：头脑必须清晰，条理分明。展现在简历上，除了要清楚表达自己的学习经历之外，最好能够清楚表达自己的性格、价值观、学习态度、未来的目标和工作理念等，并以过去的经验来佐证，比如，之前做过哪些案例，获得哪些启发，或是曾经遇到过哪些问题，是如何解决的等。

如果应聘者在简历上能详细注明社团经验和打工经验，都有加分效果。最好是能够详述之前组织过什么样的活动，并从中展现自己乐于与人互动的特质。带点创意的简历容易在众多应征简历中脱颖而出。

通过人事经理的视角，我们不难看出完美简历具备以下几个特点：

包装不必花哨，精益求精才是正道；

巧妙的阅读诱导和精准的信息定位；

突出你的关键信息，向招聘人员展示他们最需要的内容；

突出个人魅力，展现个性特点，不能千篇一律；

干净、整齐、利落的职业化写作风格。

许多专业的面试官都会告诉你，真正优秀的简历在15秒内就能抓住他们的眼球，可见面试官对你的第一印象，只需秒针转过90度，就已经基本建立了。因而牢牢把握住完美简历的要点，一定能够演奏出最佳的职场序曲，使你展现令面试官最为心动的一面。

看人下菜，到哪山上唱哪歌

常言道“到什么山上唱什么歌，见什么人说什么话”，就是说，对待不同的人，要针对其性格特点，巧妙应对，面试也是这样，不同的面试官，也应采用不同的方式。

狐狸在捕猎之时，会先观察所捕获动物的习惯，然后设下陷阱，进行捕杀。例如观察到刺猬看见水就竖起刺，就会知道刺猬怕水，它就用树枝钩着刺猬，将其拖入水中。倘若遇到狸猫，它会主动示好，假装可爱，一旦对方松懈，它就会趁机捕杀对方。如果遭遇大型猛兽，它会投其所好，主动将自己捕获的猎物拱手相让，然后再吃对方吃剩下的残渣以生存。

不难看出，狐狸之所以捕猎成功的几率很高，就是因为它知道先揣测对方的心思，或是了解对方弱点，或是投其所好，抓住对方特点使自己有可乘之机。因而，对傲慢无礼的人说话应该简洁有力；对沉默寡言的人就要直截了当；对于瞻前顾后、草率决断的人，要把话分成几部分来讲。说一句别人爱听的话，可以拉近彼此的距离。

谭聪去应聘一家美资企业。通过初试之后，获得了总经理面试的机会。他敲门进去时，总经理正在打电话。招呼他坐下后，总经理一边打电话一边示意谭聪帮他拿一个红色的文件夹，说需要告诉客户一些数据。谭聪站起来走向文件柜，拿出一本红色文件夹递给他。谁想他突然挂了电话，说："面试结束了，你可以走了。"见谭聪傻了眼，他又解释道："你犯了3个错误。第一，文件柜里共有5个红色文件夹，上有编号，你没问我几号而是随便拿了一个；第二，对方正在等我的回话，你应该跑向文件柜以节约时间；第三，在你拿到文件夹的同时应该问我需要哪些数据，然后翻开找到它们再递给我。你知道，现在的杭州人才齐齐（济济），我们需要的是各方面都很过硬的人才。"

谭聪知道自己没戏了。但临走时，还是对这个美国人回敬了一句："请问人才'齐齐'是什么意思？"

他笑着说："当然是人才很多的意思。"

谭聪反唇相讥："但是正确的说法是人才济济，所以我提醒您，在没有搞清楚之前，不要乱用中国的词汇。"

结果出乎意料，谭聪收到了聘用通知，两个月后他成为了这家公司的正式雇员。后来他才得知，正是他大胆地纠正老外的用词错误，为他赢得了这次机会。因为该公司的管理者比较欣赏下属的自信和勇气。

其实谭聪是运气好，他的勇气和胆量正好碰上了欣赏这些的面试官。但是我们好不容易得来的面试机会，总不能交给命运去打理。试想，如果谭聪面对的是一个度量狭小的面试官，那么他的勇气和胆量会造成什么后果？结果不言而喻。如果你事先就掌握了如何应对各种类型的面试官，就可沉着应对了。

徐文远是名门之后，幼年跟随父亲被抓到了长安，那时候生活十分困难，难以自给。他勤奋好学，通读经书，后来官居国子博士，越王杨侗还请他担任祭酒一职。隋朝末年，洛阳一带发生了饥荒，徐文远只好外出打柴维持生计，凑巧碰上李密，于是被李密请进了自己的军队。李密曾是徐文远的学生，他请徐文远坐在朝南的上座，自己则率领手下兵士向他参拜行礼，请求他为自己效力。徐文远对李密说："如果将军你决心效仿伊尹、霍光，在危险之际辅佐皇室，那我虽然年迈，仍然希望能为你尽心尽力。但如果你要学王莽、董卓，在皇室遭遇危难的时刻，趁机篡位夺权，那我这个年迈体衰之人就不能帮你什么了。"李密答谢说："我敬听您的教诲。"

后来李密战败，徐文远投奔了王世充。王世充也曾是徐文远的学生，他见到徐文远十分高兴，赐给他锦衣玉食。徐文远每次见到王世充，总要十分谦恭地对他行礼。有人问他："听说您对李密十分倨傲，对王世充却恭敬万分，这是为什么呢？"徐文远回答说："李密是个谦谦君子，所以像郦生对待刘邦那样用狂傲的方式对待他，他也能够接受；王世充却是个阴险小人，即使是老朋友也可能会被他杀死，所以我必须小心谨慎地与他相处。我察看时机而采取相应的对策，难道不应该如此吗？”等到王世充也归顺唐朝后，徐文远又被任命为国子博士，很受唐太宗李世民的重用。

徐文远之所以能在乱世之中保全自己，屡被重用，就是因为他针对不同的人有不同的应对之法，灵活变通，懂得“看人下菜，到哪山上唱哪歌”。在与面试官的交流过程中，牢牢抓住他们的性格特点，才能获得他们的认可，使自己脱颖而出。

见微知著，慧眼识“官”

世间万物都有规律可循。对于大多数人来说，我们的行为和态度是由性格差异决定的。如果我们能初步了解面试官的性格特点，并做进一步的推断，甄别出他们所属的类型，就能做好应对。

从性格上划分，招聘者大致有四种类型：目标导向型、温馨家庭型、轻松浪漫型和深思熟虑型。

1. 目标导向型

这类人说话时直截了当。他们总是板着面孔，一本正经地提问，对与主题无关的话题不感兴趣，总是简单明了地问东问西，回答时简练干脆。

拆招：简明扼要地回答问题，直接、清楚、信心十足，最忌含糊、犹豫和不准确，更不能东拉西扯。

2. 温馨家庭型

这类招聘者讲话客气，让人觉得亲切。他喜欢每个人，也希望别人都能喜欢他，能够与他友好相处。

拆招：遇到这类人，一定要强调自己团结合作的精神，多用“我们”而少用“我”，切忌贬低别人、抬高自己，要让对方感到你温暖而友善。

3. 轻松浪漫型

这类招聘者的办公桌上通常杂乱无章，他们的情绪和行为难以预料。他们办事时常很草率，常凭第一印象来评价求职者，喜欢自我表现和述说。

拆招：遇到这类招聘者，第一印象很重要，既要自信，又应谦虚，最好的办法是做个好听众、好学生。最好能够对他的谈话感兴趣，做到一唱一和、有来有往。

4. 深思熟虑型

这类招聘者是用理智和道德进行面试的，他不仅对求职者的工作经历、成就及理想感兴趣，而且对求职者的工作方式、方法也感兴趣。他会提出诸如信念、人生观等问题，并希望求职者尽可能地发挥，自圆其说。

拆招：回答这类招聘者的提问，要尽量使自己的回答合乎社会道德，条理清晰，思路正确。

按照从业经历和招聘经验，面试官又可以分成三种类型：

青涩派、强势派和圆熟派。青涩派是刚踏上招聘岗位不久的新人，一般是工作 1 ~ 2 年的人事助理；强势派是指受过专业培训，有着 5 年以上的招聘经验，正处在职业发展中期的经理人；圆熟派的面试官，拥有多年的招聘面试经验，能非常熟练地驾驭面试。

1. 青涩派

作为刚踏上招聘岗位不久的新人，他们的工作主要是筛选简历、安排面试、负责面试接待或临时充当面试官。在面试过程中，他们习惯按照标准化的甄选流程，对着面试记录表上的标准问题，逐一向你提问："请你介绍一下自己，请问你应聘我们公司的动机……"

拆招：在与他们交谈中，要强调自己的优势，比如，良好的教育或留学背景，曾经在知名企业工作的经历，等等。另外，大多数招聘新人对业务没有太多了解，因此，你给出的答案令他们无从评判；对他们而言，"眼缘"、第一感觉是最重要的，有时你不露声色地"卖弄"一些专业理论知识，可以让他们对你"肃然起敬"。

2. 强势派

近一半的面试官属于这种类型，他们的风格是高高在上，不苟言笑，采用盘问或调查户口的方式询问所有他们想知道的问题。他们的面试宗旨是：面试者必须有足够的依据证明自己是优秀的，别想含糊地逃过我这一关！他们的面试很有章法，会针对工作经历层层提问，问题一个紧接着一个。

拆招：保持冷静，耐住性子，展示自信，千万不要被他们的气势所吓倒或激怒。对这类面试官，平时要注意学习如何与面试者加强交流，如自我介绍，与面试者轻松交流、融洽对话，避免歧视或偏见，等等。

3. 圆熟派

这种类型的面试官，已经可以非常熟练地驾驭面试了。在面试过程中，他们习惯身姿前倾、保持微笑、用鼓励或赞同的方式不断让面试者放松并进入状态。他们会建立平等的交谈关系，让面试者的心情放松，从而得到更多有价值的信息。现在有越来越多的“面霸”——他们会打破招聘的死框框，不再按规矩出牌。应聘者最大的挑战也来源于此，由于提问前后没有关联，应聘者无法预测面试官的下个问题，也无法判断他们正在用什么方法评价自己的能力、经验和资历。

拆招：积极回应，照实回答，但千万不要放松警惕，无意识地落入“王婆卖瓜，自卖自夸”的境地！

知己知彼方能百战百胜。简言之，时刻保持良好的职业素养，准确分析判断，做好应对，才能与面试官更好地交流，赢得他们的信赖，轻松跟上面试官的节奏。

接好面试官的“砖头”

在有限的面试时间里，面试官不会有闲情逸致聊与主题无关的东西。小心面试官的弦外之音，他的目的只有一个：全方位地掌握面试者的思想。正所谓抛砖引玉，面试者一定要接好面试官抛来的“砖头”，否则，这一“板砖”就有可能将你拍“飞”。

某中学校长到某大学选毕业生，欲招聘几名教师和校刊编辑。一位新闻系的学生前来应聘。一见面，这位中学校长便说：“你们学的是编辑专业，但我们校刊是一份小报，我想多少有些大材小用。你大概是打算到我们这儿来积累经验，然后跳槽到大报社去吧？”

这名学生见校长笑容和蔼，就没听出校长说这话的深意，也就没对这话作出反应，只是笑了笑。这学生本没有跳槽之意，但校长以为他默认了自己的推测，就马上把他否定了。面试时一定要留个心眼，小心弦外之音。

一家大公司要招一个财务总监，前来面试的人很多。经过初试、复试，最后只剩下 5 个人。在最后一次面试中，面试官问了他们每个人一个问题：“你怎么样能帮公司逃掉更多的税？”

大家都绞尽脑汁地想办法，第一个应聘者说可以这样做些手脚，第二个应聘者说可以那样做一下账，绝对不会被发现……

听了这些答案后，面试官什么也没有说，只是让他们回家等通知。

这时还剩下最后一个应聘者。当他进来后，面试官问了他同样的问题：“你怎么样能帮公司逃掉更多的税？”

这个应聘者听完一愣，他沉吟了一下，然后说：“如果真的必须这样的话，那么对不起，我退出，我想贵公司的这个职位不适合我。”说完他起身准备告辞。

这时，面试官站起来冲他笑了：“请留步，你是这次来应聘的人中最有原则的，你通过了最后的考试。我相信你会把这份工作做得非常出色，欢迎你加入我们！”

面对提问不可疏忽大意，许多面试官就喜欢攻其不备，旁敲侧击，以确定面试者是否就是他们要的人。企业在招聘人才的时候，总有他们自己的标准。为了找到符合标准的人，面试官会对一个人不断地测试、评估，这时千万不要掉进他们的小“圈套”，要随时保持冷静的头脑，听出他们的弦外之音。

深圳一家著名的中外合资企业招聘一名服装营销部经理。王英和陈柳、杨瑜过五关斩六将，进入了最后的面试阶段。

面试由总经理亲自主持，他向三人微微点了点头，说：“你们三位的营销方案我看了，各有千秋。”然后，他话锋一转，问：“如果需要，你们愿意穿着比基尼为公司做广告吗？”

陈柳马上回答：“当然愿意，为了公司的利益，我愿意作出牺牲。”总经理微笑着没有出声。

杨瑜略一迟疑，犹豫着说：“我不愿意，我是来应聘营销部经理一职的，不是来应聘模特的。”总经理还是微笑着没有出声。

总经理把目光转向了王英，王英微笑着说：“这同所处的环境有很大的关系。平时穿比基尼不符合中国人的审美标准，但若是在国际舞台上，它就是人们对美的一种追求了。贵公司实力雄厚，若要做此类广告的话，我愿意献计献策，为公司的产品开拓更为广阔的市场。”

总经理继续微笑着问：“如果被录用，你们能长期干，不跳槽吗？”

陈柳回答：“我喜欢这份工作，我不会跳槽的。”

杨瑜也说：“贵公司实力强大，我也不会跳槽。”

王英想了想说：“我从小爱美，特别喜欢漂亮的服装。如果能应聘到这个与我专业对口的工作，我将为它献出我全部的智慧和才能。一个有用武之地又拥有相应回报的人，应该是非常幸福的。”

听了王英的回答，总经理反问道：“你的话中怎么总有前提条件？”王英笑着回答：“这就像我取得面试资格需要一定的条件一样，条件是成功的基础，你可以用实践来检验我的能力。”

结果可想而知，王英成了服装营销部的经理。

陈柳的回答“愿意”和杨瑜的回答“不愿意”都犯了回答

过于肯定和否定的错，而王英的回答则周全和成熟。对于第二个问题，聪明的应聘者都知道，一份工作能维持多久不完全是单方面的事，认同公司的环境与前景才是关键因素。

总经理的问话可谓是“圈套”重重，“陷阱”一个接着一个。但是聪明的王英没有往总经理设计的陷阱里跳，相反，她还为总经理设计了自己的“陷阱”，正是“以其人之道还治其人之身”。她的每一个回答都是不卑不亢，又令人眼前一亮，被录取是情理中的事。

“你愿意为公司穿比基尼做广告吗？”或者“你愿意出差吗？”这些问题其实是很有深意的，这就是面试官抛来的“砖头”。要牢记，你不需要马上给出一个绝对肯定或否定的回答，而是可以给出一个含有假定条件的解答或在自己的回答中留有一定余地。这样的目的只有两个：一是显示你思考问题周全；二是可以避开问题，把重点放在你的态度、优点和技能上。

面试有异更有“意”

在面试的过程中，千万不要迷信权威，只有自己尊重自己，才能赢得他人的尊重，所以大家要牢记这一点，面试时不要一味地奉迎主考官的胃口，适当的时候也要表明自己的立场，当然，也不能妄自尊大。

曾有一次，很多人一起到一家外贸公司应聘营销部经理。

但到了最后一轮面试时，老板照例说一番“我单位条件好，人才、设备一流，在国内外贸市场已占有很大份额，并准备向国际市场进军，前途远大”等话。

在场的所有应聘者几乎都异口同声地附和、赞成，唯有一位李先生说：“贵公司近几年的业绩的确不错，但也非……”说着，递上一篇他经过一年来对这家公司进行研究后所写出的体会文章，以及一份精心准备好的方案。

老板先是感到吃惊，随后越往下看越觉得有见地，忍不住大声称赞，于是当场拍板，录用了他。

在老板看来，这位李先生有个性、有主见，敢于提出有建设性的意见。而同时，他的态度又是诚恳的，建议是实事求是的，他对公司的产品做过调查和研究分析，提出的方案切合实际，完全可行，按这个方案生产将会大幅度提高公司的产品销售额。而他愿为公司长远的发展着想，对该公司的发展有着深切的关心，就这些，足以使老板选择他。

求职面试千万不要同声附和，而是要有自己的独特见解。在工作上要寻找新方法，同时也要探索新思路。对于一个企业来说，更应该时常开拓新路，紧随时代的脚步，与时俱进。这位参加面试的先生不但为企业提供了新颖的发展思路，同时在面试时能够不随波逐流，在大部分人都唯唯诺诺的状态下发表不同意见，不能不说也是一种令人眼前一亮的表现。

外语系毕业的小宁和另外几位应聘者参加一家大型汽车制造厂的笔试——内容是在规定时间内，翻译一份汽车制造厂设备的技术性资料。

说实话，资料中有不少专业术语，对于几位外语系毕业的应聘者来说有难度。小宁卡了几次壳后环视房间，发现办公柜里有本英语词典，她立即大方地提出，有几个单词不太清楚，想查阅一下。结果，只有小宁在规定时间内译完了，且准确率最高。

而其他几位应聘者基本都没有做完全部的试题。因为他们根本没注意房间，即使看到了房间里的词典也因为不好意思借，怕丢面子，怕别人认为自己的水平太低，只能硬着头皮往下做。

小宁自然被录取了。人事部主管非但没小看她，还觉得她思维灵活，具有较强的应变能力。

词典是种工具，运用工具在规定时间内拿出最准确的译稿，这才是聘方想要的，也是最重要的结果。小宁在面试时首先想到的是如何尽可能地利用手里的工具把事情做好，而不是瞻前顾后、怕这怕那，她的言行既体现了智慧也体现了勇气。

不拘一格，思维灵活，这是用人单位对面试者的要求之一。所以在面试这么短暂的时间里，面试者也要尽可能地表现出自己敏捷的思维，发出不一样的声音，这也是一种智慧的表现。通过这种表现，能够赢得面试官更多的欣赏。总之，在面试中一定要好好利用自己的聪明才智。

第二章
初来乍到，要懂得唯命是从

挑战什么也不要挑战老板的耐心

职场中，尽管老板不可能总是对的，但跟老板对着干总是不好的。挑战老板的耐心，最终会打破自己的饭碗。

在《杜拉拉升职记》中，DB 商业客户部原销售总监彼得·章聪明过人，销售水平高，经验也丰富，但是他不服刚来 DB 中国的总裁何好德，明里暗里与何好德对着干。他曾经成功地把前任总裁逼走，这次打算再把何好德逼走。结果，彼得·章不但没达到目的，反而被何好德炒了。究其原因，全在于他自不量力，一再挑战老板的底线，最终不得不离开。

想一想，是站在老板的一边与之共同成长，还是仗着自己的优势，和老板进行对抗，去挑战他的底线？哪一条才是你心里的光明大道？你是激进派还是保守派？不管是何门何派，你是否充分考虑了“维护自己的利益”这个大前提？

彼得·章公然挑衅何好德，他的强攻制造了浓浓的火药味，如此公然挑衅就意味着撕破了脸。彼得·章很聪明，但他过于嚣张。即使在这场战役中他处于优势，有胜算，或者即使得到了成功的结果，他承担风险的系数还是远远高于何好德的。

要知道，你的老板之所以能坐在这个位置，必定还是有两把刷子的，没有一定的思维和处事能力，又怎能担当重任。如果你的对手全是何好德之类，那等着你的就是被对方不动声色地收拾。

再客观一点说，即使理念再不相容，赤裸裸地呈现自己的意图——让老板向自己妥协，又是聪明之举吗？

换位思考一下，如果你是老板，有人叫板，你会怎么对付他。这时你就该知道和老板对峙后的危险处境了，除非你更能审时度势，更善用策略，否则必败无疑！没有一个老板可以容忍一个故意和他作对的人。所以，不要学彼得·章给自己挖坑，否则，掉进去的迟早都是自己。

小陆在一家文化公司上班，他非常有能力，取得的业绩有目共睹。但是他瞧不起同事，更不喜欢上司对他指手画脚，因此经常会违背上司的意思。对自己不赞同的意见，不是假装听不到，就是直接和上司较劲。时间久了，上司看出了小陆不服的心思，开始疏远他。小陆被打入了“冷宫”，职场前途一片灰暗。

小陆忍无可忍，与上司大吵了一架，愤然摔门离去。最终，小陆失去了一份令人羡慕的工作。

小陆恃才傲物，连自己的上司都不放在眼里，常常向上司叫嚣，最终失去了工作。试想，如果他能收敛一些，那么凭借他那出色的才能，又是一个什么结果呢?

老板最讨厌什么样的员工？相信大多数人都会说是那些不服从领导的员工。如果问他们如何管理这样的员工，他们一定会回答：炒鱿鱼。因此，那些被老板赏识的员工虽然也会提出自己的建议，但是仍然会听从老板的指示。

职场中很多员工自命清高、个性倔强，总认为老板的决策太过幼稚和愚蠢，因此总在暗地里搞点小动作。最终，他们往往会自食其果。

少一分怨恨，多一分自省

工作中，有很多人经常怨天尤人，可就是不从自身找原因。比方说，自己创不出业绩，就埋怨老板给的薪水少，没动力；没有坐上自己想要的位子，就埋怨老板不重视自己。

可实际上，一个人失败的原因是多方面的，他们只想着从别人身上找原因，唯独不从自己身上找原因。结果时间一长，他们的抱怨越来越多，业绩却越来越差；业绩差，老板更不重视他们。于是，他们只能活在“抱怨多——业绩差——老板不重视”的恶性循环里。

那么，该如何走出这个恶性循环呢？最关键的是，当老板不重视我们的时候，我们不要一味地怨恨领导，而是应该多去反省一下自己。只有从多方面入手，寻找失败的原因，并有针对性地进行自省，才能起到纠错的作用。

科尔斯在一家500强公司上班，他很不满意这份工作，愤愤地对朋友说："我的老板一点儿也不把我放在眼里，我在他那里工作，一点儿机会都没有。明天我就要对他拍桌子，然后辞职不干了。"

"你对公司的业务完全弄清楚了吗？对他们做国际贸易的窍门都搞通了吗？"他的朋友反问。

"没有。"

"君子报仇，十年不晚，我建议你好好地把公司的贸易技巧、商业文书和公司运营完全搞清楚，甚至如何修理复印机的小故障都要学会，然后再辞职。"朋友说，"你把你们的公司当作免费学习的地方，等所有东西都学会了之后再一走了之，这样不是既有收获又出了口气吗？"

科尔斯听从了朋友的建议，从此便默记偷学，下班之后也留在办公室研究商业文书。

一年后，朋友问他："你现在学会了许多东西，可以准备拍桌子不干了吧？"

"可是我发现近半年来，老板对我刮目相看，最近更是不断委以重任，又升官、又加薪，我现在是公司的红人了。”

“这是我早就料到的。”他的朋友笑着说，“当初老板不重视你，是因为你的能力不足，又不努力学习。之后你痛下苦功，能力不断提高，老板当然会对你刮目相看。”

作为企业的一名员工，要想在工作中取得成功，必须适时清理一下内心的“乌云”，经常自查自省，把负面的情绪扔进“垃圾桶”。

大部分人在面对工作中的不快时，只会像科尔斯一开始那样，一味地抱怨老板，却不会像科尔斯后来那样去反省自己，改变自己。他们拒绝面对自己，更不会去问问自己的能力是否达到了升职的要求，自己的工作态度是否良好，等等。其实，平心静气地正视自己，客观地反省自己，既是一个人修性养德必备的基本功之一，也是一个人从“业绩不够好”走向“业绩很出色”的路径。就像上面故事中的科尔斯，在听取了朋友的劝告之后，不断学习，痛下苦功，结果不仅补齐了自己能力上的短板，更重要的是老板对他也刮目相看。

所以，在工作中，当我们没有得到老板的重视时，明智的做法不是一味抱怨老板不是好的伯乐，而是要先认真反思一下自己是不是千里马。如果自己是千里马，那么你就要勇敢亮出自己的本事，让老板发现你、重视你；如果你根本不是千里马，那么你就应该积极学习，不断提高自己的业务能力，最终用新形象征服你的老板。

心态对了，一切就对了

无论是刚毕业的大学生，还是初到新单位的员工，往往都雄心勃勃，他们不仅想很快得到足够的回报与无限的发展空间，而且也想大展拳脚，尽快获得领导和同事们的认可，用自己的努力去征服“新世界”。但是，满腔热血的他们，在现实中往往会很快碰壁。为什么会出现这样的情况？

很多新人面对这样的情况，要么抱怨上司不理解自己，要么抱怨现实太过冷酷，而现实真的是这样吗？其实不然。

他们没有明白走进社会的第一法则：要想改变世界，必须先适应世界。换言之，与其抱怨外界不如改变自己。

一个职场规划师讲过这样的故事。

一位著名的女导演，大学毕业后的第一份工作实际上是做场记，其实就是打杂的。而接到的第一个任务竟然是抄写电话簿——导演让她把一本厚厚的电话簿抄写到一个新的本子上。

一个大学毕业生干上了抄写员的工作，好像离她的导演梦太遥远了一点。但她没有多想，而是花了好几天时间认认真真地把活干完，然后交到导演手里。结果她不久就被导演提拔为副导演，此后她的导演路也一帆风顺了。

多年后，她有一次问起带她入门的导演，为什么当年对她这么信任，没多久就能把副导演的工作交给她。导演告诉她，就是她抄写的电话簿让他对她的看法有了质的突破。当初让她抄电话簿，是因为觉得她是个新人，什么都干不了。可是当一本工工整整的电话簿交到自己手里时，导演知道这是个认真仔细的人——这样的人值得信赖。

刚入职场的年轻人，往往非常在意自己在工作中的表现，希望尽快崭露头角，但是作为公司领导和老员工，却希望能磨一磨新人身上的锐气，让他们能够脚踏实地，不要太浮躁。职场新人如果不能看懂领导和同事的用意，或者性格过于敏感和孤僻，往往会把整个事情想得非常灰暗，给自己带来很大的烦恼和困扰，甚至会产生厌职情绪。但是厌职并不能解决问题，反而会影响自己的职业发展。

每个人初入职场时都会有这样那样的困惑，觉得跟当初的理想违背，觉得没有前途——不能融入工作团队，找不到归属感。如果同事态度不友好，领导不重视，自己精神上的压力就更大了。

那么，对于职场新人来说，该怎么摆脱这种郁闷的心境呢？

首先，要调整好自己的心态，如果对业务还不熟悉，对自己所在的行业没有足够的了解，最好多做事、少说话。

其次，要把手边的每一件事都干好，只有任劳任怨，坚持从这些小事做起，才能让上级和同事看到你对待工作和环境的态度。

最后，要时刻保持空杯心态。谦卑的人更容易被人接受，也能使人快速融入新环境，工作也会逐渐进入状态，这样一来，很多情绪上的问题也就迎刃而解了。

受得住委屈，“扛骂”也是战斗力

“端人家的碗，受人家的管”，这是一位打工仔的心得体会。虽然这种认识失之偏颇，但也说明了一些问题，表达了一部分人的心声。其实，从某种意义上讲，受别人管未必不是一件好事。

俗话说，“金无足赤，人无完人”，作为下属的你，无论多么优秀，在工作中出现差错都是难免的，被上司批评也在情理之中。虽然你对上司的批评感到不悦，甚至会产生辞职不干的念头，但是，凡事应该从多角度进行考虑，不妨想一想“上司的职责就是管理部下”“做着人家的事，拿着人家的工资，挨点骂算什么”，脸皮厚些就不会生气、窝火了。你还可以从另一方面想一想，上司是把你当作公司的一员、工作上的伙伴来看待，如若不然，炒你鱿鱼就可以了，没有必要与你较真。这样一想，心里就能舒服多了，而且从上司的批评中你还可以学到一定的业务知识或为人处世的经验。

受到上司批评时，应该表现出诚恳的态度，让上司知道，你从他的批评中确实接受了什么，学到了什么。最让上司恼火的，就是他的话被你当成了耳旁风。如果你对上司的批评置若罔闻，依然我行我素，结果也许比当面顶撞更糟，因为这表明你的眼里根本没有领导。

下属要辩证地面对批评，坦诚地面对指责。上司批评你，必定有他的道理，错误的批评也有其可接受的点。更何况，有些聪明的下属善于利用批评，受批评才能了解上司。错误的批评，对你的晋升来说，影响是有限的，你处理得好，反而会成为有利因素。可是，如果你不服气、发牢骚，那么，你这种做法产生的负效应，足以使你和上司之间拉大距离，使你们的关系恶化。当上司认为你批评不得时，也就产生了相伴随的印象——认为你“用不起”“提拔不得”。

受到批评时，当面顶撞是最不明智的做法。公开场合，你下不了台，也会使上司下不了台。其实，如果在上司盛怒之时，你给了他面子，坦然大度地接受批评，他会在潜意识中产生歉疚之情或感激之情。

受到上司批评时，反复纠缠、争辩，希望弄个一清二楚，这是很没有必要的。确有冤情，确有误解怎么办？可找一两次机会解释一下，点到为止。即使上司没有为你“平反昭雪”，也完全用不着纠缠不休。斤斤计较型的下属，是很让上司头疼的。如果你的目的仅仅是不受批评，当然可以“寸土必争”“寸步不让”，可是，一个把上司搞得筋疲力尽的下属，又谈何晋升呢？

受批评，甚至受训斥，与受到某种正式的处分、惩罚是不同的。在正式的处分中，你的某种权利在一定程度上受到限制或剥夺。如果你是冤枉的，当然应认真地申辩或申诉，直到搞清楚为止，从而保护自己的正当权益。但是，受批评不同。受到错误的批评，会使你在情感上、自尊心上受到一定影响，但如果你处理得好，不仅会得到补偿，甚至会收到更有利的效果。相反，过于追求弄清是非曲直，反而会使人们认为你心胸狭窄，经不起任何误解，那人们对你只能戒备三分了。

为了使上司尽快平复情绪，在接受批评时，要表现出悔意，要面露愧色；不要显示出一副垂头丧气的表情，更不能嘻嘻哈哈、态度不严肃，这会使上司对你产生一种不好的印象。要以坦率诚恳的语言向上司承认错误，并表示尽快改正错误，争取最大限度地弥补损失。

在职场中，勇于接受上司的批评，对你是有益而无害的。脸皮厚点不吃亏，更不会受到伤害。但最关键、最重要的在于对批评的原因要进行认真反思，尽快改正错误，使自己不断进步、成长。有人也戏称，"挨骂"是与上司相处时必须练就的一种能力。因为上司总是希望他比你强，能找到你错的地方正好可以显示出他的伟大和聪明，你何不成全他呢？上司对你进行批评时，你要学会忍耐，就算上司有错，你也最好不要与之争辩。

第三章
低调——更胜一筹的职场生存策略

放下身段，任何人都是老师

当一个人没有多少成绩时，放低身段是为了让自己学到更多经验；而当一个人有了一定的成绩，为了让自己做得更好，也应该放低身段去向其他人学习。

所谓“尺有所短，寸有所长”，每个人身上都有值得我们学习的地方。身在职场，更应该放低自己，不断向周围人学习，切忌小瞧任何人。正所谓“地低纳百川，人谦容千贤”，一个人只有真正放低自己，才能够学到更多，才能储蓄更多的能力，让自己变得更强大。

有一次，帕瓦罗蒂到里昂演出。因为提前启程，他晚上住在一家旅馆里。因为担心耽误第二天演出，帕瓦罗蒂很早就睡了。

可是，住在他隔壁的小孩哭哭闹闹。他本以为孩子哭一会儿就停了，可是事情根本不是他想的那样。孩子不但没停下来，反而越哭越厉害。

帕瓦罗蒂有点恼怒了，他干脆爬起来。但很快，一个问题开始萦绕在他的脑中：孩子为什么哭这么久，嗓子也不沙哑呢？慢慢地，他竟把孩子的哭声当成歌声欣赏起来，他想，也许能从孩子的哭声中学到不让自己嗓子沙哑的诀窍。

想到这里，帕瓦罗蒂竟然兴奋起来。他把耳朵贴到墙壁上，用心倾听起来。果然，他最后发现了诀窍：孩子之所以哭这么久嗓子都不沙哑，原因在于孩子是用丹田发音而不是用喉咙。

帕瓦罗蒂开始学着用丹田发音，果然达到了意想不到的效果。在第二天的演唱会上，他以饱满而洪亮的声音征服了听众。

人只有放低自己，才能发现身边一切可以学习的机会和可以学习的人。试想，如果帕瓦罗蒂当时抱着高姿态，他或许就会去找小孩的父母理论，那结果会怎样？但是帕瓦罗蒂没有，他放低自己，发现了可学之处，一来宽容了小孩，二来他为自己事业的成功积蓄了能量。

身在职场，我们每一个人都有优于别人的时候，当你取得一些或大或小的成绩时，你会不会有一种优越感？会不会随着成绩的增长，自信心也暴涨？是不是时时想显摆一下自己的能耐？如果真的是这样，这将非常不利于你的发展。因为，自满会使一个人停滞不前，同时，自傲也会使你失去很多朋友。但如果你总能以低调的态度面对人生，即便是在成绩面前也能放下身段去向别人学习，去和别人交往，承认自己的不足，你就能够为自己积蓄更多的能量。

海纳百川，成汪洋之势，这是因为它地势最低。如果你想登上事业的顶峰，就必须要放下身段。这既是我们对自己的理智审视，也是对别人的尊敬。

越是成功，越要懂得示弱

示弱可以减少乃至消除别人对你的不满或嫉妒。生活中，成功的人更容易被嫉妒。这时，我们不妨学会适当示弱的方式。

大学毕业之后，张新幸运地成了一家机关单位的宣传干事。因为大学时，张新就是中文系的才子，进入单位后，她在自己的工作岗位上可谓得心应手。领导交代的任务，张新每一次都能出色地完成。再加上她工作特别勤奋，进单位不久，就深得领导器重。而那些时不时飞来的稿费，更让张新风光了好久。

可张新没想到，在风光到来的同时，麻烦也来了。先是很多在单位待了多年依然原地踏步的同事讥笑她为了不多的稿费熬红了眼；接着又有很多不如她的同事看到她拿荣誉证书，因为心里不平衡到领导那里告状，说她利用单位电话打私人长途，利用上班时间写私人稿……一时间张新被搞得头晕脑涨。

可张新并没有因此消沉下去，她明白当务之急就是找一条最佳的路子来摆脱自己的困境。

她沉下心来，积极挖掘同事们身上的闪光点。她发现那位经常打自己小报告的女同事身材特别好，于是就时不时说："你的身材太棒了，我要是有你这样的身材，我简直知足了。唉！不过可惜，我身材臃肿。有空跟我分享一下你的瘦身之道吧，我可羡慕了。"听张新这么一说，那位女同事竟然不好意思了，这样一来二去，她们之间的关系竟发生了变化，那位女同事再也没去打张新的小报告。那个经常讥讽张新的大姐，有一个非常优秀的女儿。在和她聊天时，张新时不时把话题扯到她女儿身上："大姐，你的女儿这么优秀，你是怎么教出来的？我这方面的知识几乎是零，我真该跟你好好学学。"谈起孩子，那个大姐可谓一套接着一套，在一次次的交流中，她对张新的成见竟也慢慢消失了。

成功的人更容易遭人嫉妒。这时候，与其生气、消沉，倒不如来个主动示弱，就像张新那样。我们不妨也用自己的不足之处衬托出别人的优势，并真诚地给予一些赞美，让别人觉得你也有不如他的地方，这样不仅化解了别人的嫉妒，也为自己赢得了好人缘。

另外，在交际中，我们必须善于选择示弱的内容。比如一个地位很高的人，不妨在地位低的人的面前展示一下自己的学历，表明自己其实也是一个很普通的人；一个很成功的人，不妨在别人面前多说说自己失败的经历，让别人知道成功很不易；对经济状况不如自己的人，可以适当诉说自己的苦衷，诸如子女学业不佳、父母健康状况欠佳、工作中遇到了诸多困难，等等，让对方感到“家家有本难念的经”。

古人云：“鹰立如睡，虎行似病，正是它攫人噬人手段处。故君子要聪明不露，才华不逞，才有肩鸿任钜的力量。”《庄子》中也曾提出“意怠”哲学，“意怠”是一种很会鼓动翅膀的鸟，别的方面毫无出众之处。别的鸟飞，它也跟着飞；傍晚归巢，它也跟着归巢。队伍前进时它从不争先，后退时也从不落后。吃东西时不抢食、不脱队，因此很少受到威胁。表面看来，这种生存方式是保守迂腐的，但这才是最安全最实用的生存哲学。

可以得意，但不能忘形

人一旦出头了，发达了，除了自己容易得意忘形之外，同时也容易成为众人瞩目的焦点，被人品评。因此，越是春风得意之时，越是要低调做人，唯此，才能使自己更受人尊重和喜爱。

在工作中，我们也可能有着骄人的成绩，深受领导的喜爱，但得意之时一定要保持理智，不要觉得自己很了不起，目中无人，忘乎所以，否则只会让自己处于不利的境地。

小马是一家业务公司的业务员，因为她能说会道，加上性格又比较开朗，无论是什么样的客户她都能签下，所以她的业务一直做得有声有色，即便是刚进入这个行业那会儿，业绩也超出老业务员很多。开始大家也没有把她当回事，只是在说起业务的时候经常恭维她几句，同事之间的关系也就平平淡淡地保持着。

不久之后，她和一个大客户签订了一个数目不小的大单子，这使得她的业务量直线上升，并且还得到了很高的业务提成，为了奖励小马对公司的贡献，老板还特意给她包了一个红包，在公司的例会上老板还当众表扬了她的工作成绩。小马暗暗下定决心要再接再厉。这本来是一件好事，但是事情并没有朝着小马想象中那样去发展。因为她在得到了红包之后，并没有现场感谢上司和属下们的协助，更没有把奖金拿出一部分请同事们“腐败”一下，反而在同事面前不停地唠叨自己是如何和那个大客户签订的合同，又吹嘘自己是怎么有能耐和有本事，等等。大家虽然表面上没说什么，但心里却感到不舒服，于是就慢慢地和她产生了隔阂，因此，同事们在以后的工作中时不时地和她对着干就在所难免了。而小马也因为上司的白眼、同事间关系的冷漠，最终辞职了。

小马本来是一个很有前途的人，只因为在对待荣誉的时候不知道低调，一味地吹嘘自己的能力和业绩，太过得意忘形，所以毁了自己的前程。

美国汽车大王福特说过："一个人如果自以为有了许多成就而止步不前，那么他的失败就在眼前了。许多人一开始奋斗得十分起劲，但前途稍露光明后，便自鸣得意起来，于是失败立即接踵而来。"

当你被领导夸奖甚至重用或者赢得某项荣誉的时候，你常常自鸣得意吗？如果是，那你就要提醒自己注意了，要把夸奖或荣誉引起的兴奋压下去才好。要知道，你自己的目标是长远的，在你没达到最终目标之前，一些夸奖或者荣誉只能算作是微乎其微的小事。对待这些夸奖，你应该一笑置之，然后继续埋头干下去，直到心中的大目标完成。那时候，你再去享受别人的夸奖，会是另外一番风景。

得意时不忘形，风光时勿失去理智，这是职场生存、取得更大发展的关键。想和同事相处融洽，得到领导的赏识，步步高升，你就必须将此牢记于心！

被赏识，要懂得拿捏分寸

美国人力资源管理学家科尔曼曾说过："职员能否得到提升，很大程度不在于是否努力，而在于上司对你的赏识程度。"但是，一旦发现上司对你非常赏识，你也千万不要以此为荣，不要以为万事大吉，更不要因此骄傲蛮横、目中无人，而要学会把握好分寸。分寸把握不好，上司对你的赏识也就会慢慢变味。把握好分寸，领导才会更欣赏你。

杨娟最近在做一些有关小动物的书——将这些小动物的生态情况等做一些介绍，读者对象是小朋友，要把原来那些科普味很浓的文字修改成儿童感兴趣的文字。

上司对杨娟的工作非常满意，他经常当着同事的面夸奖杨娟，说杨娟修改得很好，很符合孩子的心理特征。杨娟第一次听上司如此说的时候，心里很高兴，也很自豪，自己的付出得到肯定，自然很欣慰。但是，后来上司说得多了，杨娟就觉得不太妥当。她觉得上司如此表扬自己，事实上是否定了其他员工的工作，如此一来很容易被其他同事妒忌。一旦将来工作没有做好，上司会觉得自己没有用心去做。于是杨娟决定找准时机来防止上司过多地赞扬。

再次开会时，上司又表扬了杨娟。上司话音刚落，杨娟即刻站起来恰到好处地说："经理，您对我满意，我很知足，但是，我希望您也能明白，我的成绩是在同事们的帮助下取得的，他们也有不可磨灭的功劳呀！同时，我也在努力向您学习！如果将来我出现什么差错，也希望您和同事们能支持我！"

面对上司的赏识，一定要沉得住气，因为那些赏识说出来可能会对你不利，而你要留意周围的状况，作出最理智的回应。

如果上司对你特别好，但你的工作表现又不是同事间最突出的，那你便要好好反省一下，看看上司偏爱你的原因是否属于下列几点：

上司是异性，而你自身魅力过人，故获得优待；

你忠厚过人，从不说谎，上司可从你口中得知其他下属的表现；

你重义气，为报上司知遇之恩，愿为他做工作以外的事；

嘴甜舌滑，深懂奉承技巧，上司又是爱戴高帽的人；

对上司完全没有威胁，上司对你十分放心，故特别优待。

假如原因是上述五点之一，请勿沾沾自喜，你的情况不值得羡慕。

外貌、气质虽然可吸引上司一时，但难保不会有更突出的新人随时出现，那时地位便难保了。关于第二项，上司不是看重你，只是利用你做探子。一旦下属出现不满，他就会牺牲你的利益。第三项，你不是公司的资产，只是表面得宠，会被人视作狐假虎威的可怜虫。第四项，是大部分人得宠的原因，但与第一项一样，随时有被取代的危险。第五项，前途只有片刻光明，一旦换了上司，庸碌的人必被淘汰。

不论你是哪一种，切忌恃宠生骄。

自知，才能正确定位自己

生活中，很多人总是不能正确衡量自己。他们要么把自己看得太轻，要么把自己看得太重，甚至有些人自认为是天才，总是希望一进入公司就能被委以重任。这种想法很幼稚也很可笑，会导致自己在工作中处处碰壁。

一个人要想在职场中很好地生存，就必须对自身有一个正确的把握和了解。如果你深知自己经验丰富，那么你可以向老板申请更高的职位。但如果你是一个刚毕业的学生，没多少经验，那么你给自己的定位应该是：从基层干起，而不是一味要求不合实际的高职位。

一家驻北京的跨国公司招聘员工，吸引了大批年轻人，但由于标准很高，许多人都被刷了下来。经过一番严格的筛选之后，一位年轻人脱颖而出，公司对他的表现也很满意。公司的人力资源部经理和他先后谈了三次，最后，问了他一个出人意料的问题："如果我们要你先去洗厕所，你愿意吗？"

年轻人毫不在意地说："我们家的厕所向来都是我洗的。"结果他成功入选。原来，这家公司训练员工的第一课就是洗厕所。因为在服务行业里，他们的理念是：只有从最底层的工作开始学习，才能够真正懂得"以客为尊"的道理。

事后，有人问这位年轻人，当时你为什么那么干脆地回答自己愿意洗厕所呢？年轻人说："我刚毕业，没有工作经验，不可能一开始就跃居高位，从底层做起，对我来说是很自然的事，这样更能锻炼自己。"

这位年轻人的可贵之处就在于有自知之明，能对自己进行准确的定位。相比之下，许多人却无法正确认识自己，找不到自己的定位，所以总是认为现在的工作无法实现自己的价值，觉得自己应该得到更高的职位。这种浮躁的心态，不仅不利于工作，而且对员工个人价值的提升也毫无益处。对于一个员工来说，最好的位置不一定是最高的，而是最合适的。

很多员工对自己抱有不切实际的期望，认为自己一开始就应该受到重用，不愿意从最基本的工作做起，认为底层的工作没有任何意义，对自己毫无价值。其实，任何一位员工接受底层的工作锻炼都是非常有必要的。底层的工作可以帮助他们在踏实努力中更好地看清自己，认识到自己的价值所在，也能够不断提升自己的价值，更好地找准自己的位置。

对于刚步入职场的新人来说，无论你多么有能力，无论你有多大的雄心壮志，由于你没有工作经验，简历上的那些信息不足以说服公司把你放到重要位置上。此时，一定要对自己有个准确的定位，认识到自己在经验上的欠缺，把自己放低，因为你的能力还没有在实践中得到表现，你只能从最基本的工作开始，在工作中不断发挥自己的才能，一旦你的能力得到充分凸显，老板是不会把你放在低位上浪费人才的。

从哈佛大学毕业之后，戴维一心想要加入美国最著名的机械制造公司——维斯卡亚公司。但是这家知名的公司里人才济济，对于他这样没有实践经验的新手，根本不会在意。戴维深知自身劣势所在，为了能够进入该公司，他假装自己一无所长，以清洁工的身份顺利进入车间去打扫铁屑。

他勤勤恳恳地工作着，虽然工作简单枯燥而且辛苦，但是他仍然做得兢兢业业。他利用清洁工可以到处走动的特点，细心观察了整个公司各部门的生产情况，并做了详细的记录。一次，公司生产的许多产品因为质量问题被退回，公司为此召开紧急会议，商讨解决办法。这时，戴维站了出来，他不但提出了自己的看法，而且拿出了自己对产品的改造设计图。新设计让客户非常满意，公司立刻擢升戴维为经理，专门负责生产技术。

所以，在对待工作问题上，一定要先认清自己，不要盲目地被自己所谓的大志遮蔽了眼睛。哈佛大学毕业的戴维尚且能够从清洁工做起，如果你没有相应的技术、经验等资本，狂妄地想要一蹴而就是非常不现实的，不妨从最基层的工作做起，踏踏实实地工作，同时不断从工作中汲取经验，提升自己的能力，发挥自己的特长，在小舞台上一样能创造不平凡的人生。当你在工作中找到自己的定位时，你会发现自己的价值已经得到了最好的体现。

第四章
大巧若拙，绕行职场雷区

揣着明白装糊涂

常言道：“难得糊涂。”在办公室中，很多时候，有些事情是不需要完全弄明白的，或者说，自己心里明白即可。

在一次宴会上，楚庄王命令他所宠爱的美人给群臣和武士们敬酒。傍晚时分，一阵狂风把灯烛吹灭了，大厅里一片漆黑，黑暗中不知是谁用手拽住了美人的衣袖。美人急中生智把那人系帽子的带子扯断，然后来到楚庄王的身边，向他哭诉被人调戏的经过，并说那个人的帽带被扯断，只要点上灯烛就可以查出此人是谁。

楚庄王安慰了美人几句，便向大家高声说：“今天喝酒定要尽兴，谁的冠缨不断，就是没喝足酒。”群臣、众将为讨好楚庄王，纷纷扯断帽带，喝得烂醉如泥。等点灯时，大家的帽带都断了，就是美人想查出调戏自己的那个人，也无从下手了。

三年后，楚国与晋国开战，楚军有一位勇士一马当先，总是冲在前头。楚庄王很奇怪，问他为什么如此拼命。勇士回答说："末将该死，三年前我在宴会上酒醉失礼，大王不但不治我的罪，还为我掩盖过失，我只有奋勇杀敌，才能报答大王。"

在这一事件中，有人调戏美人，而且他系帽子的带子已被扯断，楚庄王是可以查出谁犯了错的。但楚庄王在这件事上采取糊涂的态度，故意让大家扯断帽带，给犯错的人留下了一条后路。楚庄王的宽容大度得到了应有的报偿。他的这种糊涂其实是一种富有远见的精明。

装糊涂是一门高超的处世艺术。身在职场，尤其是处于管理层的人员就要懂得运用这一方法，如员工在某一件小事情上做错了，你就应该原谅他、包容他，给他留个面子，那么这个员工会很感动，会对企业更忠诚。相反，如果你过分批评和惩罚员工，他们反而会为自己的过失找借口。所以，一个成功的管理人员应该做到大事认真，小事糊涂，不与下属斤斤计较。

其实不光是领导，作为一个普通的员工，我们也需要适时装糊涂。如果你刚给领导送去材料，领导转手忘了把材料放到了哪里，这时，我们不需要为自己辩解，装下糊涂，就说自己记不清了，然后再重新拿一份来，不就万事大吉了嘛。有时候，同事挨了处分，面子上过不去，我们也无须去安慰，装作不知道，反而会更好；一个问题，明明你是对的，但同事说错了，我们不要去说破，装装糊涂，在同事知道了正确的答案后，心里会比谁都清楚，无形中你们的关系也会被拉近……这样的糊涂，难道不值得我们装一装吗！

然而，在职场中，我们常常会看到一些为了小利而斤斤计较的人，他们总是精于算计，可是到最后没有获得大的利益不说，还让周围的人感到厌烦。其实，很多事情并不是你善于计较就能够成为最大的受益者的，有时候装装糊涂才是上策。

装，也要有技巧

在职场上，很多新人初来乍到，急于展现自己，急于给别人留下一个好印象，可是因为其中夹杂了很多“过分表演”的成分，因而难以坚持。结果，好印象没给别人留下，倒是让坏印象定格在了别人脑中。

小刚大学毕业后分到一个单位工作。刚一进单位，他就决心好好地积极表现一番，以给领导和同事们留下美好的第一印象。于是，他每天提前到单位打水、扫地，节假日主动要求加班；领导布置的任务，有些对他来说明明有很大的困难，他也硬着头皮一概承揽下来。

本来，刚刚走上工作岗位的青年人，积极表现一下自我是无可厚非的，但问题是小刚此时的表现与其真正的思想觉悟、为人处世的一贯态度和行为模式相差甚远，夹杂着“过分表演”的成分，因而难以坚持。

没过多久，小刚水也不打了，地也不扫了，还经常迟到，对领导布置的任务更是挑肥拣瘦。结果，领导和同事们对他的印象由好转坏，甚至比那些刚开始来的时候表现不佳的青年所持的印象还不好，因为大家对他已有了一个“高期待、高标准”。大家认为他刚开始的积极表现是假装的。

职场中，每个人都可能在装，但是人人却见不得别人装；每个人都可以让自己变得很精明，但就是讨厌别人精明。

所以说，生存在职场，你要是把自己的“装”露得太过火，给别人留下了“装”的感觉，那么基本上你就把自己踢出了局。

吉米是一家大公司的高级职员，平时工作积极主动，表现很好，待人热情大方，跟同事关系也不错。但有一天，一个小小的动作却使他的形象在同事眼中一落千丈。那是在公司会议室里，当时好多人都等着开会，其中有一位同事觉得地板有些脏，便主动拖起地来。而吉米似乎不怎么关注，一直站在窗台边不停地往楼下看。突然，他走过来，坚持拿过同事的拖把替他拖地。本来地板已差不多拖干净了，根本不需要他的帮忙，可吉米却执意要求，那位同事只好把拖把给了他。

刚接过拖把不一会儿，总经理推门而入，看到的是吉米在勤勤恳恳地拖地，很欣赏地夸奖了一番。一切似乎都不言而喻了。从此以后，大家再看吉米时，就觉得他很假。即使那次之后，他解释了好多次，但以前的良好形象都被这一个小动作一扫而光。

吉米刚开始不拖地，后来总经理快来时，才开始拖地的行为，不论是刻意还是无意，都引起了同事的不满。他在领导面前的过分表现，虽为自己赢得了表扬，却使得同事对他的好形象打了折扣。

在职场中，为保持在同事面前的好形象，我们应该稍微装一下，但不能像吉米一样，过分表现自己，否则只会招人非议。无论你多么在乎这份工作，都要以平常心对待它。与其急于表现，不如用稳重吸引领导。

学会用“假辫子”护身

你知道在单位中，最容易遭人嫉妒的是哪种人吗？是完美的人，还是处处不出错的人？

这些人在工作中处处要求自己做到最好，他们不允许自己在工作中出现瑕疵。按理说，这些人工作做得这么好，应该晋升才对。可是，一个奇怪的现象产生了：他们中的大多数与晋升无缘。为什么？我们且来看一个小故事。

在单位里，因为知道自己一直被竞争对手死死地盯着，小李做事非常低调，处处小心翼翼。为了不让竞争对手抓到自己的把柄，小李努力让自己的形象在所有人眼里尽量完美。但奇怪的是，就是这样一个洁身自好的人，每次在提拔的关头都会遇上麻烦。和他一起来单位的人基本上都升职了，可唯独小李还原地踏步。他始终不明白这是为什么。

正在小李困惑不已的时候，单位的一位老领导一语点醒了他。老领导对小李说："你知道吗？不提拔你，不是因为你做得不好，而是因为你做得太好了，好到让人几乎挑不出毛病。"

小李更困惑了："难不成改正缺点、发扬自己的优点，也有错？"

"不错，你的确没什么缺点，可是正因为你没有缺点，很多人都嫉妒你，所以会在你前进的路上下绊子，竭力找你的污点。"老领导语重心长地说。

"我可不怕，我没什么小辫子让他们抓。"小李抢话说道。

老领导笑了笑："问题就在这里，你没有小辫子，并不代表别人无计可施。他们虽抓不着你的小辫子，可他们会想法拽住你的衣服，这样你就更难以脱身。打个比方来说吧，我知道你的为人，相信你不会中伤领导，可是如果有同事当着领导的面说你某天某时咒骂过此领导，你说领导会相信吗？可能会信，也可能不信。你知道是同事诬陷你，你能怎么办？找领导去辩解，领导又会相信你吗？"

小李无奈地说："要真是这样，对于这种无耻小人，我也没办法，只有认了。"

老领导摇摇头："认了不是办法，应该用更积极的办法应对。"

"对付这样的无赖也有办法？"小李半信半疑。

"有，今天我就告诉你。其实最好的办法就是自己留条假辫子。"老领导微笑着说。

"假辫子？"小李充满疑惑地问。

"你的对手从表面上找不到你的缺点，一方面他们嫉妒你，另一方面他们会挖空心思制造一些污点来打压你。对付他们最好的方法就是你为自己制造一些明显但是对你而言无所谓的小缺点，你故意授人以柄，别人自然不会再给你编造一些莫须有的事了。"

听了老领导的一番话，小李虽有些目瞪口呆，可他明白道理确实如此。

职场上，像小李一样的年轻人其实有很多——因为害怕被自己的竞争对手抓住把柄，要求自己尽量完美再完美。殊不知，一个人越是完美越容易遭人嫉妒。所以，在职场上，我们也不妨记住老领导的话：自己留条假辫子。

的确是这样，一个人要是在职场上让人找不到明面上的缺点，就会遭人嫉妒。特别是你的对手，要是他们找不到你很明显的毛病，就会下更大功夫去编造一些污点打压你。如果你有意给自己制造一些缺点，故意授人以柄，那样事情会简单些。

为什么这么说呢？你的对手一看你有把柄可抓，他们就不会挖空心思地给你编造一些莫须有的事了。因为这些假辫子是你故意留下的，所以你自然知道掌握分寸。一旦你的竞争对手抓住了你的假辫子，不要急着挣脱，让他们做足文章好了。等到他们想给你打击的时候，你一甩脑袋，不仅能轻松摆脱，还能将他们的丑陋曝于光天化日之下。

留点瑕疵，满足别人爱挑刺的心

留一点瑕疵，让人一眼就看见。这样一来，尽管你是木秀于林，别人也不会对你敬而远之。一旦别人发现“原来你也有错”，反而会缩短与你之间的距离。

有时，要学会适当地犯一点无伤大雅的小错误，不要在同事、领导前显得过于完美。比如，上级派你去办一件事情，在事情还没有办完之前，你就不能打包票说一切都没有问题，即便真是没有一点问题，那么你也要向上级说，过程中还是会遇到一点点的小困难，等等，否则，上级肯定会认为你在吹牛，会降低他对你的信任度。

人不是上帝，都不完美，都会犯一些错误。为了不断地完善自己，你必须给人批评你的机会。

弗拉基米尔·法沃尔斯基是苏联现代艺术家和写生画家，

被誉为“苏联人民艺术家”。他是现代木刻艺术学校的创始人。法沃尔斯基的作品特点是含义隽永、形象鲜明。然而，每当法沃尔斯基给一本书画完插图后，他总是在其中一幅画的角上不伦不类地画上一只狗。毫无疑问，美术编辑一定要他把狗去掉，而法沃尔斯基却固执己见，非要保留这只狗。当争论达到白热化的程度，法沃尔斯基就做出了让步，把画上的狗涂掉。到这个地步，一般来说，美术编辑的愤怒就烟消云散了，绝不会再提出什么挑剔的要求。因为编辑的自尊心得到了维护，也就心满意足了：编辑的任务无非是修改一下作品。但更满意的是法沃尔斯基本人，他的巧计成功了——画将以他所拟定的形式出版。如果没有编辑所诅咒的那条用作诱饵的狗，编辑还不一定要在画上改什么呢！

其实，在与他人相处时，适当地把自己的姿态放得低一点，就等于把别人抬高了许多。当被人抬举的时候，谁还有放不下的敌意呢？既然人不是上帝，那么适当地犯点小错，相信人人都能够谅解。并且，你的这些小错误也给了别人自尊心上的满足，这样，别人才不会因为嫉妒而攻击你。表面上看来，犯错是不好的，实际上这是给自己搭了一个获得好人缘的梯子。所以，在与同事、领导相处时，不妨适当地暴露一下自己的缺点，留一点点瑕疵。

出点洋相，成全别人的好胜心

要使别人对你亲近，只须很巧妙地、不露痕迹地在他人面前暴露某些无关痛痒的缺点，出点小洋相，表明自己并不是一个高高在上、十全十美的人物。这样会使人在与你交往时松一口气，不与你为敌。

美国有位洁身自好的政治家，平生从无任何污点，几乎可以称得上是个完美的人。他在民众中享有良好的声誉，同时也引起了新闻界的兴趣。

曾有一位记者去拜访他，目的是想获得有关他的一些丑闻资料。然而，还来不及寒暄，这位政治家就对想质问他的记者说："时间还长得很，我们可以慢慢谈。"记者对政治家这种从容不迫的态度大感意外。

不多时，佣人将咖啡端上桌来，这位政治家端起咖啡喝了一口，立即大嚷道："哦！好烫！"咖啡杯随之滚落在地。等佣人收拾好后，政治家又把香烟倒着插入嘴中，从过滤嘴处点火。这时记者赶忙提醒："先生，你将香烟拿倒了。"政治家听到这话之后，慌忙将香烟拿正，不料却将烟灰缸碰翻在地。

平时风度翩翩、高高在上的政治家出了一连串洋相，记者大感意外，不知不觉中，原来的那种挑战情绪消失了，甚至对对方产生了一种亲近感。

其实，这整个过程是政治家一手安排的。当人们发现杰出的权威人物也有许多缺点时，过去对他抱有的怀疑和抵触情绪就会消失，而且由于受同情心的驱使，还会对对方产生某种程度的亲近感。

事实上，世界上根本没有完美的人，只是出于自己的好胜心或虚荣心，某些人总想让自己表现得十全十美，这其实是一种愚蠢的处世之道。比其他人看上去更好，往往是非常危险的。最危险的就是看上去没有任何缺点，嫉妒会催生沉默的敌人。为了使得别人的嫉妒发生偏转，并且让自己显得更加富有人情味，平易近人，偶尔表现出自己的缺陷和缺点，并且承认那些没有害处的建议是聪明之举。一个深谙生存智慧的人懂得成全别人的好奇心，会让别人更加喜欢自己，让自己获得良好的人际关系。这一点还是很容易实现的，只要偶尔暴露一些无关紧要的小毛病就行了。

人人都有自尊心，人人都有好胜心，若要联络感情，应处处维护对方的自尊心。因为要维护对方的自尊心，就必须隐藏自己的好胜心，成全对方的好胜心，这样表面上是对方胜利了，实际上却是你胜了。

比如，对方与你有同性质的某种特长，对方与你比赛，你必须让他一步，即使对方的技术敌不过你，你也得让对方获得胜利。但是一味退让，便表现不出你的真实本领，也许会使对方误认为你的技术不太高明，反而生出轻视的心理。

所以你与他比赛的时候，应该施展你的本领，先造成一个均势之局，使对方知道你不是一个弱者，进一步再施小技，把他逼得很紧，使他神情紧张，他才知道你是个能手；你再进一步，故意留个破绽，让他突围，从劣势转为均势，从均势转为优势，直至收获最后的胜利。对方得到这个胜利，花费了许多心力，精神一定十分愉快，对你也有敬佩之心。

不过，安排破绽必须十分自然，千万不要让对方明白这是你故意的，否则他便会觉得你虚伪。你所面临的难题是，起初还能以理智自持，后来一时冲动，不肯再作让步，也是常有的事。或者在有意无意之间，在神情上、语气上、举止上，不免流露出故意让步的意思，那就白费心机了。

第五章
警惕底线，不做职场“近视眼”

和上司有距离才安全

在工作中，上司就是上司，即便你们私交很好，在办公室里，你也要懂得尊重他，而不是和他称兄道弟。因为每个上司都想拥有地位感，他们希望在自己的位子上树立起应有的权威，而不希望员工离自己太近。

毅宏正在为工作上的事情闹心。他的同学赵刚被提升为部门经理，这让毅宏感到一些变化：“我想不明白的是，自从他当上了项目经理，就刻意疏远了我。平时安排项目，也不直接跟我说，经常是让别人转告我，好像在回避我。我有时候找他谈点事情，他都不愿意跟我多说，经常用要开会来搪塞我。当上了领导就端起官架子来了，你说有这必要吗？”毅宏很不爽：“你说这人怎么这么奇怪？真是官升脾气涨啊，才当上领导几天，就开始对我指手画脚？你说这种人怎么这么浅薄和无聊啊？”

毅宏和赵刚其实私交很好。赵刚进入这家公司，还是毅宏帮的忙：

“我们是同时向这家公司投简历的，但是公司先签了我，那时赵刚还没有接到面试通知呢。我俩关系那时候是真不错，我就向公司的HR推荐了他，后来他也通过了面试，签了约。

“帮忙谈不上，只是说了一句话而已。这人心啊，还真是隔肚皮呢。就说这赵刚吧，我俩刚到单位的时候，都是小兵小卒，那时他跟我可好了。那时候我俩租一间房，干什么都在一起。上班的时候在一起讨论技术上的问题，下班了一起做饭洗衣，就跟在大学里一样。”

尽管对赵刚当上部门经理后的表现越来越不满，但毅宏还是在努力维持两人的关系。他依然和以前一样跟他讨论项目，邀他一起吃饭，无论任何场合继续称兄道弟。殊不知，“称兄道弟”不注意场合才是问题的根源。

朋友提醒他：“在工作场合里，他已经成了领导，你就应该注意自己的说话方式。他最需要的是下属尊重他、服从他，承认他的权威，而不是跟他称兄道弟。既然你可以跟他称兄道弟，那其他的同事是否也可以呢？所有的人都跟他平起平坐了，那他还领导谁？这些你有没有考虑过？”

朋友说：“即便你们私交很好，在办公室里，你还是应该尊重他。你们在私人场合里才是兄弟。事情就是这样。”毅宏想了一下，点了点头。

毅宏所碰到的情况并不是职场上的个案。在工作场合，不要轻易与上司称兄道弟。赵刚和毅宏曾是同学，又是在一起共事多年的同事，如果赵刚直接告诉毅宏“我现在当上领导了，不要跟我称兄道弟了，我们还是保持一点距离吧”，这样的做法无疑会让双方感到尴尬，一个成熟的人是不可能这么做的。

那怎么办呢？既然做了领导，当然要有个领导的样子，跟下属拉开距离也是理所应当的，不然何以建立威信，何以树立形象？但是偏偏以前的朋友不识趣，没办法，赵刚只好自己主动跟他拉开距离了。

从赵刚的立场上来看，他这么做也是合情合理的。毅宏自己不明白他与赵刚的友谊是分场合的，他不理解此刻的赵刚身份不一样了，想法自然要发生转变——作为领导，他考虑更多的是显示权威，树立他的经理形象，让以后的工作顺利开展，而不是跟毅宏搞好私人关系。这就是赵刚为什么故意疏远毅宏的原因。

在工作中，特别是在较为民主的工作环境中，上级没有什么官架子，往往表现得很亲民，甚至时常带下级出席重要的场合，或是下班后一起去休闲娱乐。很多下级因为和上司关系亲密而沾沾自喜。殊不知，跟上司过于亲密，有好处的同时也有风险。上下级关系过于亲密，下级极其容易模糊上下级的界限，即使在无意中冒犯了上司，自己也毫无察觉。

这种情况在年轻人身上尤其明显，年轻气盛，一般不相信权威，只相信能力，相信绝对的公平。但是，与上司交往，最好保持 8 小时的友谊，不要超越这个界限。否则，不管你的业务能力有多强，你也可能因跟上司处理不好关系而影响自己的职场命运。

如果你的上级对待下级的方式非常民主，他愿意聆听下级的意见，愿意与下级平等地沟通交流，尊重下级的意见和人格；如果你的上级性格温和、平易近人，很多时候让人觉得他是同事而不是高高在上的领导；如果你的上级非常器重你，经常带你出席各种社交场合；如果你的上司在升职之前曾和你私交甚密……那么，你千万不要得寸进尺。

与上级保持适度的距离，对你有百利而无一害，越界则会给你带来不必要的烦恼。

吕霞与她的女上司柯敏然非常合得来，不光在工作上配合默契，就连个人爱好也惊人地相似。两个人闲暇时间经常一同逛街购物，交流护肤心得。柯敏然年过四十，但是保养得当，于是吕霞经常戏称她是“老妖精”，柯敏然也会笑称她是“小妖精”。

办公室本是多事之地，她们的亲密自然招致了别人的非议。

柯敏然从此也就留了心，有意无意地慢慢疏远吕霞，可是吕霞却没有意识到这一点。

一天，柯敏然在自己的办公室里接待一位客户。吕霞突然闯进来，以为没有别人，就冲着上司来了一句："老妖精，今天晚上去看电影怎么样？我搞到了两张票。"柯敏然的脸色立即很不自然，回了一句："你风风火火的，像什么样子？这是在办公室。"吕霞愣了一下，这才发现在那张宽大的黑色沙发里，坐着一个穿黑风衣的瘦小老者。不久，吕霞被调到市场部做统计，离开了这份自己十分喜欢的人事工作。

可见，与上司的亲密关系不一定会成为自己的保护伞。虽然，与上司亲密会让我们觉得前途一片光明，但如果处理不好，有时会给我们带来负面影响，就像吕霞一样，不分场合，一味地让上司与自己"亲密无间"，因此离开了自己热爱的工作岗位。

所以说，在职场上，如果你曾经是或正在成为上级的密友或哥们儿，你更应该把握好尺度。要是你常常当着其他人的面与上级称兄道弟，以显示出你与上级的特殊关系，那么如果有一天他对你冷落，甚至避而不见，你就应该知道那都是因为你没有把握好尺度造成的。

你要知道，再民主的上级也需要一定的威严，即需要一定的上级形象。当众与上级称兄道弟很可能会损害上级的形象，从而导致上级的命令得不到很好的贯彻执行。当上级发现他的工作越来越难做，而你却是损害他威严的“元凶”时，你的结局很可能是被上级疏远或者被迫离开。所以，作为下级，还是与上级保持一定距离为好，因为你不知道哪一天你们之间的关系会因利害冲突出现裂痕。记住，上级起用你绝不是为交朋友。

不抢上司风头

把风头都留给上司，不和上司抢风头，这是在职场需要牢牢记住的规则。因此，聪明的下属要学会隐藏自己的才华，以此衬托上司的高明，从而获得上司的赏识和垂青。当上司的新点子出台后，可先装作不理解，然后才大彻大悟，继而拍手叫好；如果对某项工作有见解，明里不说，可底下献计，绝不可当众直言，让领导感觉没有面子。

在职场中，我们也可以看到这样的人，他们能力强，水平高，才华出众，在公司有着骄人的业绩和较高的地位。不过这样的人往往很自负，对别人的想法和意见不屑一顾，对同事的态度也是盛气凌人，甚至敢和自己的上司一争高低。尤其是当他们为公司作出了较大的贡献时，常常会过分炫耀自己的功绩，以至于盖住了上司头上的光芒。最后，这类人由于过于耀眼夺目而被上司毫不留情地打入“冷宫”，本来充满希望的职业生涯中便黯然凄凉了。

有一位国王喜好奢华。一天，财政大臣决定策划一场前所未有、最为壮观的宴会，以讨国王的欢心。

显赫的贵族以及最伟大的学者，都参加了这场为国王准备的宴会。剧作家甚至还为这次盛会写了一个剧本，并在晚宴时找人进行表演。

宴会之后，众嘉宾一起参观财政大臣特地为国王修建的别墅、庭院和喷泉。财政大臣本人陪伴着国王走过呈几何图形排列的灌木丛和花坛，观看烟花和戏剧表演。宴会一直延续到深夜，宾主尽欢，人人都认为这是他们见过的最令人赞叹的盛事。

然而，出人意料的是，第二天一早，国王便下令逮捕了财政大臣。几个月后，这名财政大臣被控私自侵占国家财产。事实上，他被指控的罪行全部得到过国王的许可，但财政大臣还是被送上了断头台。因为国王傲慢自负，他希望自己永远是众人瞩目的焦点，无法容许任何人抢占自己的风头。

当上司的人大都不希望下属的才能高过自己。这就是以上寓言给我们的启示，财政大臣本以为自己完美的策划会受到国王的称赞，但他忘记了，他的风头盖过了国王，以致最后招来杀身之祸。在平时的工作中，有实力的人来到一个部门，上司表面上对他倍加器重，私下里却忧心忡忡。上司所担心的是自己某一日会不会被挤走，如果来的是一位平庸之辈，他反而会高枕无忧。

与上司相处的哲学就是该装“笨”的时候不妨装一下，以免上司觉得自己的地位受到了威胁。因此，如果你渴望取悦他、令他印象深刻，就不要过分展现你的才华，否则，有可能产生相反的效果——激起他的畏惧和不安。

不要总是自以为是，那样只能为你带来更多的麻烦，对你没有任何好处。千万不要让你的光环盖住上司的光环，你要让他成为最引人注目的那一个，这样，你才会受到他的青睐。

常怀敬畏心，到位不越位

既然没有一个领导愿意自己的下属越位，那么在职场上，我们要潜伏得安全，就得让自己时时刻刻保持一颗敬畏之心。

格兰仕集团的副总裁余尧昌在别人眼里一直是春风得意，但他却非常低调地把自己定位于“格兰仕打工的”。他说：“我们的人际关系很简单和朴素，就是干活。”

有很多人说余尧昌就是格兰仕品牌帝国的曾国藩。的确是这样，余尧昌素有“铁嘴”“喇叭”之称，如果没有余尧昌的“口水战”与“新闻战”，格兰仕就不可能像今天这样家喻户晓。

也有很多人说余尧昌是“铁嘴”是“喇叭”，爱见记者，爱出风头。这实际上是个误区。自从格兰仕集团梁昭贤提出“要名牌企业，不要名人企业”之后，余尧昌更明白了低调做人。他明白什么时候应该站出来，什么时候应该把风头留给自己的上司。就像他自己说的那样，他就是格兰仕一个打工的。

其实，员工和上司就是上下关系，你越位就是对领导的冒犯。

小刘和小王是同一部门的普通工作人员，他们有一个共同的特点，就是精明果断，办事能力颇强。但该部门的主管却拖拖拉拉，优柔寡断。对此，心高气傲的小刘早就颇有微词。公司向该部门下达了新的业务指标，主管反复考虑，瞻前顾后，一直无法提出具体的计划和方案。心怀不满的小刘直接向总经理打报告，提出了自己的一套方案。而为人低调的小王选择跟主管商量，拿出相应的对策和方案。在小王的启发下，主管凭借自己丰富的实战经验，很快提交了一套同样出色的方案。最终，公司采纳了主管的方案。不久，主管获得提升，小王在主管的推荐下，接替了他的位子。怨气冲天的小刘很快便离开了公司。

在很多情况下，主管的能力不一定比下属强，但这不能改变主管与下属之间的关系。很多人认为应该把自己的聪明才智无私地奉献给主管，也有人认为这样太冤了，心理上难以平衡。事实上，只有主管得到提升，你才能有出头之日，你在紧急关头及时“救驾”，你的主管会从此视你为得力干将，对你另眼相看。一有机会，你得到提升是水到渠成的事情。

相反，如果你觉得自己的领导无能就越位，那么等待你的一定是被开除，毕竟没有一个领导希望自己的下属不把自己当回事。

所以说，在你渴望取悦他、令他对你产生深刻印象的同时，可不要太过火地展现你的才华，否则你可能激起他的畏惧和不安，那么他很可能就要将你弄走。

如果你比上司聪慧，你不妨表现出相反的样子，让他看起来比你聪明干练。你可以藏一下自己的锐，使自己表面上看起来更需要他的经验。如果你的点子比上司的想法更富创意，要尽可能以公开的方式将这些点子划归他名下，让大家都看到，你的建议不过是对他的意见的回音，而不要让自己成为遮蔽他光芒的那片乌云。

“到位而不越位”讲的是个度的问题。在与上司的工作关系中，除了要摆正自己的位置，更重要的是把握好自己的职责权限。分内的事情努力做好，分外的事不要轻易插手，尤其不可做出越级越权的事情来。

越级越权，企图盖过上司的风头，在上司的上司那里表现自己，这种行为只会给自己以后的晋升带来难以逾越的障碍。因此，除非万不得已，千万不要越级。为了防止自己越位，在工作中，我们一定要把好以下几关：

1. 明确工作权限

进入某一岗位，需要弄清楚自己日常扮演的角色、应当履行的职责，应当遵守的行为规范。

2. 分清“分内”和“分外”

在其位要谋其政，不属于自己职责范围之内又关系公司存亡的事要小心谨慎。当然，不排除有些上司会下放自己的某些权限，把本属于自己职责范围内的一些工作交给值得信赖的下属去做。此时，作为下属，一定要全力以赴，发挥自己的水平去做好。应当注意的是，必须由上司亲自委派你干这项工作，一般情况下不要主动要求。以免上司认为你插手太多，有越位之嫌。

3. 不可轻越“雷池”

遇到自己不熟悉的工作时要多请示，否则，往往会不自觉地造成越权行为，好心办错事。“雷池”不可轻越，万事谨慎为先。

不要给领导火上浇油

在与领导相处时，尽量不要意气用事。因为领导做惯了领导，总是希望事情至善至美，一旦没有达到预期的效果，他们就会感到不顺心。此时，如果领导冷静不下来，“城门失火，殃及池鱼”，下属也就自然而然地成了领导的出气筒。

此时，你会怎么做呢？采取甘愿接受的策略，主动上前，帮领导分忧解愁？还是与领导争执不休？

其实，此时最明智的做法是，不管你是否了解原委，都千万不要冲动。此时应该做的就是弄清原因，对症下药，这样，不仅能够化解领导的怒气，还会让领导对你的冷静留下深刻的印象。

常言道：“冤家宜解不宜结。”通常情况下，缓和气氛、疏通关系、积极化解才是正确的思路。具体来讲，主要有以下一些方法：

1. 勇于把问题的矛头指向自己

心理素质要过硬，态度要诚恳。若责任在自己一方，就应主动找领导承认错误，进行道歉，求得谅解。如果主要责任在领导一方，只要不是原则性问题，就应灵活处理，给上司一个台阶下。人心都是肉长的，这样人心换人心，上司也会对你另眼相看。

2. 有了矛盾，用宽容来处理

当与自己的领导发生冲突后，运用这一方法要掌握分寸，要有原则性。从一定意义上讲，在许多情况下，遇事能不能忍，反映着一个人的胸怀与见识。但是，如果不分什么性质的矛盾，一律采取妥协忍让、委曲求全的做法，就是一种比较消极和压抑自己的行为。最好的做法是现实一些，不要斤斤计较，适度地采取忍让的态度，既可避免正面的冲突，也保全了双方各自的面子和尊严。

但是换个角度讲，理不辩不明，有时候偏偏遇到的是位不近情理、心胸狭窄、蛮横霸道的领导，把顶撞视为“大逆不道”。处于如此环境之中，能有什么希望，这时，我们不妨当机立断，毫不犹豫地换个工作，另谋发展。

3. 善于回避问题的争端

当与自己的领导发生冲突之后，作为下属不计较、不争论，在工作中一如既往，该汇报汇报，该请示请示，就像没发生过任何事情一样对待领导。这样不揭旧伤疤，噩梦勿重提，随着时间流逝，我们就会逐渐忘记以前的不快，冲突所造成的副作用也就会自然而然消失。

第六章 交际要实际，职场才更稳

不要忽视小人物

借人之力成己之事，是获取成功的途径之一，但人们却总是习惯于将目光聚焦到那些有权势、有财富的名人和富豪们身上，认为只有这些人才可能是自己人生路上的贵人，才能给自己的成功添砖加瓦。于是，很多人瞧不起小人物，只会仰望大人物。其实大小并不绝对，二者甚至可以转化。

战国时期的孟尝君，他手下的三千多门客，大多是地位卑微而无什么才干的小人物。那么，为何孟尝君要这么做？他是施舍天下士人吗？当然不是，他是以独到的眼光为自己储备人才，包括一些不起眼的小人物，他深信，乱世之时，人人皆有所用。

一次，孟尝君出使秦国被扣留。为了逃生，孟尝君要贿赂某权贵，一位擅长学狗叫的门客自告奋勇，混进秦宫，偷回了那件给秦王妃子的白貂皮大衣，把大衣送给了秦国的权贵后，孟尝君才得以释放。接着，他连夜逃走，到函谷关口，看到关门紧闭。按照秦国的规定，必须待到鸡鸣之后，关门才可开启。正好他的门客中，有一个人擅长学鸡叫，而他的叫声又带动许多鸡鸣叫起来。孟尝君由此得以脱险。

俗话说得好："人不可貌相，海水不可斗量。"在职场的社交圈中，我们往往会接触到一些语不出众、貌不惊人的人。不要瞧不起这些人，将来他们也许会成为你的朋友，甚至可能在关键时刻帮你一把。

我们应该做的就是像孟尝君一样，四面出击，结交三教九流，这样，才可能达到人际关系的理想境界。

智者千虑，必有一失；而对地位卑微者说来，愚者千虑，尚有一得。现实中，许多人往往由于忽视小人物，而吃了大亏。

商界有一位公司老总胆识过人，在多次的市场竞争中取得胜利，使公司的效益不断提高，规模空前扩大。一次，公司有一桩金额巨大的交易，经过一段时期的酝酿之后，该公司老总自认为他的方略万无一失。

此时，一位刚刚进公司的年轻属下却提出了异议。他认为情况分析不够，投资风险过大，几次提醒老总三思而后行。毕竟，该年轻人刚进公司，人微言轻，他的话没有引起决策者的注意，反而招来人们的种种讥讽和嗤笑。有人说他太嫩，有人说他不知天高地厚，有人说他不自量力，如此等等，不一而足。

结果，这家公司果然在交易中吃了亏，损失了上百万元，不得不宣告破产。

这位老总如果重视小人物的话，就会认真分析年轻下属的话，经过调查研究之后再进行决策，但他忽视了小人物的作用，自己损失了上百万。

这些小人物，如果你对他们不理不睬，他们对你也不会有什么好感，办起事来，也不会考虑你的方便。但是如果你把他们当作朋友看待，平时有事没事多与他们打打招呼，重视对待他们的态度，它们自然对你印象很好，那么，他们除了自己的方便之外，也会兼顾到你的方便。不要小看这些工作上的方便，他们在平时能给你节省大把的时间，而且说不定在那些不起眼的小人物当中隐藏着有才干的人，能帮你更大的忙。

没职位的老前辈，你更要尊重

在工作中，与同事搞好关系十分重要，人际关系搞不好，工作就不好开展。其中，与老前辈之间的关系就显得更为重要了，因为通畅了这层关系，你往往能免遭职场排挤。

曾有这样一位职员，工作年限不长，但能力很强，深受领导赏识，很快被提升为部门主管。但是下属中有位老职员，仗着自己资格老，以前有功劳，对他不服，让他很难办。遇到这种情况该怎么办呢？硬碰硬还是任其“嚣张”？

其实，要想改变这种境况，必须首先认清一点：每个人都自我感觉良好，认为自己并不比别人差，对别人不服气是正常心理。所以，年轻主管必须遵循一条准则，即尊重他人的优点，承认他的优势，慢慢解开他心里的疙瘩。

蔺相如本来是赵国一名宦官的门客，地位低下，因为偶然的机会才为赵王所知。赵王派他带着和氏璧出使秦国，他不辱使命，出色地完成了任务。从此以后，他接连被提拔，平步青云，最后官拜上卿，名字排在廉颇之前。

这下廉颇很不服气，他说：“我是赵国的将军，有攻城略地、保卫国家的汗马功劳，可是蔺相如仅仅靠耍嘴皮子立了一点功，爵位却在我的上面。况且，蔺相如出身低微，他原来不过是宦官的一个门客。”他对外扬言：“我如果碰到蔺相如，一定要羞辱他一番。”

蔺相如听到这些话，总是避免和廉颇见面。朝会的时候，蔺相如常常假托有病，不愿和廉颇争位次的先后。后来有一次外出，蔺相如远远看见廉颇来了，立即把车子掉转方向躲避，门客对此不解。

后来蔺相如对自己的门客说：“其实我哪是怕廉颇将军啊，我是为了国家着想啊。现在强秦之所以不敢发兵来攻打我们赵国，只是因为我和廉颇将军两人还活着。两虎相斗，必有一伤。

我之所以忍让，是我首先考虑到国家的患难和安危，而把个人之间的仇怨摆在次要位置的缘故。”

这话传到了廉颇的耳朵里，廉颇感到很惭愧，觉得自己的境界实在太低了，于是真诚地负荆请罪，两人终于和解。

与上述故事相似，在今天的职场上，新主管对待老的资深同仁，要有敬重、真诚的态度，比如，在聚会时，表达敬重之意，真诚地赞美他们为公司作出的贡献；在工作中不懂的事要和他商量，不能因为对方职位不高或生性老实而有失敬意。这种人对公司上上下下都很清楚，听他讲讲公司的历史，对新主管自己也是有益的。如此一来，新主管不但加深了对公司的了解，而且在众人心中也能留下好的印象。

如果职员在晋升之前，和资深下属搞好关系，表示出你对他的关心，在他需要帮助时，热心支援，他也一定会支持你今后的工作。

当然，最重要的一点是：业务上要强于他，让他心中服气，让他明白你的晋升靠实力，而不是靠关系爬。

初涉职场的年轻人最易犯的毛病就是妄自尊大、心高气傲，这在职场里是要不得的。职场中的每一个人都应有一种踏实沉稳的实干精神，更何况年轻人在“老前辈”面前呢？所以，在应对这些职场老前辈时，要时刻注意以下两点：

1. 尊重方为上策

在单位里，倚老卖老的同事通常是年资久、经验丰富，却升不上去的人。这些人通常手中都握有筹码。对一个新人而言，不妨换个角度来看待他们，学习他们的经验。

如果你是领导，万一倚老卖老的同事干涉你过多，千万不要与他正面冲突。这样的人比谁都爱面子，为他保留面子才是上策。再说，真正批准文件的是主管，又不是他们，你无须与他们正面争论。

2. 逆向操作

就领导而言，这些职场老前辈通常喜欢被新领导“垂询”。新领导不妨借助这些老前辈爱表现的特质，来了解每位下属的动态，借助他们的经验，尽快掌握情况。

俗话说“不打不相识”，如果你作为一位领导，觉得这些前辈其实还有很多可取之处，只是因为个人存在一些问题而无法升迁，你不妨拉他一把，或者偶尔给他一些适当的指点，让他更尽心尽力地为团队效力。

敞开胸怀，化敌为友

卷入人际冲突、玩手段、抢功劳、为小事争吵不休的纷争中，只会耗尽你的精力，影响你的态度，还会浪费了你原本应该用在正事上的宝贵时间。但是换个角度来思考，“敌人”带给你的压力正是一种最难得的动力。你所要做的就是敞开胸怀，让抵触情绪彻底消失，坦然地面对他。

职场上就是如此，没有永远的朋友，也没有永远的敌人。如果你在工作中非常需要另一个人的帮助，而你又与其不和，因为主观感情放弃合作，这可非明智之举。能化敌为友，使之成为你完成目的的最佳帮手，这样的选择才是一箭双雕。其实这个道理大家都懂，不过职场上一旦遭遇“敌手”，大多数人总是想着如何将对方死死钳制住，让他没有还手之力，却很少有人在这个时候想着“化敌为友”。你可以从以下几个方面着手：先退一步，目的是为你们的合作创造可能性。真正有能力的人是勇于承认自己的不对之处的。只有你承认处于劣势，对方才可能放心地和你结交。不过，这并不意味着每当有好斗的同事向你发起进攻时，你都要举手投降。他是否可能成为你潜在的帮助者，这是你需要首先考虑的。

为了赢得最后的胜利，你有必要“忍辱负重”，不要理会他的威胁性的问题。对方可能这么问：“你以为你是谁？”“你们那所高级学校难道没教你什么有用吗？”“你从来就没听过什么叫应急计划吗？”不管对方怎么问，他并不是想得到你的答案，只是为了使你失去理智和平稳的心态。你不要回答，直接忽略掉这些攻击性问题，避免正面的冲突。对方感到无趣时也会减少这种行为。

另外，你要对别人的兴趣加以注意。要想让对方对你有好感，并愿意成为你的朋友的办法就是对他的兴趣爱好表示关注。

最后，你有必要让对方知道你需要他，而你也能给他提供帮助。当对方意识到联合可以共赢的时候，就能在很大程度上调动起积极性。

在职场上学会“化敌为友”是很重要的素质，你不可能单枪匹马地完成所有的工作，如果能把潜在的敌人变成自己的帮手，既少了一份阻挠，又多了一份动力，这对于你的职场发展大有益处。

不要忽略上司的身边人

有句话叫“阎王好见，小鬼难缠”。你在与上司打交道时，也不要忽略他身边的人。因为人性复杂，或许就会有些人对你有意见，然后他们就会在上司面前诽谤你，有时甚至只是某种不具恶意的猜疑，即使上司很信任你，也会受到这些闲言碎语的影响。长此以往，势必会影响你与上司的关系。

有些人觉得，想要达到目的，抓住关键人物就行了。但往往现实情况比这要复杂得多。因为关键人物的周围总是存在着一些人，他们平时看起来没什么作用，但在关键时刻可能就会发挥重大作用。

比如在职场上，我们要和正职搞好关系，但也不能忽视了副职。通常，这些副职对别人的态度更为敏感，对别人的忽视也更加在意。很多副职虽然没有决策权，但对正职有很大的影响，而许多时候，正职在处理问题时，也不能不顾及副职的情绪。所以作为下属，对“副”更要尊重和理解，就算“副职”本身并没有多值得你敬重的东西，但他毕竟还在这个职位上，你也要敬他三分，免得牵动他敏感的神经，为自己增添不必要的障碍。

岳文华年富力强，能力卓著，上司非常赏识他。而岳文华平时和上司身边的副经理也出人意料地亲近。逢年过节，他都登门拜访，亲切往来。同事们很奇怪，副经理是一个本事不大、心眼不少的人，不少下属都退避三舍，他为什么要一个劲地对副经理好呢？

其实，岳文华是个很聪明的人。他对自己最知心的朋友透露了他的想法：“咱们老总是个正人君子，在他眼前不用耍心眼，你只要努力干就行了，他能分出个好坏来。副经理虽然没多少实权，但他跟‘一把手’只有一步之遥，万一他背后给我捣点鬼，那我吃得消吗？”所以岳文华一如既往地对待副经理，这个副经理对岳文华越来越不错，把岳文华当知己看，经常向他透露一点领导决策层的内部消息，使岳文华在单位里事事总先人一步，职场路走得顺风顺水。

和上司身边的人处理好关系，有时候比处理好和上司的关系还难。与上司关系十分密切的人，往往会对上司的决策、用人及既定看法产生重要影响，而且这种影响在许多时候可能是决定性的。

善借“红人”的美言

在每个组织、单位里，都有一些被领导器重的“红人”。他们要么业绩出色、能力特别优秀，要么与领导关系十分密切。通常，领导会通过这些红人来了解下属的情况。

如果我们能够与单位里的那几位“红人”处好关系，使他们在关键时刻替你在领导面前说上几句好话，往往比你努力自我表现更加有效。

小齐与郑浩同在市教育局某部门工作。郑浩到教育局已经有七年的时间了，人缘不错，也深受领导的器重。小齐刚刚从学校毕业一年多，与郑浩是校友，在课题研究上，具有互补性，两个人关系也不错。

后来，根据有关精神，市教育局开始精简机构，二人所在部门也在精简之列。一天，小齐约郑浩出去喝酒。席间，小齐探问精简的虚实，并请郑浩帮助一下自己，郑浩心领神会。

领导同郑浩探讨人员调配，当谈到小齐时说道：“小齐人倒不错，只是太年轻了点，我考虑将他另调别处……”随后对郑浩说：“你在咱们部门虽然岁数不大，但是经验丰富，我的安排对你研究的课题有无影响，我想听听你的意见。”此时，郑浩正在研究“小学生游戏与心理健康的关系”这一课题，教育局想把它作为一项科研成果向上级申请。郑浩说道："课题研究工作进展比较顺利，咱们部门的这些人都参与了，但是相对于心理学这一部分，真正明白的并不是很多。小齐恰恰弥补了我们这方面的不足，从我自己的角度考虑，最好不要这样安排，如果确有困难，能否延缓几个月？""让我们再考虑一下吧。"领导无奈地说道。最后，小齐留了下来。

这个案例说明，通过"红人"与领导的间接美言沟通，我们既可免除表功之嫌，又能够得到较好的效果。

所以，在平时要注意与同事之间的交往，建立较为适度的关系。有的同事并不愿意或根本想不到做这种顺水人情。适当地提醒是必要的，不一定非要明确说明，可半真半假地说："你老兄可是领导面前的红人儿，还希望帮我美言几句。"

不过，值得注意的是，同事的好话一般在小事上能够起到作用，但在大的事情上，不可全部寄托于此。同事可以起到铺垫的作用，具体运作还要靠自己去努力。

第七章
会说话巧办事，畅游职场更容易

停止争辩，谦虚也能说服

在说服他人的过程中，我们经常会遇到一些狂妄的对手，他们总是喜欢表现自己，总想让别人知道自己很有能力，从而获得别人的敬佩和认可。也正因如此，他们很难接受他人的观点或建议。

那么，想要说服这类人，我们就需要动点脑筋了。因为开诚布公地直接向对方灌输我们的观点，如“我认为……”“你这样是不对的……”等，不仅不能说服对方，还很容易惹怒对方。究竟该怎么办呢?

法国哲学家罗西法古说：“如果你要得到仇人，就表现得比你的朋友优越吧；如果你要得到朋友，就要让你的朋友表现得比你优越。”这句话带给我们一个启示——谦虚谨慎更能得到他人的信任，因为谦虚，你会赢得对方的尊重，这样你就更有可能说服他。

有一次，一位无神论者向威廉·巴利挑战，要他证明无神论主张的错误。巴利不急不躁地打开了表盒，说："假若我告诉你，这些小杆、齿轮和弹簧是自己做成自己，再把自己拼凑在一起，并自己开始转动的，你是否要怀疑我的智慧呢？当然你一定会。但是抬头瞧瞧那些星星，它们颗颗都有自己完美而特定的轨道和运动——地球与行星们围绕着太阳，每日在太阳系中以百万余公里的速度向前飞奔。每颗恒星是另一个太阳，各领一个星群，在太空里如我们的太阳系般往前奔去，然而却没有碰撞、没有干扰、没有混乱，而且安静、有效率、有控制。这样的现象，会使你相信它们是自己发生的，还是有人将它造成这样的？"

试想，如果一开始就反驳对手说"没有神！别傻了，你根本不知道自己在胡说些什么"，结果会怎样？这位无神论者可能会拍案而起，拼命地为自己的意见而战，像只被激怒的狮子。一定会引起一场唇枪舌剑——咬文嚼字的大战随后而至，既无益，又充满火药味。为什么呢？就像一句名言说的："它们是他的意见，他珍贵而不可或缺的自尊受到了威胁，他的骄傲已岌岌可危。"

骄傲既然是人性中一个基本而易爆的特性，聪明的做法，是让一个人的骄傲为我们所用，而不是与它作对！如何来做呢？照巴利的样子，展示给我们的对手看，让他感觉到，我们所主张的与他已经相信的某些事情其实很相似。这样便会使他易于接受，而不至于拒我们的主张于千里之外，这样便会避免相反或对立的意念在他脑海里产生，从而破坏我们说服的效果。

每个人都希望能得到别人的肯定评价，都在不自觉中强烈地维护着自己的形象和尊严。如果谈话对手过分地显示出高人一等的优越感，那么他就会认为这是对他自尊和自信的一种挑战与轻视，排斥心理也就随之产生了。

所以，在说服他人，尤其是那些桀骜不驯的人的过程中，我们应该尽量忽略自己，多长对方气势，让对方从心理上得到一种满足，使他愿意听取你的建议。当你表现出大智若愚，使对方陶醉在自我感觉良好的气氛中，你就已经差不多完成了说服工作中最重要的环节。

诙谐地说“不”，让被拒绝的人有面子

当你不得不拒绝别人时，也要讲究礼貌，给被拒绝的人留面子。人都是有自尊心的，一个人有求于别人时，往往都带着惴惴不安的心理，如果一开口就说“不行”，势必会伤害对方的自尊心，引起对方强烈的反感。如果委婉地拒绝对方，就能够收到良好的效果。所以掌握好说“不”的分寸和技巧就显得很有必要。

受人请托，倘若拒绝，面子上过不去；若不拒绝，又实在无能为力。如此一来，只好勉强答应，结果出现后悔的情形就相当常见了。

事实上，那些碍于面子不敢说“不”的人是意志不坚定。他们通常认为，断然拒绝对方的请求未免显得太过无情，答应后又力不从心，难以履行诺言，再改变心意拒绝对方，显然已经太迟。因为，等无法做到允诺的事情，再提出拒绝，给人的印象更糟，甚至需要付出相当的代价去弥补缺失或兑现承诺。如果这件事只限于个人的烦恼，还称得上不幸中的万幸，而如果因为拒绝产生怨恨甚至敌视，演变成双方人际关系上的对立与冲突，岂不更得不偿失？

在与人交往的过程中，我们经常会遇到很多自己不愿意做的事。这时，只要我们说出一个“不”字，也许就能轻松、坦然了，但有些人憋足了劲也说不出口，结果苦了自己，也苦了别人。所以，该说“不”时，我们要毫不犹豫地说。

敢于说“不”的人是果断的人，做事情不会拖泥带水、犹豫不决；敢于说“不”的人是有主见、有魄力的人。当然，随意说“不”的人也可能是轻率而怕负责任的人。我们需要的是在慎重考虑以后，权衡利弊以后的断然否决。敢于说“不”是需要勇气的，很多人往往缺乏勇气，顾虑太多。敢于说“不”，能给自己树立一个硬朗的形象，这是一种人格魅力。

美国总统富兰克林·罗斯福在就任总统之前，曾在海军部担任要职。有一次，他的一位好朋友向他打听海军在加勒比海一个小岛上建立潜艇基地的计划。罗斯福神秘地向四周看了看，压低声音问道："你能保密吗？""当然能。""那么，"罗斯福微笑地看着他，"我也能。"他的朋友明白了罗斯福的意思，不再打听了。

敢于说"不"是对自己的负责，也是对别人的负责。应该说"不"的不外乎两种情况：一种是无理的要求，另一种是自己无能为力的要求。对于无理的要求，当然应该断然拒绝，否则可能既害自己又害别人。面对一个输红了眼的人，如果你抱着侥幸心理再加上同情心和所谓的义气，满足他的要求，后果将不堪设想。对于自己无能为力的要求，也应该婉言拒绝，否则，会给自己的生活带来麻烦，影响自己的信誉，也可能让人产生误解。有时，说"不"利己也利人。

很多人担心的就是人情关系、利害关系，很难开口说"不"字。这时候，可以采用婉拒。

要拒绝、制止或反对对方的某些要求、行为时，应避免与对方直接对立。比如："今晚打几圈麻将吧！""下班后一起到××餐厅喝一杯吧！"当面对这些请求时，该如何拒绝呢？

在这种情况下，我们可以这样说："抱歉，母亲在等我回家呢！""说实在的，我妻子……""小孩今天身体不舒服，我得赶回去……"这样，别人就不好强求了。

还可以以工作或功课为由来拒绝对方。有位朋友，如果有人对他说："今晚去喝一杯吧！"他总是回答："今晚我必须到 ×× 老师家学习外语……"

还有位司机，常有同事邀请他一同参加聚会，由于这位司机不太习惯那种场合，总是尽力推辞。从工作性质来说，他每天都很忙，所以也往往以此为理由对他们说："我明天要早起出车，今晚必须早点休息。"这样就轻易将聚会推了。

用拖延来表示拒绝，也是一种方法。比如你不想去参加某人的宴会，可以对他说："谢谢，下次我有空一定去，可今晚我不去了。"表面上并没有拒绝对方邀请，只是改个日期而已，但这个"下次"是没期限的，聪明人一听就知道这是一种委婉的拒绝。当然，这比"没空，不去！"更容易让对方接受。

对一般人说"不"就已经很难了，对朋友说"不"就更是难上加难。这主要是因为碍于情面，怕伤了情分。找一个看似合情合理的借口，让朋友觉得遭到拒绝是必然的，并非对方有意。比如有朋友向你借钱，你可以把责任推到太太身上。"太太管家"是一般的家庭规则，相信朋友也不好再开口了。

多说"我们"少说"我"

在职场上，当我们开口说话时，要注意多说"我们"，少强调"我"。用"我们"作主语，对促进我们的人际关系将会有很大的帮助。而一个人如果经常用"我"作主语，就会让人感觉自己过于自我，不容易被接受。

经常听演讲的人，大概都有过这样的经验，就是演讲者说“我这么想”不如说“我们是否应该这样”更能使你觉得和对方的距离更近。“我们”这个字眼，会令对方心中产生一种参与意识，按照心理学的说法，这是“卷入效果”。

小孩子经常会说“这是我的东西”或“我要这样做”，这是小孩子的自我显示欲过强所造成的。但如果在成人世界中也总是强调“我”，不仅无法给别人留下好印象，在人际关系方面也会受阻，甚至会在自己所属的团体中，形成被孤立的场面。的确，我们在听别人说话时，对方说“我”“我认为……”带给我们的感受，远不如他采用“我们……”的说法。因为采用“我们”这种说法，可以让人产生一种亲切的融入集体的感觉。

一次聚会，有位高先生在讲话的前三分钟内，一共用了 36 个“我”，他不是说“我”，就是说“我的”，如“我的公司”“我的单位”，等等。随后他的另一位朋友走上前去对他说：“真遗憾，你失去了你的所有员工。”

高先生怔了怔说：“我失去了所有员工？没有呀？他们都好好地在公司上班呢！”

“哦，难道你的这些员工与公司没有任何关系吗？”

这位高先生听后顿时哑口无言，感觉很惭愧。

亨利·福特二世描述令人厌烦的行为时就说：“一个满嘴

‘我’的人，一个独占‘我’字、随时随地说‘我’的人，是一个不受欢迎的人。”

在人际交往中，“我”字讲得太多并过分强调，会给人突出自我、标榜自我的印象，这会在对方与你之间筑起一道防线，形成障碍，影响别人对你的认同。

因此，会说话的人，总会避开“我”字，而用“我们”开头。下面的几点建议可供借鉴。

1. 尽量用“我们”代替“我”

很多情况下，你可以用“我们”一词代替“我”，这可以缩短你和大家的距离，促进彼此之间的感情交流。例如，“我建议，今天下午……”可以改成“今天下午，我们……好吗？”。

2. 这样说话时应用“我们”开头

在员工大会上，你想说：“我最近做过一项调查，我发现40%的员工对公司有不满的情绪，我认为这些不满情绪……”如果你将上面这段话的三个“我”字转化成“我们”，效果就会大不一样。说“我”有时只能代表你一个人，而说“我们”代表的是公司，代表的是大家，员工们自然容易接受。

3. 非得用“我”字时，要以平缓的语调

不可避免地要讲到“我”时，你要做到语气平淡，既不把“我”读成重音，也不把音拖长。同时，目光不要逼人，表情不要眉飞色舞，神态不要得意洋洋。你要把表述的重点放在事件的客观叙述上，不要突出做事的“我”，以免使听的人觉得你自认为高人一等。

会赞美才能更快办成事

俗话说，“菜的味道在盐里，人的身份在话里”。因此谈话时应注意场合，弄清对方的身份，分寸适当，有针对性，恰到好处。

求人办事，赞美别人是常有的事，但是赞美也是要讲究一定尺度的。人都喜欢听合自己心意的赞美。同时，这种赞美，能给他们加倍的能力、成就和自信的感觉。这的确是感化人的有效方法。然而，赞美不当，会让人觉得虚伪，更有甚者会引人反感，这便是没有掌握好说话的分寸。所以赞美他人时应注意以下几个方面：

1. 要实事求是

赞美要出自真心实意，如果言不由衷或言过其实，对方就会怀疑赞美者的真实目的。最有效的赞美不是“锦上添花”，而是“雪中送炭”。最需要赞美的不是那些早已名扬天下的人，而是那些自卑感很强的人，尤其是那些被压抑、自信心不足或总受批评的人。他们一旦被人真诚地赞美，就有可能自信心倍增，精神面貌焕然一新。

2. 赞美要具体

赞美不要含糊其词，含糊其词的赞美可能会使对方混乱、窘迫、紧张。赞美越具体，说明你对他越了解。此外，值得赞美的不仅是他身上众所周知的长处，更应是那藏在他身上既可贵又鲜为人知的优点。适度的赞美将使人振奋鼓舞。反之，则使人难堪、反感，或视之为恭维、奉承，或疑心你在讽刺、挖苦。赞美的内容要适度，要恰如其分；赞美的方式、地点要适宜；赞美的频率要适当。

只有把握好赞美的尺度才能锦上添花，否则一旦赞美过度就可能使得所办之事一败涂地。值得注意的是，对别人的赞美不应该总是绝对的。像“最好”“第一”“天下无双”这类的帽子别乱戴。有个企业的广告词说：“只有更好，没有最好。”这就显示了企业的真诚承诺，而不是哗众取宠，华而不实，在消费者中影响很好。

实际上，一般人都对自己有个客观的认识和评价，如果你的赞美毫无遮拦，就会让人感觉你在曲意奉承，对方也难以接受。赞美时必须记住：一个人的成绩和优点毕竟是有限的。

3. 把握恭维的分寸

在求人办事时还需要恭维对方。当然，恭维也是要讲究分寸的。恭维的分寸掌握得如何，往往直接影响着办事的效果。恰如其分、不留痕迹、适可而止的恭维是成功办事的手段之一。而不合乎实际的恭维其实是一种讽刺。违心地迎合、奉承和讨好也有损自己的人格。

适度得体的恭维应建立在理解他人、鼓励他人、满足他人的正常需要及为人际交往创造一种和谐友好气氛的基础上，那种带着不可告人目的的曲意迎合是人们所不齿的。比如在恭维时，过多华丽的辞藻、空洞的奉承，只能使对方感到不舒服，不自在，甚至难堪、肉麻，结果往往会适得其反。

须知，恭维别人并不是轻而易举的事，高帽子尽管好，可尺寸也得合适才行，滥戴高帽是不明智的。人们发现你言过其实时，会感到受到了愚弄。所以宁肯不去恭维，也不宜夸大无边。

迂回说话，小心碰到“刺儿”

在求别人办事时，你可能会遇到这种情况：当你满怀希望地向他人提出要求时，却当场遭到对方的拒绝，碰了钉子。那场面是很令人难堪的。这种被拒绝而产生的尴尬，往往使你心灰意冷、失落，甚至产生报复的心理，因而影响彼此之间的关系。

在现实生活中，造成尴尬的原因很多，有些是无法预见的、难以避免的，但有些却是可以通过自己的努力避免的。从办事的角度来看，避免尴尬也是办事能力的组成部分。懂得并力争避免不必要的尴尬场面的出现，是每一个办事高手都应该掌握的。

远行之人，前有高山挡路、石头绊脚，自然会想办法绕过去，或动脑筋另辟蹊径。这种做法应用在求人办事里，便是绕着圈子达到目标，避免碰到钉子。

换言之，求人办事若想避免碰钉子，便得拐弯抹角地去讲一些话；有些人不易接近，就少不了逢山开道、遇水搭桥；搞不清对方葫芦里卖的什么药，就要投石问路、摸清底细；有时候为了使对方减轻敌意，放松警惕，我们便绕弯子、兜圈子，甚至用“顾左右而言他”的迂回战术。

生活中不少人是“直肠子”“一根筋”，这种人在办事时更多地表现为“碰到南墙不回头”，十头牛也拉不回来。这样的人最该学点迂回术，让自己的大脑能多转几个圈。

举个简单的例子：某些以鱼类为生的鸟类，其嘴的形状是直直的，上下两部分又长又宽阔。吞吃食物时，常常把捕到的鱼儿往空中一抛，让那条鱼头朝下尾朝上落下来，然后一口接住咽下去。这样的吃法可以使鱼在通过咽喉时，鱼翅的骨头由前向后倒，不会卡在喉咙里。

求人办事也一样会碰到各种“刺儿”，这个时候便不能“直肠子”，而应该想办法兜个圈子，绕个弯子，避开钉子。这是求人办事应该具备的策略和手段。连鸟都会把鱼倒过来吃，聪明人怎么能让“刺”卡在喉咙中呢？

有位编辑向一位名作家约稿。那位作家一向以难对付著称，已经有好多人在他面前碰了钉子，所以这位编辑在去他家之前，感到既紧张又胆怯。

刚开始时，这位编辑失败了，因为不论作家说什么话，这位编辑都说“是”，或者“可能是这样的”。无法开口说明要求他写稿的事，于是他只好准备改天再来向他说明这件事。

就在他起身准备告辞时，脑中突然闪过一本杂志，这本杂志上刊载有关这位作家近况的文章，于是就对作家说："先生，听说你有篇作品被译成英文在美国出版了，是吗？"作家猛然倾身过来说道："是的。""先生，你那种独特的文体，用英语不知道能不能完全表达出来？""我也正担心这点。"他们滔滔不绝地说着，气氛也逐渐变得轻松，最后作家也答应为编辑写稿子了。

这位不轻易受约的作家，为什么会为了编辑的一席话，而改变了原来的态度呢？因为他认为这位编辑并不只是来要求他写稿，他读过他的文章，对他的事情十分了解，所以不能随便地应付。就这样，那位编辑不仅没有碰钉子，还成功地约到了稿子。

有时，为了避免碰钉子，你可以进行必要的试探。比较常见的方法有：

1. 自我否定法

对所提问题拿不准时，如果直截了当提出来恐怕会失言，造成尴尬。这时，就可以使用既提出问题，同时又自我否定的方式进行试探。这样在自我否定的意见中，就隐含了两种可能供对方选择，而对方的任何选择都不会使你感到不安和尴尬。

2. 投石问路法

不直接提出自己的问题和方法，而是先提一个与自己本意相关的问题，请对方回答。如果对其答案已经得出否定的判断，那就不要再提出自己原来的想法，这样可以避免尴尬。

3. 触类旁通法

当你想提一个要求时，可以先提出一个与此同属一类的问题，试探对方的态度。如果得到肯定的信息，便可以进一步提出自己的要求；如果对方的态度是明确的否定，那就免开尊口，以免碰钉子。

4. 顺便提出法

有时提出问题，并不需要郑重其事的方式。因为这种方式显得过分正式，一旦被否定，自己会觉得下不来台。而如果在执行某一交际任务过程中，利用适当时机，顺便提出自己的问题，给人的印象是并未把此事看得很重，即使未得到满足也没有什么感觉。

5. 开玩笑法

有时还可以把本来应郑重其事提出的问题用开玩笑的口气说出来。如果对方给以否定，便可把这个问题归结为开玩笑，这样既可达到试探的目的，又可在一笑之中化解尴尬，维护自己的尊严。

6. 打电话法

打电话提出自己的要求与面对面提出有所不同，由于彼此只能听到声音，即使被对方所否定，刺激性也较小，比当面被否定更易接受。

在求人办事时应该多绕几个圈子，这样才能少碰些钉子。

第八章
升职有道，职场舞台更宽阔

主动帮上司完成更大的目标

你的使命是帮助你的上司完成他更大的目标。然而，这些目标究竟是什么？有的时候，答案简洁明了；有时，你不得不做一点更深层的挖掘。

如果你清楚地知道自己的上司想要完成什么任务，你最好能帮忙。了解那些特别的目标将有助于你更好地掌握部门的发展方向。通过这些信息，你就能采取前瞻性的措施来帮助你的上司达到目标，上司也就会视你为部门中有价值的成员，那么当他升迁时，你也会成为他推荐的对象。

杰弗里，一家纺织公司的销售代表，对自己的销售记录引以为豪。曾有几次，他向老板卡罗尔解释说，他如何如何卖力工作，劝说一位服装制造商向公司订货。可是，卡罗尔只是点点头，淡淡地表示赞同。

最后，杰弗里鼓起勇气：“我们的业务是销售纺织品，不是吗？难道您不喜欢我的客户？”卡罗尔和他的态度一样，直视着他，答道：“杰弗里，你把精力放在一个小小的制造商身上，可他耗费了我们太大的精力。请把注意力盯在一次可订3000码货物的大客户身上！”

杰弗里得到信息后，他把手中较小的客户移交给一位经纪人。虽然他只收到少量的佣金，但更重要的是他正在帮助卡罗尔实现他的目标——找到主要客户。

上司不是全能的。很多的时候，在一些很重要的工作面前，他自己的力量不能搞定。这时候，作为下属，如果我们有能力帮助上司把难事办成，主动替上司补好业务上的缺口，帮上司完成更大的目标，上司就会更加器重我们。

委婉轻点上司的错误

俗话说：“打人不打脸，骂人不揭短。”在公司里，如果你不顾及别人的面子，总有一天会吃亏的。因而，老于世故的员工从不轻易在公共场合指出上司的错误，这样既能满足上司的虚荣心，又能使自己得到上司的赏识。这种于双方都有利的事情，何乐而不为。

例如，本来是上司自己把文件撂在一边，不翻阅，也不签字，当有关部门追索时，他反而质问下属为何不提醒他或早点给他。即使这位上司三番五次地犯同样的错误，你也不要反唇相讥、直接指出他的错误。实际上，他早已知道是自己不对了，只是碍于面子，不愿承认错误罢了。如果下属不了解这一点，直接点破，无疑是拿自己的前途开玩笑。聪明的下属，应当把批评的话吞回肚里，变成日常多提醒。

这样做的结果，不仅可以保证工作如期完成，也维护了上司的自尊，而且还增加了你对于他的重要性。一举三得，何乐而不为呢？

对待上司可采用当众赞美、私下提醒的方法指出他的错误或缺点。每个人都喜欢听赞美的话，上司也不例外，而且如果这种话是当众听到的，就会更加觉得有面子。当众赞美，私下提醒，这看起来有“两面三刀”之嫌，实际上并不是。这样做的人，和那种表面一套、背地一套的人，有本质上的不同。

对上司的提醒要讲究语调。人们常说“一样话，两样说”，虽然是相同的一句话，但是用不同的语调说出，人听起来感觉就会大不一样。

如果发现上司有某种错误或不妥之处，可以私下不经意间婉转地向他提出，但要特别注意不可过分强调，以免引起他的反感。在交谈中要时刻注意他的反应，如果他表现出满脸的不高兴，或找出各种理由极力为自己辩解、推脱责任，这时你就要立即停止，不可再三提示他的错误。如果听完你的提示，他承认自己所造成的错误或有不足之处，并表示非常烦恼，你可以找出适当的借口为他开脱，使他得到心理上的安慰，这样他会把你看成知心人，你离升职加薪可能就不远了。

巧提建议，让领导发现你的价值

对上司发出的正确而合理的指令，当然要认真及时地执行，但上司有时可能会发出不恰当的甚至完全错误的指令。作为下属，我们该怎么做呢？

很多人或许会说："当然是按照上司的指令去做了，决策是领导做的，我的任务就是坚决执行。"还有一些人或许会说："给领导提意见，我可不敢，得罪了他怎么办？"

显然，第一种人误解了"执行"的含义，执行的目的在于达到效果，如果南辕北辙，执行就没有意义了；第二种人害怕得罪领导，明知道领导的决策错了，还要去执行。

面对不恰当的指令？我们到底该怎么做？可灵活地采取以下对策：

1. 暗示法

接到不恰当的指令时，你觉得不能执行或无法执行，可先给上司以某种暗示，让其认识到自己的指令不甚恰当。有些指令不恰当，不是因为上司素质差、水平低，而是没考虑周全。你稍加暗示，他可能就会马上意识到。

2. 提醒法

有些不恰当的指令，可能是上司不熟悉、不了解某一方面的情况。你明白地提醒他，上司认识到了，一般都会收回或修正指令。当然，提醒不是埋怨，也不是硬邦邦地批评。提醒要讲究策略，语气上应尽可能委婉些。

3. 推辞法

对上司不恰当的指令，可以考虑推辞。推辞要有理由，有的可从职责范围提出，譬如说“总觉得这件事不是我的职责，要不，同事关系就不大好处理了”；有的可从个人的特殊情况提出。理由一定要真实和充分。你推辞了，有的上司还可能会这样问：“那你觉得这件事应该由谁来做？”你不能随便点名，也不要随口说“除了我，谁都可以”之类的话，比较巧妙的回答是：“这事应该由谁来做，我也不是很清楚，还是您来定夺好。”推辞不是耍滑头，而是委婉地拒绝。

4. 拖延法

有些不恰当的指令，是上司心血来潮想出来的。对这种上司心血来潮而向你发出的指令，如果你在暗示或提醒之后都没有效果，推辞也没多少理由时，那么，最好的对策就是拖延。默认或口头上答应了，但实际上却闲着不动，上司就会产生怀疑，因此，你必须以忙别的事作为拖延的理由，应付上司的追问。拖延法是消极的，但对有些非原则性方面的不恰当指令，只能如此。

用心观察，像上司一样努力工作

一般说来，人们总是愿意与那些与自己志趣相同的人在一起。在职场中也一样，领导最喜欢的员工是和他们气质相投的，而且，他们更加希望员工能和自己一样努力工作。

也许你并不喜欢现在的领导，也许他某方面的能力不如你。但上司之所以成为上司，肯定有过人之处，而这些恰恰是下属所不及的。或许他销售经验丰富、业绩突出；或者他的性格特点、能力潜质被上级认可；或许他为人处世颇受欢迎；或许他思路清晰，方法新颖而得当，等等。总之他们一定有下属所不具备的经历、技能或优势。

那么，想升职的你，要看到上司的优势，并虚心学习。最重要的是用心观察他们在做什么，平时关注什么，并且试图培养同样的爱好。只有这样，你才能引起上司的注意，接近并效仿上司的做事风格。当你和上司“臭味相投”了，升职的机会可能也就来了。

大学毕业后，张旭顺利地进入了一家不错的设计公司工作。他特别高兴，走上了自己职业规划的第一步。张旭最近的职业目标是成为设计部的核心人物，因为只有这样他才能有晋升的机会，才能引起公司高层的注意。

如果只做一名普通设计师，永远也无法达到开拓事业、实现梦想的目的。一旦得到公司领导的青睐，那么他就可以接触到许多一流的人物，学习最前沿的技术，才有机会实现成为一名著名设计师的梦想。

目标确定了，张旭的第一步就是接近自己的上司。凡是和彼得有关的事情，张旭都会认真听，并且不动声色地记在心里。通过近两周的观察及从同事口中了解到了设计部经理彼得的一些情况。

彼得是从国外回来的，他追求完美，工作态度严谨，做事认真到几乎苛刻。他在国外是自费留学，必须打工养活自己，甚至还曾到处借钱；试图免费给人设计，却依然不被认可，吃了很多苦头。

如今，虽然彼得有了很高的声誉，但是他依然坚持以往的节俭作风。这些，张旭从彼得平时的一些小细节中可以感受到。比如，他养成了随手关灯、不用电脑的时候就关闭显示器的好习惯。

于是，张旭每天下班就把设计部所有人的电脑显示器检查一遍。恰好有一次下班走的时候，彼得看到张旭正在检查所有人的显示器，直到所有人的显示器都关闭了，关好灯，张旭才走出门。这个和彼得一样的细节，果然引起了彼得的好感。

不久，张旭就被提升为项目负责人，而彼得也亲自指点张旭设计一些重要客户的作品，放心地让张旭发挥自己的才能。遇到难题，张旭会主动请教彼得。就这样，张旭的设计水平很快得到提高，逐渐成为设计骨干。

如果你想在职场上有所成就，那促使自己快速成长的最简单的做法就是：像上司一样去工作。学习上司处理工作的思路；观察上司是如何规划、设计和安排工作的；模拟上司遇到问题时，利用资源解决问题……诸如此类，都可以去观察、去分析、去模仿。

尽管我们对上司的某些做法可能不理解，不知道为什么要这样做、要那样处理；甚至，上司的做法可能会有瑕疵；但是，“像上司一样工作”能够确保我们最快学习到上司的技巧和做法，促使自己快速成长。

学历、修养、性格、兴趣和阅历的差异，决定了每个领导的工作方法和思维方式存在着这样那样的不同。如果希望自己能够尽快得到晋升，那就像上司一样去努力工作吧！

越是关键时刻，越要有担当的勇气

公司将你招进来不是为了凑数，而是为了解决问题。一个人要做到恰当表现自己，成为职场中潜伏的高手，就要做到在关键时刻敢于承担。无数事实证明，关键时刻勇于担当的人更容易在职场中获得成功。

面对工作中的任务——无论大小、难易，在公司需要的时候你能够挺身而出，那么每一次任务都可能成为你脱颖而出的机会。

不要在心里说：反正不是我的事，再说了还有别人，我干吗出头，做吃力不讨好的事。不要以为自己现在还处于公司最底层就不敢去做，犹豫徘徊。任务面前，每个人都是英雄。如果你能够发扬舍我其谁、勇于担当的主人翁精神，那么你很快就能够脱颖而出，为自己赢得发展的机遇。在这里，古人毛遂为我们树立了一个很好的榜样。

战国时期，秦国攻打赵国，把赵国的都城邯郸围困起来。在这危急关头，赵王决定派自己的弟弟平原君赵胜，代替自己到楚国去，请求楚国出兵抗秦，并和楚国签订联合抗秦的盟约。

到了楚国，平原君献上礼物，和楚王商谈出兵抗秦的事。可是谈了一天，楚王还是犹豫不决，没有答应。这时，站在台下的毛遂手按剑柄，快步登上会谈的大殿。毛遂对平原君说："两国联合抗秦的事，道理是显而易见的。为什么从日出谈到日落，还没有个结果呢？"

楚王听了毛遂的话很不高兴，就斥责他退下去。毛遂不但不害怕，反而威严地走近楚王，大声地说："你们楚国是个大国，理应称霸天下，可是在秦军面前，你们竟胆小如鼠。秦军的兵马曾攻占你们的都城，烧掉了你们的祖坟，这奇耻大辱，连我们赵国人都感到羞耻，难道大王您忘了吗？再说，楚国和赵国联合抗秦，也不只是为了赵国。我们赵国灭亡了，楚国还能长久吗？”

毛遂这一番话义正词严，楚王点头称是，于是就签订了联合抗秦的盟约，并出兵解救了赵国。平原君回到赵国后，把毛遂尊为宾客，并且很重用他。

同样，在公司发展的关键时候，你也一定要像毛遂那样敢于挺身而出，该出手时就出手，为老板分担风险，帮助老板渡过难关。公司经营难免会遇到一些始料不及的问题，这时如果你能够主动担起任务，为公司解决难题，你将赢得其他同事的尊敬，更能得到老板的信任和器重。

罗萍是一家连锁餐饮集团公司的普通营业员，虽然表现不错，但并不足以吸引老板的眼球。有一次，这家连锁店里突然发生了一起意外事件——一位食客在进餐时突然倒地，四肢抽搐，口吐白沫，众人纷纷怀疑是食物中毒，甚至有人拿出电话通知报社和电视台。在这关键时刻，罗萍镇定自若，一方面指挥其他店员打急救电话，一方面竭力安抚顾客。她告诉大家，食物绝对没有毒，并当场吃下很多饭菜。为了防止谣言扩散，她还请求大家等待急救车的到来，由医生评判。

不久，急救车来了，经验丰富的医生告诉大家，所谓“中毒”的顾客实际上是典型的癫痫发作，不过凑巧赶在这样一个场合，大家尽可放心。一场危机就这样过去了。

由于罗萍勇敢而机智地避免了一场危机的上演，受到公司领导的高度赞扬。不久，她就被升任为店长。

在职场中，我们告诫自己不当出头鸟，但我们也不能埋没自己的才干，我们最大的目标是成功。若在关键时刻能像罗萍那样挺身而出，这样既给了老板一个让自己晋升的恰当理由，也让同事心服口服。可见，勇于担当可以让一个职务低微、毫无背景的员工成为老板眼中的“重磅人物”。

职场中的每一次任务都是一次机遇。如果你能够认清自己的使命，勇于负责，在公司和老板需要的时候挺身而出，承担起重任，那么随着工作中一个个任务的完成，你也必定能够一步步地走向成功。

第九章
不做职场孤儿

小心职场“暗箭”伤了你

在人际沟通中，同理心扮演着相当重要的角色。用同理心指导人的交往，让我们能易地而处，能设身处地理解他人的情绪，明白及体会身边人的处境及感受，并可适当地回应其需要。

我们一定要学会换位思考，经常站在他人的立场上，不断了解别人的意见和需求。

一位刚毕业的大学生，进入一家电脑公司做职员。刚进这家公司的时候，他对什么事情都不太了解，大家都很忙，也没有什么人来指导他。

就在他不知如何是好的时候，有位行政人员非常热心地照顾他，两人成了好朋友。日子一久，他发现这位职员的牢骚越来越多，一开始，他只是倾听。后来，工作一忙碌，压力过大，难免会有一些情绪的问题，于是也开始对公司和主管批评了起来。他心想，反正对方也批评公司，所以就很放心地时不时向对方吐吐苦水。

有一天，人事主管将他找了去，问起他对公司的批评。他吓了一跳，只好死不承认。后来，他离开了这家公司，临走前，一位资深员工偷偷地指着那个行政人员对他说："你不知道他和你所学的专业相同吗？"

从某种意义上说，这个职员是幸运的。他虽然被排挤出了这家公司，但最终他了解到了事实的真相，受到很大的震撼，日后在处理人际关系时定会多加小心，这对他的职业生涯有着很大的意义。还有许多人，被暗箭伤了还蒙在鼓里呢。

一般来说，别人不会无故害你，如果他要陷害你，那一定是与你有着利益上的冲突——通过排挤你，可以打击你的形象、巩固他自身的地位，或者把责任推到你头上使自己免受损失等。暗箭伤人的实例早在我国古代就司空见惯。

从前有一个足智多谋的人，凭自己的能力做到了朝廷要员，享受着荣华富贵的生活。一天，他在洗澡的时候发现澡盆里有几块石头，他特别生气，就想马上把司管浴盆的人抓起来打一顿，转念一想又放弃了。

于是，他找来管家问："如果司管浴盆的人不在了，谁将最有好处。”管家坚定地说出了另一个人的姓名。这个聪明的官员把这个人叫来，对他说：“你是不是在我的浴盆里放了一些石头？”这人突然吓得脸色大变，最后不得不承认是自己干的。

由此看来，所有暗箭的根源，都来自利益冲突。对于职场人士来说，要提防与自己有利益相关的人射来的暗箭。尤其是职场新人，刚从人际关系简单的学校步入社会，多多少少会有些单纯，但是，绝对要保持清醒，千万不要被暗箭所伤。

在人际交往中，只要有利益冲突和矛盾存在，就有可能有人使出暗箭。人们经常说“明枪易躲，暗箭难防”，面对施放暗箭的人，该如何提防呢？

1. 不轻易妥协

“退一步海阔天空”的人从来都是被欺负的。如果你不甘心做一个被欺负的人，那你就该尽力抗争。在某次你不在场的会议上，有人将做错事的责任推到你身上，后来你从老板、上司或其他同事口中得知此事，你该怎么办？

你一定要把事情的真相告诉老板、上司，摆明态度，澄清事实，这样，别人才看得出你的应变能力、处事态度和才干。对恶言中伤你的人，则应该与他当面对质。只有让他知道你对他存有戒心，才能让他在以后的日子里不敢再乱来。

2. 与热情过分的人保持距离

职场中，对那些故意讨好你或者试图表现热情的人要多加小心。那些施放暗箭的人多是内心丑陋的，他们为了使自己的行为不被察觉，在待人接物方面往往表现得特别热情，让你感觉他就像一个亲密的朋友一样，希望你对他不存戒心，在被出卖的时候可能还会天真地想："他和我那么好，他绝不会出卖我的。"而事实上，最可能出卖你的人就是那个首先被你排除的人！

同事之间，"同流"不"合污"

职场中，每个人都应该有一个属于自己的角色，而不是站在不同的派别中间——要么是无足轻重的路人，要么是被殃及的池鱼。

职场人士必须有所准备，才能避免掉入斗争的沼泽，否则后果可能不堪设想。要顺利处理职场人际关系，我们既要学会融入一定的圈子，又要注意不可与人"合污"。

艾华进入某公司市场部不久，就发现在这个十几个人的部门里，有一个三四人组成的小圈子。这几个人之间特别默契，但对这个圈子外的人则多少有点不配合，有时甚至暗中使绊。部门张经理有时也睁一只眼闭一只眼，而那个圈子的核心人物的无形影响似乎比经理还大。

这些天，那个圈子里的李大姐中午有事没事跟他套近乎，昨天问他父母是做什么的，今天问他有没有女朋友。当她知道艾华现在还没有女朋友时，马上表示愿意当“红娘”。艾华知道，李大姐是想拉自己进入他们那个圈子。他有些犹豫，如果自己不进他们那个小圈子，今后自己在工作中难免会遭到刁难；进入他们那个小圈子吧，自己其实很厌恶这种拉帮结派的行为。他有点不知所措。

也许你过去一直习惯生活在自己的世界里，当你进入职场，突然被推到一群陌生的同事当中时，你的确会面临一个艰难的选择：是保持自己的个性，还是尽快融入另外一个陌生的环境？你可能会觉得与其跟一大帮无趣的人混在一起，还不如坚守自己的空间。

于是，你坚持“三不原则”，即不和同事做朋友，不和同事说知心话，不和同事分享秘密。每天例行公事后，就埋头看书，与同事的关系越来越疏远，但是，你渐渐发现，自己的工作越来越困难，虽然自己谁也没得罪，可一些负面评价老是伴着你。你的职场人际关系已经开始陷入泥沼。

马林在学校时就是优等生，所以在进入工作环境后，常常恃才傲物，不屑融入同事当中。当时和他一起进入公司工作的还有安东。安东和马林一样也非常优秀，然而到了工作环境之后，他就收敛锋芒，主动热情地和同事打交道，于是很快就赢得了同事和上司的喜欢。

在年终评选优秀员工的奖励大会上，由于优秀工作业绩和同事的支持，安东受到了表彰。其实，马林工作也非常努力，甚至工作成绩比安东还好，可是由于同事背地里常说他的坏话，上司不喜欢他，等等，在评选大会上他一票也没得到。有好成绩也没受到表彰，马林认为自己不受重视，感觉英雄无用武之地，因此辞职而去。离开这家公司后，他走了几个地方，也没有找到满意的工作。他为此深感懊恼。

马林的独树一帜，让他在公司里待不下去，最后不得不走人。职场中，关系到分工合作、职位升迁，抑或利益分配的事，总会因为某些人的主观因素而变得扑朔迷离、纠缠不清。随着这些主观因素的渐渐蔓延，原本简单的同事关系、上下级关系变得复杂起来：一个十几个人的办公室，可以有几个不同的派系，更可以有由这些派系产生出来的上百个纠缠不清的话题。

人际关系就像张渔网，缺了哪一方面都不行。要处理好职场的人际关系，我们既要学会投身其中，又要懂得抽身离去。作为职场中人，你可以在“同流”的情况下，选择不“合污”。

给自己的隐私加把锁

职场上，充满着激烈的竞争，如果别人的弱点被你抓住了，那么，你就有了制服对方的有力武器。同样，如果你的弱点被别人抓住了，就等于让别人有了制服你的砝码。

所以，为了在职场上生存的安全，我们必须给自己的隐私上一把锁，不该说的话不要随便说。即便你们是铁哥们儿，是死党，也不要随便把自己的隐私告诉别人，尤其是关系你命运的隐私更不要说。

姜涛刚入职场时，怀着很单纯的想法，像大学时代对室友们无话不说一样，常将自己的一些经历及想法毫无保留地对同事讲。

姜涛工作不久，就因出色的表现成为部门经理的热门人选。可他曾无意中告诉同事，他的父亲与董事长私交甚好。于是，大家对他的关注集中在他与董事长的私人关系上，而忽视了他的工作能力。最后，董事长为了显示公平，任命了一个能力和他差不多的职员为部门经理。

如果姜涛保护好自己的隐私，也许就能得到这个升职的机会。同事是工作伙伴，同时又可能是竞争对手。在与同事交往当中，一定要保护好隐私，自己的秘密不要轻易示人，守住自己的秘密是对自己的一种保护，是对自己负责的一种行为。秘密只能独享，不能作为礼物送人，再好的朋友，一旦你们的感情破裂，你的秘密将人尽皆知，受到伤害的人不仅是你，还有秘密中涉及到的所有人。

小人们多见缝就钻、有机就乘，你的秘密或许就是他们要钻的空子。防范小人，首先重在识别。如果识别不出来，那就尽量管好自己的隐私，千万不要把同事当心理医生。有些同事喜欢打听别人的隐私，对这种人要“有礼有节”，不想说时就礼貌而坚决地说“不”。千万不要把分享隐私当成打造亲密同事关系的途径。适当地保护自己的隐私也是保护自己的前程和交际安全、生活稳定。要知道，世界上的事情没有固定不变的，人与人之间的关系也不例外。你把自己的秘密全都告诉别人，一旦感情破裂，对方不仅不会为你保密，还会将所知的秘密作为把柄，到时后悔也来不及了。

不要加入议论人非的群体中

人与人之间的关系是很复杂、很敏感的。特别是在办公室这种场合，几个人在一起不免就闲聊起来。有时说到某个人时，还会说出一大串的坏话。这时，很多把持不住的人，也会跟着附和说起某人的坏话来，其结果可想而知。这种坏话不久便添油加醋地传到他的耳朵里，别人不仅对你有了看法，还有可能以其人之道，还治其人之身，说你的坏话或打击报复。

某公司企划科李某升为科长。同一间办公室坐了几年的同事忽然升迁了高位，对每个人来说都是一个刺激与震动。平日不分高下、暗中竞争的同事成了自己的上司，总让人有那么一点酸酸的感觉。企划科李某的几个同事背后嘀咕开了：“哼！他有什么本事，凭什么升他的官？”一百个不服气与嫉妒就都脱口而出了，于是你一句我一句，把李某数落得一无是处。

王新是分配到企划科不久的大学生，见大家说得激动，也毫无顾忌地说了些李某的坏话，如办事拖拉、疑心太重等。可偏有一个阳奉阴违的同事A，背后说李某的坏话说得比谁都厉害，可一转身就把大家说李某坏话的事告诉了李某。

李某想：别人对我不满，说我的坏话我可以理解，但你王新乳臭未干，有什么资格说我。从此，李某便对王新很冷淡。王新大学毕业，一身本事得不到重用，还经常受到李某的指责和刁难，成了牺牲品。

在日常生活中，我们不可避免会遇到别人在你面前说某个人坏话的情况。此时，你千万要端正自己的态度，不要被他的话左右你的思想，更不要跟着别人去说坏话。最好的办法是，别人在你面前说某个人的坏话时，只是微笑示之。

微微一笑，既可以表示领会了意图，也可以表示听不清别人的话。当你不插话，只是微笑不语时，既不得罪说坏话的人，也没有参与说坏话，这是比较好的做法。有人在你面前说别人的坏话，别人爱怎么说就怎么说，你能不听就不听，能溜最好。实在不便溜开，你就答非所问，另起话题。

第十章
苦练内功，实力是职场的“防弹衣”

可有可无的人，随时可能被替代

有一位企业家这样说过：当你比别人强一点点时，别人会嫉妒你；当你比别人强一截时，别人就会羡慕你；当你比别人强一大截时，别人就会向你看齐，好比微软这样一流的企业一样，每一项举措后来都被奉为业界的标准。这充分说明，如果你想拥有核心竞争力，就要超出别人很多，或者，你能够持续比别人强一点点。

杜拉拉与HR招聘经理童家明一起做管理培训生的校园招聘项目。在这个项目的分工上，童家明做前段，负责策划和与高管层的沟通，杜拉拉做后段，负责具体实施和与业务部门的协调配合。对于这种分工，杜拉拉无话可说，因为她没有这类项目的策划经验，如果还不愿意做实施，那就完全没有用处了。

而且，虽然负责后段与销售的配合会比较痛苦，但是假如能做好，也是很有意思的工作，至少好过让自己沦落到可有可无的境地。

杜拉拉心里很明白：一个可有可无的人，是随时可能被替代的。

在竞争激烈的职场，可有可无的人的处境最尴尬也最危险。所以，不论什么行业、什么工作，做就要做到最好。自己比别人高、比别人强，才能赢得别人的肯定，成为工作中的“专家”，这样你的位置才会稳固。

那么怎样才能尽快在工作中成为专家呢？

你应该选定最适合你的、最能将你的优势表露无遗的行业——你可以根据自己所学的专业来进行选择。当然，在很多情况下，你也许没有机会学以致用，“学非所用”的情况很常见，但这并不妨碍你成为行业中的佼佼者。所以，与其根据学业来选，不如根据兴趣来定。但是，必须注意的一点是，一旦选定了一个行业，最好专注下去，这比你不停地转行也好得多。每一行都有苦和乐，因此你不必想得太多，关键是要把精力放在工作上。

行业选定后，接下来你应该像海绵一样，广泛摄取、拼命吸收行业中的各种知识。你可以向你的同事、主管、前辈请教，不要总是把薪水、待遇等问题放在第一位来考虑。要把最初的工作经历当作是一种学习的机会。除了多向同行请教以外，你还可以搜集各种信息，从多种渠道获得你需要的知识。如果你的时间允许，参加专业进修班、讲座等都是不错的选择。也就是说，你应该打定主意，在你所从事的这一行业中谋求全方位、深层次的发展，而不是得过且过地混日子。

你可以把自己的学习分成几个阶段，并限定在一定的时间内完成一定量知识的学习。这是一种压迫式的学习方法，可以逼迫自己进步，也可以改变自己的习惯，训练自己的意志。当然，你不必急于“功成名就”。一段时间之后，假若你学有所成，你便可以开始展示自己学习的成果，并在工作中表现出来。当你成为“专家”后，你的身价必会水涨船高。有了“专家”的身份，人人都会看重你，你的地位就是不可动摇的。

下面是帮助你成为“专家”的几条建议：

1. 不要吝惜投资

用至少 3 %的收入购买各种书籍和杂志，其中包括音像图书和学术刊物。你应为培养自己的能力投资，尽管成千上万的人在没有受过正规教育然而却有极好机遇的情况下，也攀登上了成功的顶峰，但是他们的成功也是由于具有坚定的信心和良好的品质，以及付出了极大的艰辛。

2. 坚持每天阅读

每天阅读一小时，意味着你用两周时间阅读完一本书，这样，就相当于每年读完 25 本书，10 年读完 250 本书，这个数字是相当惊人的。每年阅读专业书籍 25 本，将有助于提高你的专业水平，使你成为众多竞争者中的佼佼者，甚至可能改善你的经济状况和提高你的生产率。应记住，你头脑中装载的所有知识对于塑造明天的你都是有用的。

3. 利用一切可以利用的时间

一个人每年往返于工作地点和家中的时间平均为 500 小时至 1000 小时，但几乎都浪费掉了。其实你完全可以利用这些零散的时间来提高自我，比如听听专业知识音频，看看袖珍英语词典，等等。有人计算过，如果能够充分利用这些时间，效果竟相当于在大学学习两学期。有很多成功者都能巧妙地利用零散时间，让自己在不知不觉中比别人高出一筹。

总之，只有那些永不自满、永远追求进步的人，才能被充实和装备起来，才能成为无法替代的人。

能力的提高比金钱更重要

在一个人的事业发展过程中，能力比金钱重要。纵观成功人士的一生，其事业总会经历跌宕起伏，有攀上顶峰的兴奋，也有坠落谷底的失意，但最终仍能重返事业的巅峰。

原因就在于他们身上总有一种能力。他们所拥有的能力，无论是创造能力、决策能力还是敏锐的洞察力，绝非一开始就拥有的，而是在长期工作中积累和学习得到的。

一位纽约的百万富翁在回顾自己的成功历程时说，当年，他在一家百货公司的薪水最初只有每周七美元零五十美分，后来一下子就涨到了每年一万美元，而这之间竟然没有任何的过渡。没过多久，他还成为了这家百货公司的合伙人。

刚去公司的时候，他和公司签订了五年的工作合约，约定这五年内薪水保持不变。但他暗下决心，绝不满足于这每周七美元零五十美分的低微薪水，绝不能不思进取。他一定要让老板知道，他绝不比公司中的任何一个人逊色。

他的工作很快引起了周围人的注意。三年之后，他已经如鱼得水、游刃有余，以至于另一家公司愿意以三千美元的年薪聘用他为海外采购员。但他并没有向自己的老板提及此事，在五年的期限结束之前，他甚至从未暗示过要终止工作协定，尽管那只是一个口头的约定。也许有很多人会说，不接受如此优厚的条件，他实在是太愚蠢了。但是，在五年的合同到期之后，他所在的公司给予了他每年一万美元的高薪，后来他还成为了该公司的合伙人。

老板很清楚，这五年来他所付出的劳动创造的价值，要比他所领的薪水高出数倍。

假如他当时对自己说："每周七美元零五十美分，他们只给我这么多，而我也就只拿这么多好了，既然我只领着每周七美元零五十美分，那么我何必去考虑每周五十美元的业绩呢！"

实际上，这些话正是很多年轻人的想法，他们一边以玩世不恭的态度对待工作，对公司报以冷嘲热讽，频繁跳槽，蔑视敬业精神，消极懒惰，一边却怨天尤人，埋怨自己怀才不遇、生不逢时。因为老板所付不多就敷衍自己的工作，正是这种想法和做法，令成千上万的年轻人与成功绝缘。

对于一个追求自身价值的人来说，还有比薪水更重要的东西，那就是工作后的机会、学习环境及成长过程。工作的过程就是能力提高的过程。工作固然也是为了生计，但比生计更重要的是品格的塑造和能力的提升。如果一个人的工作目的仅是为了工资的话，那么，我们可以肯定，他注定很难走出平庸的生活模式。

公司是我们成长的另一所学校，工作能够丰富我们的经验，增长我们的智慧。公司支付给你的是金钱，工作赋予你的是可以令你终生受益的能力。

不断超越自己，才有希望最终超过别人

不要幻想着你可以永远保持你目前的状况。满足于现状的心态是成功路上最大的障碍；满足于现状会使人变得没有信心，认为创造、革新或者成功都与自己没有关系。如果你满足于现状，那么你就会把注意力放在一些微不足道的地方，不关心创新的机会，埋没了本可以发挥的才华。千万不要满足于你的现状。

从前，有一个胸怀大志、但生活却非常潦倒的穷人，每天都埋怨自己怀才不遇，幸运之神从不眷顾他，诅咒命运在捉弄他。

有一年过春节，他看着家家户户张灯结彩，充满佳节的热闹气氛。而他坐在街道边上的一张椅子上，开始回顾往事。

“去年的今天，我也是孤单一人，以酗酒度过了寒冷的节日，没有新衣，也没有新鞋子，更甭谈一个容身之地的屋子了。唉！今年我又要穿着这双旧鞋子过节了！”他一边自言自语着，一边准备脱掉脚上破旧的鞋子。

就在这个时候，他看见一个年轻人自己滑着轮椅艰难地走过，他突然想明白了：“生活对我来说，还不是最残酷的。与这个残疾人比起来，我有鞋子穿是多么幸福！他连穿鞋子的机会都没有啊！”

这位穷人决定不再萎靡不振、唉声叹气，从此，发奋图强，力争上游。

不久，他就去一家公司做了业务员，由于他奋发努力，不怕挫折，销售业绩不断提升，并多次得到加薪。最后，他又开办了自己的销售公司，事业做得越来越成功。

面对挫折，面对沮丧，我们需要坚持。看不见光明、希望，却仍然孤独、坚忍地奋斗着，这才是成功者的素质。只有这样，我们才能超越自己，成就自己。自我超越是凤凰涅槃、浴火重生的过程。

爱迪生研究电灯时，工作难度出乎意料地大。1600种材料被他制作成各种形状用作灯丝，效果都不理想——要么寿命太短，要么成本太高，要么太脆弱，工人难以把它装进灯泡。全世界都在等待他的成果。

半年后，人们失去耐心了。纽约《先驱报》说："爱迪生的失败现在已经完全证实，这个冲动的家伙从去年秋天就开始电灯研究，他认为这是一个完全新颖的问题，他自信已经获得别人没有想到的用电发光的办法。可是，纽约的著名电学家们都相信，爱迪生的路走错了。"

爱迪生不为所动，继续着自己的实验。英国皇家邮政部的电机师普利斯在公开演讲中质疑爱迪生，他认为把电流分到千家万户、还用电表来计量，是一种幻想。爱迪生继续探索。

人们还在用煤气灯照明，煤气公司竭力说服人们：爱迪生是个吹牛不上税的大骗子。就连很多正统的科学家都认为他在想入非非，有人说："不管爱迪生有多少电灯，只要有一只寿命超过20分钟，我情愿付100美元，有多少买多少。"有人说："这样的灯，即使弄出来，我们也点不起。"面对这些否定的声音，爱迪生也毫不动摇。

在进行这项研究一年之后，他终于造出了能够持续照明45小时的电灯，完成了对自己的超越。

经过自己的坚持和努力，爱迪生不但促成了自己的蜕变，牢牢树立了自己在世人心目中伟大的发明家地位，而且促成了人类生活方式的一次大变迁。正是因为有了他的这项发明，人类才真正进入了电气时代。

中外无数成功人士的实例证明，只有把握好今天，才能走出昨天，开创明天。昨天是张作废的支票，明天是尚未兑现的期票，只有今天是现金，有流通的价值。

如果你对自己的工作现状不满意，那么就要想想，希望自己成为一个什么样的人，有什么样的职业前景。把自己想象成理想中的自己，假定现在自己的工作就和想象的一样，再采取行动。

如果耐心地进行这种自我改造，就能发挥个性中本就具有的强大精神力，使自己和工作完全按照理想的样子发生改变，从而取得成功。积极的成功者永远是不安分的，因为他们永远不会停止前进的脚步，每时每刻都在追求更高、更强、更好。

能有超越自己的耐心和决心，才有希望超越别人，让自己最终成为一个无可替代的人，成就自己辉煌的职业生涯。

职场是门技术活·执行有学问

WIN in the Workplace

阳光 编著

执行有学问

职场是门技术活

民主与建设出版社
·北京·

图书在版编目（CIP）数据

职场是门技术活 . 2, 执行有学问 / 阳光编著 . -- 北京 : 民主与建设出版社 , 2023.3

ISBN 978-7-5139-4199-0

Ⅰ . ①职… Ⅱ . ①阳… Ⅲ . ①成功心理－通俗读物 Ⅳ . ① B848.4-49

中国国家版本馆 CIP 数据核字（2023）第 087815 号

职场是门技术活 · 执行有学问

ZHICHANG SHI MEN JISHU HUO ZHIXING YOU XUEWEN

编　　著　阳　光
责任编辑　郝　平
封面设计　书心瞬意
出版发行　民主与建设出版社有限责任公司
电　　话　（010）59417747　59419778
社　　址　北京市海淀区西三环中路 10 号望海楼 E 座 7 层
邮　　编　100142
印　　刷　唐山楠萍印务有限公司
版　　次　2023 年 3 月第 1 版
印　　次　2023 年 6 月第 1 次印刷
开　　本　880 毫米 ×1230 毫米　1/32
印　　张　4
字　　数　60 千字
书　　号　ISBN 978-7-5139-4199-0
定　　价　198.00 元（全 5 册）

目录
CONTENTS

第一章
保持正能量，执行力才不可限量

勤奋是敲开成功大门的钥匙

世界上能登上金字塔顶的生物只有两种：一种是鹰，一种是蜗牛。不管是鹰，还是蜗牛，能登上金字塔塔尖，极目四望，俯视万里，都离不开两个字——勤奋。

一个人的进取与成才，环境、机遇等外部因素固然重要，但更重要的是依靠自身的勤奋与努力。缺少勤奋的精神，哪怕是雄鹰也只能空振双翅；有了勤奋的精神，哪怕是蜗牛也能雄踞塔顶。事业上的成功不单纯靠能力和智慧，更要靠每一个参与者的忠诚、敬业和勤奋。

加伦现在是一家建筑公司的副总经理。五六年前，他是作为一名送水工被建筑公司招聘进来的。他并不像其他的送水工一样，刚把水桶搬进来，就一面抱怨工资太少，一面躲在墙角抽烟。每一次，他都给每一个工人的水壶倒满水，并利用工人们休息的时间，缠着让他们讲解关于建筑的各项知识。很快，这个勤奋好学的人引起了队长的注意。两周后，他被提拔为计时员。

当上计时员的加伦依然勤勤恳恳地工作，他总是早上第一个来，晚上最后一个离开。由于他对所有的建筑工作非常熟悉，当建筑队的负责人不在时，工人们总爱问他。

有一次，建筑队的负责人看到加伦把旧的红色法兰绒撕开包在日光灯上，以解决施工时没有足够的红灯来照明的困难，这位负责人便决定让这个勤恳又能干的年轻人做自己的助理。

就这样，加伦通过勤奋的工作抓住了一次又一次机会，短短五年时间，便升到了建筑队所属建筑公司的副总经理的位置。

虽然成了公司的副总，加伦依然坚持自己勤奋工作的作风。他常常在工作中鼓励大家学习和运用新知识，还常常自拟计划，自己画草图，向大家提出各种好的建议，受到公司高层与同事的喜爱。

加伦的成功正是缘于他的勤奋与好学。人的一生是短暂的，一个人在短暂的一生中要成就一番事业，那就一定要勤奋。但凡事业有成者，无一不是勤奋、执着的追求者。

举世瞩目的科学家史蒂芬·霍金也是一个勤奋的人。

史蒂芬·霍金在牛津大学毕业后到剑桥大学读研究生，当时他被诊断患了卢伽雷氏症，不久，就完全瘫痪了。后来又因肺炎进行了穿气管手术而丧失了语言能力，只能依靠语音合成器与人进行交谈。他看书必须依赖一种翻书页的机器，但霍金没有因为病痛的折磨而放弃对学习的渴望，他在这种一般人难以置信的艰难中，成为世界公认的科学巨人。他年复一年以惊人的毅力一直从事物理学研究，他的黑洞蒸发理论和量子宇宙论不仅震动了自然科学界，而且对哲学和宗教也有着深远影响。霍金还在1988年出版了《时间简史》，现已译为多种文字传播到世界各国。

勤奋是成功的支点。大千世界，五彩缤纷，人们很容易左顾右盼、见异思迁。但天才和灵感的女神，往往只钟爱不畏辛劳、甘洒血汗的勤奋者。

勤和苦总是紧密相连、如影随形的。一切天才的机遇和灵感，从来都是以勤奋为前提的。勤奋不仅意味着吃苦与实干，还意味着必须持之以恒、百折不挠，这样才有可能叩开成功的大门。

果断是解决问题的关键

果断是成大事者积累成功的资本，能使人在遇到困难时消除犹豫和顾虑，勇往直前。无论是在工作还是在生活和学习中，果断都是必需的。

有的人面对困难，左顾右盼、顾虑重重，看起来思虑全面，实际上毫无头绪。他们这样做不但分散了自己同困难作斗争的精力，更重要的是会销蚀同困难作斗争的勇气。在这种情况下，果断则表现为沿着明确的思想轨道，克服犹豫和动摇心理，坚定地采纳在深思熟虑基础上拟定的方法，并立即行动起来同困难作斗争，以取得最好的效果。

李晓华，在20世纪80年代就曾以一举斥资购下法拉利在亚洲限量发售的新款赛车而名闻京城。在李晓华的个人生意投资史上，最惊心动魄的是在马来西亚的一桩买卖。

当时，马来西亚政府准备筹建一条高速公路。虽然政府给了很优惠的政策，但因人们认为这条并不长的公路车流量不大而无人竞标。李晓华闻讯赶往该地考察，并得到一个极其重要的信息：距公路不远处有一个尚待最后确认的储量丰富的大油气田。只因尚未确认，媒体没有正式公布。

如果这一消息得到确认并正式公布，那么这条公路上的车流量可想而知，随着消息的公布，整个地价就会直线上扬，前景广阔。

李晓华经过周密筹划，毅然冒着破产的风险，拿出全部积蓄和房产作抵押，从银行贷款3000万美元拿下了这个项目。但期限只有半年，倘若在这期间内这条公路不能脱手，贷款还不上，李晓华将倾家荡产，一贫如洗。

五个月过去了，油气田没有任何消息。其间，他为了节约开支，吃起了盒饭和方便面，只坐最便宜的老式有轨电车。他的身心备受煎熬，前程吉凶未卜，他甚至开始考虑"后事"了。

可是到了第5个月零16天时，消息终于正式公布了。李晓华的前瞻性投资终于得到了较大的回报。

李晓华的成功正源于他当初的果断决策。

果断，是勇敢、大胆、坚定和顽强等多种素质的综合。果断，是在克服优柔寡断的过程中不断增强的。许多人常常感到这样做也有不妥，那样做也有困难，无休止地纠缠于细节问题，在诸多方案中犹豫不决，陷入束手无策和不知所措的境地，这就是事前思虑过多。大事情是需要深思熟虑的，任何事情总不能等待形势完全明朗时才作决定。事前多想固然重要，但多谋还要善断。

果断，是在克服胆怯和懦弱的过程中实现的。果断要以果敢为基础，大方向看准了，就要果断地下定决心。

当然，果断也不是人人天生就有的，它也可以通过后天锻炼得来。我们可以通过以下几个方面来使自己变得果断。

1. 把握时机，学会决断

每个成功的人在关键时刻都能把握时机，对事情作出决断，而失败的人才犹犹豫豫，不能决断。艾青说："梦里走了好多路，醒来却依然在床上。”梦想再多也无济于事，只有敢于行动才能实现目标，这也说明了决断是事业成败的关键。

2. 善于独立思考

不要被别人的意见左右，只要是自己认准的事，就全力以赴地去实施。

3. 不要犹豫

当机遇出现在面前时，千万不要犹豫。倘若犹豫不决、患得患失，只会让到手的好机会溜走。要充分把握机会，该下决心的时候，一定要果断、利落。

4. 有勇气为自己的选择负责

人生是一个不断选择的过程，其中最关键的就是要有勇气承担自己选择的后果。每一次选择都有风险，即使失败也不能气馁，勇于对自己的选择负责也是一种果断的表现。

5. 要谨慎

果断做决定时也要谨慎，不要轻率、冒失，要不然会害人害己。果断让人面临更多成功的机会，优柔寡断只能误事。有人说，犹豫不决、优柔寡断足可以毁掉一个天才。即使真正具备某种天赋，我们也要培养果断的性格，切忌做事犹豫不决，优柔寡断。

忠诚是永不过时的职场王牌

一位美国专家通过对几十名成功人士的研究发现，在事业成功的诸多决定因素中，一个人的知识水平、能力的大小占了20%，技能占了40%，态度占到40%，而100%的忠诚才是自我价值得以创造和实现的保证，它将使你成为企业真正需要的人。因此，美国一位成功学家曾无限感慨地说："如果你是忠诚的，你就会成功。"

无论一个人在企业中是以什么样的身份出现，对企业的忠诚都应该是一样的。我们强调员工对企业的忠诚，就是因为无论是企业还是个人，忠诚都会使其得到利益。其实，每位员工的价值，在老板的心里都会有一个评判，员工是否忠诚，老板都看在眼里。如果你能做好自己该做的，并且能一直忠于职守，老板一定不会让你失望。

有一个公司老板聘用了一个年轻人做自己的司机，年轻人只领取属于自己的那一份薪金。而可贵的是，这个年轻人并不满足于此，还经常为老板寄发一些信件，处理一些手头上的问题。这样一来，他对公司的一些业务也了解了很多。

渐渐地，如果老板有事情脱不开身时，就让他代为处理。他还在晚饭后回到办公室继续工作，不计报酬地干一些并非自己分内的工作，即使超越自己的工作范围也力求做得更好。

有一天，公司负责行政的经理因故辞职，老板自然而然地想到了他。在没有得到这个职位之前已经身在其位了，这正是他获得这个职位最重要的原因。当下班的铃声响起之后，他依然坐在自己的座位上，在没有任何报酬承诺的情况下，依然努力工作，最终使自己有资格接受这个职位，并且使自己变得不可替代。

有人认为，忠诚，无非是要作出无私的奉献，这对我根本就没有任何好处，我对别人忠诚，谁对我忠诚？难道我忠诚了，老板会多给我钱吗？抱着这种想法的员工一定不会有好的工作态度。而一个员工，他是否以公司的事业为自己的事业，其所能作出的成绩和发挥出来的潜能是大不一样的。

踏踏实实做事，在心中有忠诚奉献的意识，并能付诸行动的人，即使他本来才智平庸，也会在不断磨炼中进步。当他的能力达到一定程度的时候，必将得到老板的赏识；而没有归属感，总想着跳槽的人，其神思恍惚，用心不专，即使他能力很强，也很难发挥一二，这样的人，当然也不会得到老板的信任。

托马斯·杰克逊曾说："敢于行动而且忠于职守的人一定能够成功。"对事业、对公司忠诚的品质是任何一个公司、任何一个老板都需要的。如果你拥有了这些品质，那么发展空间也必将更加广阔。《史记》中记载了这样一个故事，它很好地说明了忠诚与信任的关系。

季布原来是项羽的部将，骁勇善战，经常令刘邦伤透脑筋。刘邦灭项羽之后，以重金悬赏缉拿季布，并且颁布命令：凡是窝藏季布的人，一律诛杀全族。

季布易容乔装，以奴隶的身份藏匿在侠客朱家的家中，朱家知道实情，对他特别礼遇。有一天，朱家拜访夏侯婴说：“季布到底犯了什么滔天大罪，被这样捉拿？”

“季布仕官于项羽时，常造成陛下的困扰，陛下对他憎恨有加，所以无论如何都要捉到他。”

“您对季布的看法如何呢？”

“嗯，他是一个很伟大的人。”

“为了主公鞠躬尽瘁，是臣下的义务，季布效忠项羽也在情理之中。因为季布曾经是忠于项羽的部属就非杀不可吗？天下平定，皇上身为一国之君，难道要为了一己私怨而拼命追杀过去的敌将吗？这样做不是显得自己的度量狭小吗？”

夏侯婴觉得有理，所以上书汉高祖，汉高祖于是赦免了季布，并且重用他。

季布在项羽手下的时候，屡次为项羽立战功，因为项羽是他的“老板”。作为手下，他不仅忠于老板，也忠于自己。正因为他对项羽的忠诚，赢得了朱家的尊敬，也赢得了汉高祖的信任。汉高祖认为，他对项羽如此忠诚，那么如果他作为自己的手下，也一定会忠于自己，况且季布是一个如此有才能之人，为什么不能重用呢？

从季布的身上，我们可以看到，一个人的忠诚不仅不会让他失去机会，相反，还会让他赢得机会，除此之外，他赢得的还有别人对他的尊重和敬佩。

忠诚是一种美德，也是每一位员工应具备的品质，因为忠诚能给你带来暂时看不到的无形回报——信任。

作为一名员工，要赢得老板的关注，除了要有过硬的专业技能外，还需要有赢得老板信任的人格魅力，而忠诚无非是最好的选择之一。

如果你忠诚地对待你的老板，你必定会赢得他对你的注意，那么在老板的心里，你就是一个肯与公司同进退的人才。出于对你的信任，一旦有发展的机会，老板一定会第一个想到你，给你锻炼的机会。更重要的是，你的忠诚会为你树立个人品牌，这将是永远都不会贬值的。

踏实做事是搭建工作高楼的根基

在工作中敷衍搪塞、得过且过，并将大部分心思用在如何摆脱现在的工作环境上，这样的人在任何地方都不会有所成就。

大学毕业后，小郑应聘进入了一家广告公司。

小郑充满了上进心和积极的工作热情。进广告公司的时候，他对自己严格要求，工作上精益求精，业绩尤为突出，比其他同事有着更好更高的发展前途。他渴望自己能够早日实现成为一个广告名人的远大理想。公司领导也都十分欣赏他的这种志向，他们认为小郑虽然刚刚参加工作，还需要锻炼，但他聪明上进，志向远大，成长空间大，不失为一个可塑之材。

这个公司对新进人员有着自己的一套培养计划。他们要求新手必须从身边的小事做起，从最低的工作岗位做起，任何事情都要循序渐进地进行。而小郑想，如此一来自己何时才能有实现梦想的那一天。于是，他就开始在下边直接进行高端设计，然后通过各种渠道来投递自己的作品，希望能够一鸣惊人，一步登天。可很长时间过去了，一切如石沉大海，杳无音信，但公司并没有因此而责罚他，依然给了他很大的支持，并让权威人士给他做全面指导。小郑自己也十分努力，经常加班。但是，对于那些似乎是任何一个人都能胜任的任务来说，小郑却依然是不顾领导的良苦用心，丝毫不放在眼里。接到的任务，紧赶慢赶就草草了事，继续去做自己所谓的大事。

经过了一段时间的熟悉，公司开始正式给员工分配任务，小郑接到的任务是给客户做一个简单的封面设计，让客户对公司的水平有一个初步了解。小郑去做的时候却蒙了，因为不懂技术，他做了近两个小时还没有完成，这时客户却突然提前来了，领导一看小郑还在摸索，就十分气愤地叫了一位有经验的设计师来替代他。设计师三下两下就把封面设计做了出来，交到了领导手里。在设计师工作的时候，小郑本来应该认认真真地跟着虚心学习，但他迫不及待地又跑回办公室做起了自己的事情。此后，在工作中，小郑所犯的错误越来越多，有些错误甚至到了让人啼笑皆非的地步，这些错误给公司造成了不好的影响，也造成了一定程度的损失。小郑也离自己的大事越来越远。

最后，小郑不得不遗憾地离开公司，到了另一个广告公司。这家公司没有名气，条件和待遇也低了很多。基于自己以前的经历，小郑在这样一个没有名气的公司里，十分自负，锋芒毕露。有一次，老板要与客户商谈一件很重要的合作事项，要求小郑整理出一份高水平的文件。而老板也正是要趁此机会磨磨小郑的锐气。他根据小郑的品性，故意设计了几处容易出错的地方，把给小郑的材料打乱，让小郑重新整理。果然，小郑整理出来后也不检查就交给老板，老板让他仔细核对之后再给自己。小郑草草检查了三遍后打印出来递给了老板。老板大发雷霆，原来他把公司的某项数据后多加了一个数字，而且还有几处文字错误，要是把这份材料交给客户，那么公司就要受到巨大的损失。在事实面前，小郑老实了，自己无论如何再也不能失去这份工作了。于是他主动而诚恳地给老板道了歉，并虚心地承认了错误。老板见他态度很好，也就不再说什么，只要求他回去再好好把文件核对一下。小郑再也不敢怠慢，马上接过文件走了出去。

通过这么多的教训，小郑明白了，只有踏实认真工作才是关键。他决定要从此振作起来，借助自己的实力去一步一步实现自己的梦想。他喜爱自己的工作，一定要对工作负责，相信自己定然会开辟出一片崭新的天地。

平凡的任务看似没有什么深奥之处，也没有什么值得重视的价值，但深究后会发现，平凡的任务照样能让你展现不平凡的风采。如果你表现出积极踏实的做事态度，说明你具有健康的心态，是一个对工作有热情的人，是一个对工作不挑剔、保证完成任务的人，这样就会使你成为一个老板信赖的人，而赢得老板的信任后，老板就会把一些重要的工作交给你做，你成功的几率就会增大。

从另一方面来说，如果你能够用比别人更少的时间，提出更富有创意的想法，更出色地完成一项工作，同样能够证明你工作能力强、具有很大的潜力，同样能够赢得老板的赏识，得到晋升的机会。

在执行平凡的任务的过程中，还可以建立良好的人际关系，一个具有良好人际关系的人，自然更容易获得成功。

自信心态是最佳的工作动力

古希腊大哲学家苏格拉底临终前曾留下一句名言：最优秀的人其实就是你自己。这句话点破了古往今来所有成功的奥秘，是每一个渴望在事业上有所作为的员工应当奉行的金玉良言。

自信心对职场人的成长有着相当重要的作用，它可以支持强者渡过难关，帮助弱者取得成功。在一个人的职业生涯中，要对工作充满信心，保持热情与活力，这样才会有所成就。

在工作中，那些拥有积极心态、充满自信的人，在遇到困难的时候，总会显得从容自若。因为他们相信自己可以战胜困难，相信困难只是暂时的，终究会解决的。他们在困难面前也表现不出更大的压力，反而会主动地学习，积蓄能力，主动进取，以求找到解决问题的办法把事情做得更好。

自信是积极心态的一部分。一个人要想在职场中获得成功，自信是必不可少的。在职场中，一个失去自信的人，就会否定自我的价值，思维很容易走向极端。在工作的过程中，往往会因为自己的不自信而把困难扩大。在别人眼中不值一提的问题，在他的眼中就成了前进中最大的障碍，这样的人怎么能突破困境呢？美国经济学家弗里德曼在《世界是平的》一书中写道："21 世纪的核心竞争力是态度。"这就是在告诉我们，积极的心态是个人决胜未来最为根本的心理资本，也是纵横职场最核心的竞争力。

美国"成功学院"对 1000 名世界知名成功人士的研究结果表明，积极的心态决定了成功的 85%！对比一下身边的人和事，我们不难发现，很多自信的人工作起来都非常积极、有把握，并且取得了出色的工作业绩；而那些总认为"我不行""做不了""我就这水平了"的人，尽管有多年的工作经历，但工作上始终没有什么起色。

所以，职业生涯的第一步就是要摆正自己的态度。自信心是源自内心深处、让你不断超越自己的强大力量，它会让你产生毫无畏惧、战无不胜的感觉，这将使你工作起来更加积极，做事胸有成竹。

工作中常会遇到这样的情况：挫折袭来，有的人始终不能产生足够的自信心，从而一蹶不振；有的人却能在焦虑和绝望后产生强大的自信心，从而拼劲十足地实现目标。

其实，产生这种差异并不是完全由先天因素决定的，往往是因为前者平时不注重自信心的培养，到了需要时得不到想要的自信心；后者经过长期的训练，使自己的自信心产生得越来越快。

美国思想家爱默生说："自信是煤，成功就是熊熊燃烧的烈火。"对于任何成功人士来说，自信心都是必不可少的。据说，今日资本集团总裁徐新当初之所以选择投资网易，正是因为创始人丁磊的自信。

网易的创始人丁磊毕业于电子科技大学，毕业后被分配到当地电信局工作。这是一份稳定得可以看到一辈子的工作，但丁磊无法接受这里的工作模式和评价标准，自信的他很快就从电信局辞职："这是我第一次开除自己。但有没有勇气迈出这一步，将是人生成败的一个分水岭。"

因为这份自信，丁磊在两年内三次跳槽，最终在1997年决定自立门户。后来，丁磊和他的投资人徐新在广州一间狭小的办公室里见了面。徐新主动问他一个问题："网易在行业内的情况怎么样？""我们会是第一。"丁磊第一句话就毫不犹豫地这么回答。客观上讲，1999 年初，网易刚向门户网站迈进，与新浪、搜狐相比，还只是一个刚刚崭露头角的小网站。

徐新当然知道当时的网易不是门户网的第一，但她觉得："他很有上进心，而不是吹牛，是有实质的自信。我觉得企业家有这种精神是很重要的，他有这么一个理想跟雄心去做行业排头兵。我投的就是他的这个自信。"

通过丁磊的经历，我们可以肯定地说：自信是创立事业、成就价值的重要素质。

既然自信心如此重要，那么，我们要怎样在职场中培养自信心呢？

1. 正确地认识自己

爱默生说得好："自信是成功的第一秘诀。"而自卑者的实质就是不能正确认识自己，看不起自己，不相信自己，总有一种无力感，做什么事情总是自暴自弃，什么都要依赖别人，结果什么事情都做不好。要矫正自卑心理，必须要树立"我是行的"这种想法。凡事要有信心，要以"行"这个字来鼓励自己。这样做，开始时可能会感到不习惯，时间长了，尤其是在干了几件成功的事之后，慢慢就能改变过于自卑的心理。

2. 从小目标做起，改变自卑的心理状态

有很大一部分人的自卑是在多次碰壁、屡遭挫折后产生的。所以，我们要克服自卑，就不要好高骛远，要确立合适的目标，从小事做起，一步一步地去干那些自己能干的事，即采用小步子的方式来改变自己的心理状态。

一个人不能没有大目标，不能没有长远的打算，但是，更重要的是多设一点中间目标，一步一步完成，经常用能完成的“中间成就值”来鼓励自己。

还要善于扬长避短，善于在你的强项中获得成功，而成功经验的积累可以不断地削弱你的自卑感，增强你的信心。

3. 在平时的工作中就要不断地学习，不断地提升自己

阿基米德说过“给我一个支点，我就能撬起整个地球”，有如此强大的自信，那是因为他深入掌握科学的原理；关羽之所以敢单刀赴会，是因为他深知自己的本领……正所谓“有金刚钻才敢揽瓷器活”。

4. 要有一定的毅力

有些事情不是一朝一夕就能做好的，需要我们持之以恒。要用长远的目光看待目前遇到的困境，相信我们有能力去解决它，相信自己，最后的成功始终是我们的。

5. 不要总抱着悲观心态

平时不要总想着自己的缺点，时刻告诉自己“我是最棒的”“我是优秀的”。每个人都有各自的缺点，完美无缺的人是不存在的，但对自身的缺点不要念念不忘。要知道，别人往往并没有那么在意你的缺点。只要少想那些悲观之事，你的自我感觉就会更好。

热情是行动的信仰

黑格尔说:“没有热情,世界上没有一件伟大的事能完成。”

热情与事业的关系,就像火柴与汽油的关系一样。一桶再纯的汽油,如果没有一根小小的火柴将它点燃,无论它质量再怎么好也不会发出半点光,放出一丝热。而热情就像火柴,它能把你具备的多项能力和优势充分地发挥出来,给你的事业带来巨大的动力。

有一个哲人曾经说过:“要成就一项伟大的事业,你必须具有一种原动力——热情。”

所谓热情,就是像发电机一般能使电灯发光、机器运转的一种能量,它能驱动人、引导人奔向光明的前程,能激励人去唤醒沉睡的潜能、才干和活力,它是一股朝着目标前进的动力,也是从心灵内部迸发出来的一种力量。

热情是世界上最大的财富。它的潜在价值远远超过金钱与权势。热情摧毁偏见与敌意,摒弃懒惰,扫除障碍。热情是行动的信仰,有了这种信仰,我们就会无往不胜。

如果能培养并发挥热情的特性,那么,无论从事哪种工作,你都会认为自己的工作是快乐的,并对它怀着浓厚的兴趣。无论工作有多么困难,需要多少努力,你都会不急不躁地去进行,并做好想做的每一件事情。

热情对于有才能的人是重要的,而对于普通人,它可能是其生命运转中最伟大的力量，会使其获得许多其想要的东西。

热情不是一个空洞的词，它是一种巨大的力量。热情和人的关系如同蒸汽机和火车头的关系，它是一个人想要生活好、工作好的最关键的心态。

以下几个步骤值得尝试。

1. 了解是热忱的开始

多年来，奥格·曼狄诺对于现代画一直没有好感，认为它只是由许多乱七八糟的线条所构成的图画而已。直到经一个内行的朋友开导以后，他才恍然大悟："说实在的，有了进一步的了解后，我才发现它真的那么有趣，那么吸引人。"

奥格·曼狄诺发现，想要对什么事热心，先要了解更多你目前尚不热心的事。了解越多，越容易培养兴趣。所以，下次你不得不做一件事时，一定要应用这项原则；发现自己不耐烦时，也要想到这个原则。只有进一步了解事情的真相，才会挖掘出自己的兴趣。

2. 无论做什么事情，都要充满热忱

你热心不热心或有没有兴趣，都会很自然地在你的行动上表现出来，没有办法隐瞒。因此，你应该尽量让自己在做任何一件事时都充满热忱。要知道，你的热忱是别人绝对能够感受到的。

3. 与人分享好消息

好消息除了引人注意以外，还可以引起别人的好感，激发大家的热心与干劲。传播坏消息的人比传播好消息的要多，散布坏消息的人永远得不到朋友的欢心，也永远一事无成。

4. 重视他人

每一个人，无论他是哪国人，默默无闻或身世显赫，文明或野蛮，年轻或年老，都有成为重要人物的愿望。这种愿望是人类最强烈、最迫切的一种目标。

只要满足别人的这项心愿，使他们觉得自己重要，你很快就会走向成功。它的确是“成功百宝箱”里的一件宝贝。这种做法虽然很有效，但懂得使用的人却很少。

5. 热忱需要行动

热忱就是将内心的感觉表现出来，让我们把重点放在促使人们谈论他们最感兴趣的事上。

要学习自我激励——要变得热忱，并让这个自我激励深入到潜意识中去。那么，当你在创造过程中精神不振的时候，自我激励就会激励你采取热忱的行动，变消极为积极，焕发精神——“现在就做”。

6. 一日三省

你对人生、对事物、对别人、对自己持怎样的看法和态度？若一个人的思想被各种病态心理占据着，热情就缺乏生存和生长的土壤。要改变这种状态，关键需要自己作出努力。不断鼓励自己，给自己打气，充满信心与热情地投入到工作和生活中，你就必然会走运。

因此，只要我们确立的目标是合理的，并且努力去做个热情积极的人，那么我们做任何事都会有所收获。

努力做事，还要聪明地做事

从前有个小村庄，村里除了雨水没有任何水源。为了解决这个问题，村里的人决定对外签订一份送水合同，以便每天都能有人把水送到村子里。有两个人愿意接受这份工作，于是村里的长者把这份合同同时给了这两个人。

得到合同的两个人中有一个叫艾德，他立刻行动了起来。每日奔波于湖泊和村庄之间，用他的两只桶从湖中打水运回村子，并把打来的水倒在由村民们修建的一个结实的大蓄水池中。每天早晨他都比其他村民起得早，以便当村民需要用水时，蓄水池中已有足够的水。由于起早贪黑地工作，艾德很快就开始挣钱了。尽管这是一项相当艰苦的工作，但是艾德很高兴，因为他能不断地挣钱，并且他对能够拥有两份专营合同中的一份而感到满意。

另外一个获得合同的人叫比尔。令人奇怪的是，自从签订合同后比尔就消失了，几个月来，人们一直没有看见过比尔。这点令艾德兴奋不已，由于没人与他竞争，他挣到了所有的水钱。比尔干什么去了？他做了一份详细的商业计划书，并凭借这份计划书找到了四位投资者，一起开了一家公司。六个月后，比尔带着一个施工队和一笔投资回到了村庄。花了整整一年的时间，比尔的施工队修建了一条从村庄通往湖泊的大容量的不锈钢管道。

这个村庄需要水，其他有类似环境的村庄一定也需要水。于是比尔重新制定了他的商业计划，开始向全国甚至全世界的村庄推销他的快速、大容量、低成本并且卫生的送水系统，每送出一桶水他只赚一便士，但是每天他能送几十万桶水。无论他是否工作，几十万的人都要消费这几十万桶的水，而所有的钱都流入了比尔的银行账户中。显然，比尔不但开发了使水流向村庄的管道，而且还开发了一个使钱流向自己钱包的“管道”。

从此以后，比尔幸福地生活着，而艾德在他的余生里仍拼命地工作。

比尔和艾德的故事告诉我们，当要作出决策的时候，问问自己：“我究竟是在修管道还是在运水？”“我是在拼命地工作还是在聪明地工作？”

不可否认，勤奋和韧性是解决问题的必要条件，但是除此之外，我们还应当运用自己的智慧，行动前积极思考，在行动之中及时调整用以实现目标的手段。同样是解决难题，思想老化的人年复一年，机械地重复着手边的工作。相反，会动脑子的人会借着问题，将思考上升到更高的层面。

同样是在工作，有些人只懂勤勤恳恳、循规蹈矩，终其一生也成就不大。而聪明的人却在努力寻找一种最佳的方法，在有限的条件下发挥才智，将工作做到最完美。

刘宁和王楠毕业于某名牌大学的企业管理专业，并同时进入一家公司。

刘宁工作努力认真、踏实肯干，每天除了工作就是工作，他好像总有忙不完的事，而且还常常主动留下来加班，但遗憾的是工作业绩平平。

王楠呢？他的想法和做事的方式总是与众不同，从不墨守成规。他总是琢磨一些“懒办法”——别人两小时完成的，他就要想办法争取一个小时完成；相同条件下，别人做到 10 分的效果，他要努力做到 12 分。

老板交给他的任务，他不但完成得干净利落，而且结果也能令人满意。

一年后，王楠被委以重任，刘宁只获得象征性的加薪鼓励。

这让刘宁心里非常不平，他认为王楠没有自己工作认真，也没有自己工作的时间长，凭什么业绩反而比自己好？而且还受公司的重用？他越想越觉得不公平，于是向公司递交了辞呈。

在我们的周围，类似刘宁这样的人并不在少数。人们习惯地认为老黄牛式的员工就是好员工，但事实上，努力工作的人并不一定会受到上司的赏识。即使你付出了 200%的努力，如果没有给企业带来实际的效益，要想得到老板的赏识也是不太可能的。在这个以效率为先、靠业绩说话的时代，努力工作固然重要，但更重要的是要用脑子。

在知识经济时代，仅仅有埋头苦干的精神已经远远不够，不仅要努力工作，更重要的是要学会聪明地工作。

工作并不是重复作业，只有充分利用自己的智慧，多开动脑筋想办法才能把工作做好，才不会眼睁睁地看着机会白白溜走，更不会整天忙碌却没有任何收获。

第二章
方向比速度更重要，否则只会有碍执行

弄清楚目标再去做

没有目标、无主题的盲目行动只会失败。目标和主题对于我们的工作和行动非常重要，不容忽视。

在工作中，很多人有可能忘了最初的目标，忙于应付一只又一只跑出来的“兔子”，结果忙来忙去什么都没有得到。事实上，我们忙碌的最大的问题恰恰在于，根本不知道自己在忙什么，什么问题才是真正值得我们去解决的，或者在不知不觉中跑了题，使忙碌失去了价值。

梁乐乐是一家公司的职员，大学毕业后，在求职上并没有费多少周折，就顺利地进入了一家著名的跨国公司。因为她精明能干，善解人意，很受老板的赏识。进这家公司没多久，她很快就由普通员工被提拔为经理助理。为此，她工作更加敬业，帮老板把工作安排得井井有条，和同事关系也很好。

梁乐乐在这里的工作，用她自己的话来说是得心应手。在这家公司里，与她同一届毕业的同学当中，她做得最好。所以，难免会有同学打电话来询问她一些工作上的事情。

善解人意的梁乐乐，每当接到电话，就很积极地帮助他人出谋划策，帮他们解决工作上遇到的问题。

这样一来，她就无法专注于有效工作。经理也批评过她，说做这些虽然帮了同事、同学，甚至对提高公司其他人员的工作能力都起到了非常好的作用，可这些事对她来说毕竟都是无效的，这些无效的事迟早会误了公司和她自己的大事。

但梁乐乐依然故我，每天还是忙忙碌碌的，热心地做着很多分外事。

一次，总部的老板打电话过来，结果电话一直占线，而这一次老板的电话是通知梁乐乐的经理，有个重要的合同要与他协商。结果，老板一直等了半个多小时，才把电话打进来。了解了电话占线不是因为梁乐乐的经理在洽谈别的生意，而是梁乐乐接了一个电话，正在热心地帮助别人，做那些无效的工作后，老板一句话没说就把电话挂了。

直到有一天，正当梁乐乐在修改一份公司报告时，总部的老板发过来一份传真：你的工作很出色，你也很努力，但是你没有很清楚地认识到哪些事才是对你和公司最有效的。我希望下次见到的不是梁乐乐，而是一个能专注于有效工作的员工。

结果可想而知，每天都忙得不可开交的梁乐乐被辞退了。原因很简单：她整天没有任何主题地忙忙碌碌，一直在做无用功。

一位著名科学家说："无头绪地、盲目地工作，往往效率很低。正确地组织安排自己的活动，首先就意味着准确地计算和支配时间。虽然客观条件使我难以这样做到，但我仍然尽力坚持按计划利用自己的时间，每分钟计算着自己的时间，并经常分析工作计划未按时完成的原因，就此采取相应的改进措施。通常我在晚上定出第二天的计划，定出一周或更长时间的计划，即使在不从事科学工作的时候，我也非常珍视一点一滴的时间。"

所以，要学会带着目标去工作，这样才能让工作忙得有成效、忙得有结果。

找准靶心，正确地界定问题

著名的人力资源培训专家吴甘霖博士曾说过："要解决问题，首先要对问题进行正确界定。弄清了问题到底是什么，就等于找准了应该瞄准的'靶心'。否则，要么劳而无功，要么南辕北辙。"

面对问题，人们常有的第一感觉，就是希望立即找到最好的解决方法。这样的想法无可厚非，但是，如果连自己真正面对的问题是什么，自己通过解决这个问题将获得什么都无法确定，那无疑是操之过急了。正如爱因斯坦所说：“将一个问题准确地界定，就等于解决了问题的一半。”

要解决一个问题，首先不是技巧，而是对问题进行正确界定，只有对准“靶心”，才能射中目标；只有认准目标、选对方法，才能做好事情。

第二次世界大战时期，苏军正准备趁天黑向德军发动进攻。一切都筹备好了，可那天晚上偏偏天空中有星星，大部队进攻在星空下很难做到高度隐蔽而不被发现。该怎么办？一切都已经准备妥当，这是一个绝佳的时机，难道因为天空中有星星就放弃吗？苏军元帅朱可夫苦苦思索，但始终没有找到解决之法。忽然，他停了下来，意识到自己犯了个致命的错误，被带入了错误的思考领域。“我们真的需要天黑吗？不是，我们选择天黑仅仅是希望借着夜色掩护部队，让德军看不到自己。我们真正要做的是让敌人看不见，我们的目的也是让敌人看不见我们的部队！”

有了这样的观念，朱可夫不再死钻在“天黑”的牛角尖里寻找办法，而是将视线转移到真正的目的“让对手看不见”上来。他思考了很久，突然有了一个主意：只有黑暗让人看不见吗？光亮同样能！他立即发出指示：将全军所有的大探照灯都集中起来，并立即准备向德军发起进攻。当苏军进攻时，140 台大探照灯同时射向德军阵地。极强的亮光使得隐蔽在防御工事里的德军根本睁不开眼。不能睁开眼睛，就什么也看不见，只能挨打而无法还击。苏军势如破竹，很快突破了德军的防线。

当我们遇到问题、寻求解决方法的时候，必须明确自己解决问题的真正目的和渴望通过解决问题所达到的目标。一旦我们清楚地知道这些，并且围绕着这些寻找解决之道，那就会省去许多精力和时间，也能使自己不钻入思维的死角。

学会在面对问题时，正确地界定问题，找准靶心，才能正确地解决问题。

做最重要的事而非最紧要的事

伯利恒钢铁公司总裁理查斯·舒瓦普，为自己和公司的低效率而忧虑，于是去找效率专家艾维·李寻求帮助，希望李能卖给他一套思维方法，告诉他如何在较短的时间里完成更多的工作。

艾维·李说："好！我10分钟就可以教你一套至少能提高50%的效率的最佳方法。"

"把你明天必须要做的最重要的工作记下来，按重要程度编上号码。最重要的排在首位，以此类推。早上一上班，马上从第一项工作做起，一直做到完成为止。然后用同样的方法对待第二项工作、第三项工作，直到你下班为止。即使你花了一整天的时间才完成了第一项工作，也没关系。只要它是最重要的工作，就坚持做下去。每一天都要这样做。在你对这种方法的价值深信不疑之后，叫你公司的人也这样做。”

“这套方法你愿意试多久就试多久，然后给我寄张支票，并填上你认为合适的数字。”

舒瓦普认为这个思维方式很有用，不久就填了一张 25000 美元的支票给李。舒瓦普后来坚持使用李教给他的那套方法。五年后，伯利恒钢铁公司从一个鲜为人知的小钢铁厂一跃成为最大的不需要外援的钢铁生产企业。舒瓦普常对朋友说：“我和整个团队坚持最重要的事情先做，我认为这是我的公司多年来最有价值的一笔投资！”

这个例子告诉我们，当面对一大堆工作不知从何开始时，不妨从最重要的事着手。

要事第一的观念如此重要，却常常被我们遗忘。我们必须让这个重要的观念成为一种工作习惯。每当一项新工作开始时，都必须首先让自己明白什么是最重要的事，什么是我们应该花最大精力去重点做的事。

分清什么是最重要的事并不是一件易事，我们常犯的一个错误是把紧迫的事情当作最重要的事情。

紧迫只是意味着必须立即处理，比如电话铃响了，尽管你正忙得焦头烂额，也不得不放下手中的工作去接听。紧迫的事通常是显而易见的，它们会给我们造成压力，逼迫我们马上采取行动。但它们往往是令人愉快的、容易完成的、有意思的，却不一定是很重要的。

重要的事情通常是与目标有密切关联的并且会对你的使命、价值观、优先的目标有帮助的事。

这些任务一旦完不成，会产生严重的负面作用：生气、责备、干扰，等等。根据紧迫性和重要性，我们可以将每天面对的事情分为四类：重要且紧迫的事；重要但不紧迫的事；紧迫但不重要的事；不紧迫也不重要的事。

只有合理高效地解决了重要而且紧迫的事情，你才有可能顺利地进行反馈。而重要但不紧迫的事情要求我们具有更多的主动性、积极性、自觉性，早早准备，防患于未然。剩下的两类事或许有一点价值，但对目标的完成没有太大的影响。

你在平时的工作中，把大部分的时间花在哪类事情上？如果你长期把大量时间花在重要而且紧迫的事情上，可以想象你每天的忙乱程度，一个又一个问题会像海浪一样向你冲来。你十分被动地一一解决。长此以往，你总有一天会被击倒、压垮，相信老板再也不敢把重要的任务交给你。

只有重要而不紧迫的事才是需要大量时间去做的事。它虽然并不紧急，但决定了我们的工作业绩。80/20 法则告诉我们：应该用 80%的时间做能带来最高回报的事情，而用 20%的时间做其他事情。反馈时取得卓越成果的员工都是这样把时间用在最具有“生产力”的地方。

只有养成做要事的习惯，对最具价值的工作投入充分的时间，工作中的重要的事才不会被无限期地拖延。这样，工作对你来说就不会是一场无止境、永远也赢不了的赛跑，而是可以带来丰厚收益的活动。

第一次就把事情做对

在我们的工作中经常会出现这样的现象：

5% 的人并不是在工作，而是在制造问题，他们是在破坏性地做；

10% 的人正在等待着什么，他们永远在等待、拖延，什么都不想；

20% 的人正在为增加库存而工作，他们是在没有目标地工作；

10% 的人没有对公司作出贡献，他们是“盲做”“蛮做”，虽然也在工作，却是在进行无效劳动；

40% 的人正在按照低效的标准或方法工作，他们虽然努力，却没有掌握正确有效的工作方法；

只有 15% 的人属于正常范围，但绩效仍然不高，仍需要进一步提高工作质量。

这些人做事看似很努力、很敬业，但他们不精益求精，只求差不多。尽管从表现上看，他们很努力，但结果却总是无法令人满意。

在他们的工作经历中，也许都发生过工作越忙越乱的情况，解决了旧问题，又产生了新故障，在一团忙乱中造成了新的工作失误，像无头苍蝇一样四处打转，越忙越“盲”，把工作搞得一团糟。结果是轻则自己不得不手忙脚乱地改错，浪费大量的时间和精力，重则返工检讨，给公司造成经济损失或形象损失。但如果我们能一次就把事情做对，就能大大提高办事效率和成功的几率。

宋青是一家文化公司创意部的经理，曾为自己粗糙的做事习惯而感到苦不堪言。有一次，由于完成任务的时间比较紧，他在审核广告公司回传的样稿时不仔细，在发布的广告中弄错了一个电话号码——服务部的电话号码被他们打错了一个数字。就是这么一个小小的错误，给公司带来了一系列的麻烦和损失。

宋青忙了大半天才把错误的问题理清楚，耽误的其他工作不得不靠加班来弥补，还让领导和其他部门的数位同人和他一起忙了好几天。如果不是因为一连串偶然的因素使他纠正了这个错误，造成的损失必将进一步扩大。

宋青的故事告诉了人们一次性做对事的重要性。我们平时最经常说到或听到的一句话是：“我很忙。”是的，在忙得心力交瘁的时候，我们是否考虑过这种忙的必要性和有效性呢？假如在审核样稿的时候，宋青稍微认真一点，还会这么忙乱吗？

由此可见，第一次没做好，也就是浪费了时间。

工作中出错，结果忙着改错，改错中又很容易出新的错误，恶性循环的死结越缠越紧。这些错误往往不仅让自己忙，还会让很多人跟着你忙，造成整个团队工作效能的低下。

美国市政厅的一份研究报告披露说，在华盛顿因工作马虎造成的损失，每天至少有100万美元。该城市的一位商人曾抱怨说，他每天必须派遣大量的检查员，去各分公司检查，尽可能地制止各种马虎行为。在许多人眼里，有些事情简直是微不足道，但积少成多，积小成大，一些不值一提的小事会影响他们做事的效率，当然也会影响到他们工作上的晋升和事业上的发展。

这些人在工作和生活中养成了马马虎虎、心不在焉、懒懒散散的坏习惯。他们没有工作的质量观念，总想着等下一次修正的机会，这样是无法保证工作绩效的。

我们工作的目的是创造价值，而不是忙着制造错误或改正错误。在完工之前想一想出错后带给自己和公司的麻烦，想一想出错后造成的损失，就应该能够理解“第一次就把事情做对”这句话的分量了。

只有坚持把事情一次做对的工作理念，我们的努力才能实现良性运转。

抓住问题的根源，做对事

在美国纽约，有一家联合碳化钙公司，为了进一步谋求发展，斥巨资新建了一栋52层高的总部大楼。工程马上就竣工了，如何向社会宣传而又不引起人们的反感呢？公司的广告部人员绞尽了脑汁，仍然找不到一个满意的宣传方式。

就在这时，值班人员报告，在大楼的32层大厅中发现了大群的鸽子。这群鸽子似乎将这个大厅当成巢穴了，把整个大厅搞得脏乱不堪。可是，应该怎样处理这群鸽子呢？如果处理得不好，势必会引起环保组织的攻击。如果处理得巧妙，就可以使麻烦变成机遇。相关工作人员冥思苦想，终于想出了一个“一举两得”的好办法，那就是利用鸽子这一偶然事件大做文章，制造新闻。他们先派人关好窗子，不让鸽子飞走，并打电话通知了动物保护委员会，请他们立即派人过来妥善处理好这些鸽子。

动物保护委员会的人闻讯后立即赶来了，他们兴师动众的举动马上惊动了纽约的新闻界，各大媒体竞相出动了大批记者前来采访。

三天之内，从捉住第一只鸽子直到最后一只鸽子落网，新闻特写等，连续不断地出现在报纸和荧屏上。这期间，出现了大量有关鸽子的新闻评论、现场采访、人物专访。而整个报道的背景就是这个即将竣工的总部大楼。此时，公司高层更是抓住这千金难买的机会频频出场亮相，乘机宣传自己和公司。一时间，“鸽子事件”成了酷爱动物的纽约人乃至全美国人关注的焦点。

随着鸽子被一只只放飞，这家碳化钙公司的摩天大楼以极快的速度闻名遐迩，而这家碳化钙公司却连一分钱的广告费都没花。

想一想，如果这家碳化钙公司没有找到问题的根源，没有意识到鸽子的处理方式会关系到公司的利益，若处理不当，不但会损害公司的形象，更会丧失免费宣传公司大楼的机会。

在工作中，没有人不希望能最快、最有效地解决问题，但有的人能做到，有的人却做不到，其中的原因有很多，而是否懂得抓要点、抓根本才是关键。

在老板看来，一名称职员工最关键的素质是解决问题的能力，尤其是在紧要关头。正如一家知名的跨国集团总裁所说的那样：“通向最高管理层的最迅捷的途径，是主动承担别人都不愿意接手的工作，并在其中展示你出众的创造力和解决问题的能力。”

然而解决问题不能一味地靠决心和蛮力，最重要的还是要发现问题的关键，在危机之中找到转机。眉毛胡子一把抓，结果往往是事事着手、事事落空，即使事情能做成，也要付出很多的时间和精力。与此相反，有的人不管遇到多棘手的问题，都能够以最快的速度，抓住问题的要点，并采取相应的手段，这样，再棘手的问题也能很快解决。

用20%的付出赢得80%的收益

在现实生活中，只要你用心观察就可以发现，许多事情都遵循着80/20法则。这个法则告诉我们，功能上最重要的部分，在数量上只占了很小的部分，因此，你只要集中精力处理工作中比较重要的20%的那部分，就可以解决全部问题的80%，这就是著名的80/20法则。

理查德·科克认为：凡是洞悉了80/20法则的人，都会从中受益匪浅，有的甚至会因此改变命运。对于一个高效能人士来说，他必须忙于要事。他必须要能分清事情的主次，知道哪些是需要做的，哪些是不需要做的，哪些事关照一下就行，哪些事干脆应该放弃……从而在最重要的事情上投入充足的时间和精力。

职场中，要用好80/20法则，我们首先要弄清工作中的20%到底是哪些，从而将自己的注意力集中到这20%的重点上来，采取更有效的倾斜性措施，确保重点方面取得重点突破，进而带动全面，取得整体进步。

在日常工作中，我们要掌握正确的工作方法，提高自己的工作效率，就要坚持要事第一，分清楚事务的轻、重、缓、急，将主要精力集中在最重要的事情上。

紧迫但不重要的事情在我们的生活中十分常见。例如，本来你已经洗漱停当准备休息，好养足精神明天去图书馆看书时，忽然电话响起，朋友邀请你现在去泡吧聊天。你就是没有足够的勇气回绝他们，你不想让你的朋友们失望。然后，你去了，次日清晨回家后，你头昏脑涨，一个白天都昏昏沉沉的。你被别人的事情牵着走了，而你认为重要的事情却没有做，这或许会造成你很长时间都比较被动。

还有很多既不紧迫又不重要的事情会在我们的生活中出现，它们或许有一点价值，但如果我们毫无节制地沉溺于此，就是在浪费大量宝贵的时间。比如，我们吃完饭就坐下看电视，却常常不知道想看什么和后面要播什么。只是被动地接受电视发出的信息。在看完电视后，我们往往觉得不如去读几本书，甚至不如去锻炼锻炼身体，那么刚才所做的就是在浪费时间。其实，很多时候我们花在电视上的时间都是被浪费掉的。

我们可以将生活中的事情进行分类。在工作生活中，我们应该先干重要的事，将主要的精力放在最重要的事情上，因为只有这一类事情做得越多，我们的工作效率才会越高。

带着思考去工作

杨春民是网通广州分公司支撑共享中心的主任，他被誉为网通里的思考者，因为他无时无刻不在思考怎样更好地开展工作，如何使工作效率提高。

支撑中心每个月都有一项任务——将该月出账的用户收入拆分到各营销中心。过去，这项工作是工作人员使用EXCEL表格来处理，通常需要花费好几天时间，还经常出错，影响到对各营销中心的考核。

杨春民又开始思考了：工作需要时时抬头看看我们走的路有没有错，是否还有其他路，可以更省力更快捷。那么，现在能不能找到一个数学公式一样的东西将这些资料统一处理，提高效率呢？

他想到了用数据库，利用数据库可以对众多繁杂的数字进行统一的管理，并且查找方便、不易出错。于是，杨春民利用午休时间编制程序，协助收入拆分和佣金结算，利用数据库将所有用户的收入及其归属进行归档。账务组在该程序的辅助下，提前三天准确完成了各营销中心的收入拆分，大大提高了工作效率，并保证了公司经营分析数据的准确性和及时性。深圳分公司的CPN（用户驻地网）计费出账和结算在他开发的程序的帮助下，出账时间由原来的三天缩短到一天，结算时间由原来的五天缩短到两天。

思考是人类独有的能力。我们有思维意识，有认识和发现的能力，还有反应和构思的能力。思考、感悟和获取知识的能力构成决定着我们工作的结果。杨春民就是用自己的思考来创造出高效率的工作的。

在广告行业中有这样一句话："只要能够想到，就能够做到。"在各行各业中，不管是创新者还是追求其他方面成功的人，这个道理都同样适用。

工作中疏于思考的直接后果就是工作方式变得单一、呆板。如果工作中总是安于现状，不求创新，不求突破，思想懒惰，怎么能在忙碌的工作中获得高成效呢？

在企业中，一些部门与员工的工作方法越来越雷同，毫无创意可言。造成这种现象的原因是不爱思考。为什么不爱思考呢？恐怕是缺乏思考的动力与压力。不思考，照葫芦画瓢自然最省时省力。既然有现成的办法，大家都这样做，而且这样做最保险，谁还去找麻烦？对上有交代，对下有说法，同事之间也好看，谁还愿意动脑思考呢？

从某种程度来讲，工作就是一个思考的过程；工作取得进步，就是一个思考深入的过程。思考得多了，想到的方法自然就多了。当一个猎人打了一只兔子时，他就会想办法去猎一只鹿；当他猎到一只鹿时，他就会想如何去打一只熊。而只有这样不断地思考，不断地寻找更好更有效的办法，才能成为一名优秀的猎人。工作何尝不是这样呢？

一名优秀的员工，应该观察、控制和改变自己的思想，同时仔细探求自己的思想对自己、同事、工作与环境的影响和作用，通过耐心的实践和调查将因与果联系起来；以自己的每一次即使是微不足道的经历和日常发生的琐事，作为一种获取知识的途径。俗话说："只有努力寻找的人才能找到大门，大门只会对敲门的人敞开。"只有通过耐心、实践和无止境的思考，才能让主动思考为工作保驾护航。

公司所渴求的人才不只是一个具有专业知识的、埋头苦干的人，更是积极主动、充满热情、灵活思考的智能型员工。一个合格的员工不是被动地等待别人告诉他应该做什么，而是主动去了解和思考自己要做什么、怎么做，并且认真地规划它们，然后全力以赴地去完成。

第三章
立刻行动，执行才有力度

向行动要结果，否则执行就是空想

要取得好的办事效果，就应当雷厉风行，养成立即执行的习惯。立即执行会消减准备工作中一些看似可怕的困难与阻碍。

世界著名的餐饮品牌肯德基打入中国市场就是一个很好的例子。刚开始公司派了一位代表来中国考察市场，他来到首都北京，看到街道上人头攒动的场面，内心激动不已，尽情地畅想着肯德基在中国站稳脚跟后的美好未来。在我们看来，那位代表的工作也算得上是尽职尽责了，但回到公司后总裁还没等听完他的“美好遐想”就停了他的工作，另派了一位代表来北京。

与上一次不同的是，新代表先是在北京的几条街道测出人流量，进行了大量的实地走访，然后又对不同年龄不同职业的人进行了品尝调查，并详细询问了他们对炸鸡的味道、价格等方面的意见，另外还对北京的油、面、菜甚至鸡饲料等行业进行广泛的摸底研究，并将样品数据带回总部。不久，那位代表率领一帮人又回到北京，肯德基从此打入了北京市场。

第一位商业代表之所以被解雇，并不是因为他没有好的创意，而是他的创意还只是停留在空谈上。后来的这位代表是一位想到就做，马上行动的人，他不但胸怀让肯德基驻足中国市场的美好创意，还坚定地通过行动来立即着手实现这一创意。

要培养高效执行的能力，有几个习惯应当养成：

1. 用心去做

要取得好的执行效果，关键是要用心去做。

对工作专注用心是做好任何事情的前提条件。我们在执行工作任务时，要先把心思集中到如何快速、高效完成任务上来。

2. 提高速度

执行力高低的一个衡量尺度是快速行动，因为速度是决定成败的关键因素。当然快与慢是辩证的，因为快速执行并不是要求你为了达到目标而不计后果，并不是允许任何人为了抢速度而降低工作的质量标准。迅捷源自能力，简洁来自渊博。一个人要做到快速执行，首先要拥有强大的思维能力。一名执行力强的人能够不断探寻业务模式和事物的因果关系，能够不断尝试从新的角度（同事角度、公司角度、创造性角度）看问题。

3. 注重团队协作

我们的工作是孤立的。要出色完成上司交代的工作，必然要依靠团队协作。一个高效的执行者是不会单枪匹马闯荡的，他会与团队共同完成任务。在执行的过程中，团队精神主要包含四个方面：

同心同德

组织中的员工相互欣赏，相互信任，而不是相互瞧不起，相互拆台。员工应该发现和认同别人的优点，而不是突显自己的重要性。

互帮互助

不仅是在别人寻求帮助时提供力所能及的帮助，还要主动地帮助同事。反过来，我们也能够坦诚地乐于接受别人的帮助。

奉献精神

成员愿为组织或同事付出额外努力。

团队自豪感

团队自豪感是每位成员的一种成就感，这种感觉集合在一起，就凝聚成为战无不胜的力量。

解决问题，绝不拖延

拖延无助于问题的解决。相反，它只会让问题变得越来越难以解决。

事实上，拖延不仅会给我们的生活带来危害，在工作中它的危害也不容小觑。一个公司常常会因小小的耽搁而遭受巨大的损失。

1989 年 3 月 24 日，埃森特公司的一艘巨型油轮在阿拉斯加触礁，原油大量泄漏，给生态环境造成了巨大破坏，但埃森特公司却迟迟没有作出外界期待的反应，以致引发了一场“反埃森特运动”，甚至惊动了当时的总统。埃森特公司花费了数亿美元也无法挽回受损的企业形象。

无论是公司还是个人，没有在关键时刻及时作出决定或行动，而让事情拖延下去，这会给自身带来严重的伤害。那些经常说“唉，这件事情很烦人，还有其他的事等着做，先做其他的事情吧”的人，总是奢望随着时间的流逝，难题会自动消失或有另外的人解决它，这永远只能是自欺欺人。

拖延并不能使问题消失，也不能使解决问题变得容易起来，而只会使问题深化，给工作造成严重的危害。我们没解决的问题，会由小变大、由简单变复杂，像滚雪球那样越滚越大，解决起来也越来越难。

另外，拖延还会让你失掉一些工作中的机会。在一家公司里，纵然你有一个优秀的企划方案，纵然你有一项完善的工程设计，如果你比别人慢半拍，如果你落后于他人，也就失去了意义。如果你不能在第一时间将问题解决，那么你的工作就只好由别人来代劳了。

李翔是一个非常出色的企划人员。有一次，他跟一个竞争对手同时参与一家大公司的投标。通过大量的资料收集和精心的策划，他们几乎在同一时间完成了各自的竞标计划。在投标的那天，李翔在赶赴那家大公司的路上，因为车子出了故障，晚了一个小时才到达会场。正是在这短短的一个小时内，对手那新颖的设计和长远的规划，再配上精彩的讲演，已经深深地吸引了大公司的决策人员，大公司上层人员一致决定采用李翔对手的方案。

事实上，李翔的方案并不逊于竞争对手，但因为晚了一个小时而失去了竞争的机会，使他精心准备的方案毁于一旦。李翔的失败固然有客观方面的因素，但是它也向我们提示了一个职场规则：在工作中出现问题要第一时间解决，否则你的工作将会贬值，甚至完全失去意义。

在2001年的全球富豪排行榜上，美国百货连锁店沃尔玛负责人罗伯森排在首位，而且总资产比微软公司的总裁比尔·盖茨多出80亿英镑。

为什么沃尔玛能创造这样的销售业绩呢？沃尔玛公司里有一条员工必须遵循的原则——“太阳下山”原则，它是沃尔玛公司文化的重要组成部分。沃尔玛连锁店的工作繁多、时间有限。所以公司规定，每天在太阳下山之前，不管是总公司还是子公司，只要是顾客提出的要求，店员必须在当天完成。

有这样一个事例，阿肯色州一家沃尔玛连锁店的药剂师在家里度周末，忽然接到公司的电话，说是一位糖尿病患者刚买回家的瓶装胰岛素，在路上不小心打破了，现在病人在家里，病情紧急，需要胰岛素。药剂师立刻穿上衣服，奔到连锁店，把胰岛素送到了病人的家里。这种高度负责的精神体现了沃尔玛公司的工作准则，那就是“在当天满足客户的所有要求”。

沃尔玛的这种工作精神正是遵循了绝不拖延的原则。今日事，今日毕。不要拖延工作，当你掌握了一切必要的前提条件就要全力以赴地去完成它。这才是高水准的公司、高素质的员工所必须具备的工作准则。提升公司效率的前提，就是提升完成任务指标的能力。在规定的时间里完成自己的任务，才是高效率的最终体现。沃尔玛正是以这样的高标准在严格要求自己，高效的运作方式给企业带来了滚滚财源。

因此，我们在处理自己的事情时，也可以借鉴一下沃尔玛的“太阳下山”原则，养成不拖延工作的好习惯，出现问题后不拖延，争取将问题在第一时间解决。

只要去做，就没有不可能

现实是此岸，理想是彼岸，中间隔着湍急的河流，行动则是架在河上的桥梁。行动创造了成功。任何一个伟大的计划和目标，都要靠行动来实现。

成功的人士肯定懂得这样的格言：“我们要明白一点，拖延、迟缓无异于死亡。”“整个事件成功的秘诀在于，”阿莫斯·劳伦斯说过，“我们形成了立即行动的好习惯，因此才会站在时代潮流的前列；而另一些人的习惯是一直拖沓，直到时代超越了他们，结果他们就被甩到后面去了。”

对于一个踌躇满志、梦想成就一番事业的人而言，只要做了，几乎一切皆有可能。但是事实是，很多人都有拖延这种也许是最具破坏性、也最危险的恶习。拖延会使人丧失进取心，一旦开始遇事拖拉，他就很容易再次拖延，直到它变成一种根深蒂固的恶习。可悲的是，拖延的恶习也有累积性，唯一的解决良方，很明显的，正是行动。当他真的放手去做时会惊讶地发现，他正迅速改变自己和自身的状况。正如英国首相及小说家本杰明·迪斯雷利所说：行动未必总能带来幸福，但没有行动却一定没有幸福。

成功者从来不拖延，也不会等到“有朝一日”再去行动，而是今天就动手去干。他们忙忙碌碌，尽其所能干了一天之后，第二天又接着去干，不断地努力、失败，直至成功。

没有问题，没有条件，更没有抱怨，只有行动，积极、坚决的行动！失败者总会愤愤不平地说“人家如何如何凭运气，赶上了好光景、好地方”。他们不采取行动，总是等待着“有一天”他们会走运。他们把成功看作降临在“幸运儿”头上的偶然事件。失败者认为成功者的命运是一帆风顺的，而自己的命运则全是倒霉。所以，既然幸运女神不肯眷顾，他们除了怨天尤人外，还能做什么呢？

所以，请立即勇敢地去行动。

分解工作难题，各个击破

一口吃不成个胖子，解决问题也同样如此。我们常常十分急躁地埋头于解决问题的过程中，希望尽快地摆脱困境。这并没有错，但是当你并没有认真了解这个问题，只是一心想着要快速解决问题的时候，这对最终的结果有害而无利。

我们常常被一个问题的复杂和棘手所吓倒，认为解决它几乎是“不可能完成的任务”。但你是否尝试过将这个吓倒了你的大问题分解成一个个小问题来解决呢？

1872年，“圆舞曲之王”约翰·施特劳斯应美国当地有关团体之邀在波士顿指挥音乐会。但谈演出计划的时候，他被这个规模惊人的音乐会吓了一跳。

原来，美国人想创造一个世界之最：由施特劳斯指挥一场有两万人参加演出的音乐会。而一个指挥家一次指挥几百人的乐队就是一件很不容易的事了，何况是两万人？

施特劳斯想了想，居然答应了。到了演出那天，音乐厅里坐满了观众。施特劳斯指挥得非常出色，两万件乐器奏起了优美的乐曲，观众听得如痴如醉。

原来，施特劳斯任的是总指挥，下面有100名助理指挥。

总指挥的指挥棒一挥，助理指挥紧跟着也指挥起来，两万件乐器齐鸣，合唱队的和声响起。

现实中的问题常常是错综复杂的，我们很难将问题一下完美解决。这时，我们就可以尝试将一个大问题分割成不同的小问题，各个击破。这样远比毫无头绪地寻找一个最佳方案要来得实际和有用，正如施特劳斯最终成功指挥了一场有两万人参加演出的音乐会。

许多目标乍看起来像梦一般遥不可及，然而我们如果有效地将大目标分解成许多个小目标，将大大提升我们完成目标的信心和效率。

发挥主动，不为拖延找借口

在现实中，我们要遵循的一个原则是：及时行动，绝不拖延。我们每天都有要做的事，所以应尽力做到今日事今日毕，千万不要拖延到明天。每个人的一生中总有许多美好的憧憬、远大的理想、切实的计划。假使我们能够抓住所有憧憬，实现所有理想，执行每一项计划，那我们事业上的成就不知将有多么伟大！然而我们总是有憧憬而不能抓住，有理想而不能实现，有计划而不去执行，终致坐视这些憧憬、理想、计划一一破灭和消逝！所有这一切的罪魁祸首都是拖延。

拖延是无谓的耽搁，不仅无助于问题的解决，而且还会让问题变得越来越糟。那些遇事拖延的人只会让自己处处陷入被动，即便是机会到了他们面前，他们也抓不住。

拖延工作是一味慢性毒药，它会令人们对时间的流逝感到麻木，等到发现属于自己的“时日”不多之际，这味毒药已经浸入了我们的骨子里，毒性已经扩散到全身，过去的一切都已无法挽回，原本可以得到的一切也如东去之水，永不回头。对待工作必须要积极热情，不能浪费一分一秒的工作时间，今天应该完成的事情绝不要拖到明天。

我们的一生中从不缺乏机会，难的是看准时机、刻不容缓地抓住机会。如果当时不把它抓住，就永远失去了。

“明日复明日，明日何其多”，在拖延中所耗去的时间、精力也足以将那件事做好。处理以前积累下来的事情，每个人都不会感到愉快，而是会感到厌烦。本来当初花很少时间就可以做好的事，拖延了几天、几星期之后，就变得困难了。

在工作中，我们应该全身心投入。如果连最基本的工作都无法投入全部精力，那还谈什么伟大的成就和宏伟目标的实现。如果我们不能将自己的积极性、主动性以及全部热情和努力都投入到工作当中，我们最终会失去工作的主动权和蕴藏在工作当中的一切成功机会。

拖延工作就等于浪费生命，这并非耸人听闻。想一想工作在我们生命中占据的时间和地位，有什么能够像工作一样占据着既富于精力又潜力无穷、既充满朝气又不失成熟的时期，又有什么能够像工作一样既给予我们成就感，又为我们创造无数次的成功机会。我们没有任何理由拖延工作或消极地对待工作。

全力以赴才有更多机会

不要寻求捷径，在通往成功的道路上全力以赴才有更多机会。

成功者的秘诀，就在于他们愿意去做一些失败者所不愿意做的事。失败者之所以失败，在于他们一直在做成功者所不愿意做的事。

要搞清楚到底什么是该做或不该做的事，首要条件就是必须拥有明确的目标，再就是需要全力以赴。这样，就可以看清自己该做的事情。

真正的成功者，看清自己该做的事情后，会立即行动。如果意识中有任何想拖延的消极思想产生，那么，他们便会在失败中倒下。

是的，必须全力以赴，并清楚地知道，成功不仅会为自己带来幸福和快乐，还会为身边的人带来快乐。那些成功的人总是全力以赴，以生活中最优秀者为目标，而不是像失败者那样脱离现实，想入非非。一个人只要有决心、肯努力、不畏艰难、全力以赴，他一定可以成为成功的人。我们从很多成功者的奋斗史中可以看出，时刻全力以赴、努力劳动的伟大价值，他们做任何事情总是精益求精，兢兢业业，从不妄想一步登天，因而，他们的成功都是必然的。

我们时常可看见那些明明能力、才干都在他人之上的人，却屈居人下，很大程度上是因为他们不努力工作，没有全力以赴，最终他们将被淘汰。

在职场中，不热爱自己的工作、不能全力以赴的人，不可能获得上司的青睐和事业上的成功。因为，一个对工作不负责、不尽心尽力的人，是没有任何资本去获得成功的。要想成功，要想把工作做得更好、更出色，你就必须比你的同事付出更多、更努力。

有一位老师曾讲起过他的经历："在我多年的教学实践中，我发觉有许多在校时资质平庸的学生，他们的成绩大多在中等或中等偏下，没有特殊的天分，有的只是安分守己的诚实性格。这些孩子走上社会参加工作，不爱出风头，默默地奉献。但毕业几年或十几年后，他们却已有了成功的事业，而那些以前看来有美好前程的孩子却一事无成。"

老师常与同事一起琢磨，最后得出一个结论：成功与在校成绩并没有什么必然的联系，但和踏实的性格密切相关。平凡的人比较务实，能够自律，比别人更努力，更能拼命地去做事，所以许多机会就落在这种人身上。平凡的人如果加上勤奋的特质，成功之门必会向他大方地敞开。

成功的人永远比他人做得更多。当一般人放弃的时候，他们在努力；当别人休闲娱乐时，他们也在努力；当别人躺在床上呼呼大睡时，他们还在努力。

飞人迈克尔·乔丹是篮坛神话，被称为“篮球之神”。他具备所有成为篮球王的特质和条件。尽管如此，他仍在参加任何一场赛事之前认真地练习投篮，练习基本动作。他是球队练习最刻苦的人之一，也是准备工作做得最充分的人之一。

全力以赴，才能做好准备，抓住机遇。卡耐基告诉奋斗者们：时刻做好准备并寻找机会；在机会降临时要果断、及时地把握住；当机会握在手中时，要善于充分利用它并去争取成功——这是成功者必备的三种重要品质，其中，做好准备是前提。

机遇不喜欢空等的人，而往往垂青全力以赴的人；全力以赴做好准备，做事就会顺利。失败者总会对别人的成功持有偏见：“人家有好的运气。”他们不采取行动，总是等待着有一天他们会走运，而成功者都是勤奋的人，他们从来都不等待运气的降临，只是忙于解决问题，忙于把事情做好。

机会对每个人来说都是公平的，但它更垂青于全力以赴做好准备的人。因为机会是有限的，给一个没有准备的人是浪费资源，而给一个准备工作做得非常好的人则是在合理利用资源。

准备工作做得越充分，成功的可能性就越大。

第四章
敢于负责，在执行中追求完美

责任比能力更重要

责任可以说是安身立命的根本，一个负责任的人会受到别人的尊重和敬畏，而一个不负责任的人会受到别人的鄙夷和唾弃。对职场人士来说，责任是能力的承载。

如果你有足够的能力，但缺乏责任心，对什么事情都不重视不认真，那么即使再有能力也难逃被淘汰的命运。

宋佳凝现在是一家软件公司的程序员。学计算机专业的宋佳凝毕业后非常幸运地进入了这家大的软件公司工作。上班的第一个月，由于她刚毕业，在学校还有一些事情要处理，所以经常请假，加上她住的地方离公司比较远，经常不能按时上下班。好在她专业技术过硬，和同事一起解决了不少程序上的问题，很明显，公司也很看重她的工作能力。

学校的事情处理完了，宋佳凝上班仍像第一个月那样，有工作就来，没有工作就走，迟到早退，甚至还在上班时间拉同事去逛街。有一次，公司来了紧急任务，上司安排工作时怎么也找不着她了。事后，同事悄悄地提醒她，而她却以一句“没有什么大不了的”作答，这让同事无言以对。

她认为自己工作能力够了就行，其他的不必放在心上。结果可想而知：在试用期结束后的考评中，宋佳凝的业务考核通过了，但在公司管理规章制度的考核上卡住了，她只能承担被淘汰的后果。

由于对工作不负责任，宋佳凝不但危害了公司的利益，还让自己失去了工作。由此看来，工作不负责任是会给公司带来损失的，但损失更大的是自己。所以，我们与其花费很多精力来逃避工作，倒不如花相同的精力来努力完成工作，这样，最大的受益者不是别人而是自己。

在一些人看来，自己只是一名普通员工，没什么责任可言。一旦出现错误，承担责任的是有权力的领导者。这种想法是大错特错的。

在很多情况下，能力够不够不是最重要的，最重要的是你是否具备一种对工作负责的精神。当你尝试着对自己的工作负责的时候，改变的不仅仅是工作，一种敬业、主动、负责的工作态度和精神，也会让你的思路更开阔，工作更积极。

将责任感根植于内心

乔治到这家钢铁公司工作还不到一个月，就发现很多炼铁的矿石并没有得到充分的冶炼，一些矿渣中还残留并没有被冶炼成铁的矿石。如此下去，公司将会有很大的损失。

于是，他找到了这项工作的负责人指出问题，但这位负责人却说："如果是技术上出现了问题，那么工程师一定会跟我说，现在还没有哪位工程师向我说明这个问题，这就说明现在没有问题。"乔治又找到了负责技术的工程师，向工程师说明了他看到的问题。工程师很自信地说，他们的技术是世界上一流的，不会出现这样的问题。工程师并没有把他说的事情看成一个很大的问题，还认为，一个刚毕业的大学生什么都不懂，不过是因为想博得别人的好感而表现自己罢了。

但是乔治认为这是个大问题，于是拿着没有冶炼好的矿石找到公司负责技术的总工程师，他说："先生，我认为这是一块没有冶炼好的矿石，您认为呢？"

总工程师看了一眼，说："没错，年轻人，你说得对。哪里来的矿石？"

乔治说："这就是我们公司的。"

"怎么会，我们公司的技术是一流的，怎么可能会出现这样的问题？"总工程师很诧异。

"工程师也这么说，但事实确实如此。"乔治坚持道。

“看来确实是有问题。为什么没有人向我反映？”总工程师有些发火。

总工程师召集负责技术的工程师一齐来到车间，经过检查发现，原来是监测机器的某个零件出现了问题，才导致了冶炼不充分。公司的总经理知道了这件事之后，不但奖励了乔治，而且还晋升乔治为负责技术监督的工程师。

总经理不无感慨地说：“我们公司并不缺少工程师，但缺少负责任的工程师，这么多工程师中没有一个人发现问题，当有人提出了问题，还不以为意。”

对于一个企业来讲，人才是重要的，但更重要的是真正有责任感的人才。对于一个企业来说，责任是管理的基石，是企业壮大的先决条件。一个企业的运作，得靠各个组织机构的成员负责任的工作态度和办事作风，成员应把企业当作自己的事业来经营。责任机制是每个企业运作与发展必不可少的管理手段，一个企业要想不断发展壮大，每个员工的责任必须落实。

所以，不要眼高手低，要从身边的小事做起，积累责任感和使命感。我们每个人时时刻刻都要面对自身的责任担当。如果说智慧和能力像金子似的弥足珍贵，那么还有一样东西更加难能可贵，就是担当责任的精神。充满责任感，才能对任何事情都具备耐心，才能有效地达成目标。

细心负责是成功的关键

1998 年 4 月，海尔集团在全公司范围内掀起了向员工魏小娥学习的活动，学习她“认真处理每一个问题的精神”。

1997 年 8 月，33 岁的魏小娥被派往日本学习世界上最先进的整体卫浴的生产技术。在此期间，魏小娥发现，日本人试模期废品率大多都保持在 30%~60%，设备调试正常后，废品率竟然降到了 2%。

魏小娥问日本的技术人员：“为什么不把合格率提高到 100%？”日本技术人员认为这是不可能的。当时，魏小娥就意识到，不是日本人能力不行，而是思想上就放弃了那 2%。作为一名有使命感的海尔员工，魏小娥对自己要求的严格标准就是 100%。她没有浪费在日本的一分一秒。三个月后学成归国，她带着日本的先进技术知识还有赶超日本人的信念重返海尔，并且为自己制定了“要么不干，要干就干到最好”的信念。

时隔半年，日本模具专家宫川先生来华访问，见到了当时还是“学徒”、此时已是卫浴分厂厂长的魏小娥。面对着一尘不染的生产车间、操作熟练的员工和 100% 合格的产品，他震惊了，连忙向她讨教其中的奥秘。宫川先生问：“你们是怎样做到现场清洁的？100% 的合格率对于我们来说是不可能的，2% 的废品率、5% 的不良品率就已经合乎我们的标准，你们又是怎样把产品合格率提高到新的高度的？”

“用心。”魏小娥简单的回答让宫川先生思绪万千。诚然，“用心”看似简单，实则不然。

在一次试模的前一天，魏小娥在原料中发现了一根头发——这势必会增加废品率。魏小娥马上给操作工统一制作了白衣、白帽，并要求大家统一剪短发——又一个可能影响废品率的事件被消灭在萌芽之中。

终于，100%，这个被日本人认为是不可能的产品合格率，被魏小娥落实了，这个 100% 的标准存在于试模期间和设备调试正常后。

所谓认真，就是用你的生命热度，用你全身心的真实情感投入，用你整个灵魂最激情的热度，去坚持不懈地完成一件事，这是一种态度。无论做什么事，怕就怕认真二字。认真，说起来容易，做起来难。我们处理任何一件事情，不论大小、不论难易，都应全力以赴地认真去做，这样才能够将各种问题化难为易。

把握生活中的细节，就要求我们留心观察周围的事物，平时多思考问题的解决办法。我们要善于发现生活中一些别人容易忽略的细节，这是一种注重细节的好态度。

比别人多会一点，多做一点

当你选择了一个行业，并且进入一家公司开始你的事业之路时，你就应该知道自己要以什么样的高度开始自己的事业，并且需要哪些知识来开拓自己的发展空间。而且，随着知识更新速度的加快，竞争的日趋激烈，人们赖以生存的知识、技能也会不断地折旧。

在这个知识与科技发展一日千里的时代，只有不断地学习，才能充实自己，才能获得成长。

大学毕业生张吉和杜明同时被招聘到某物流公司。张吉按部就班，认认真真地完成经理交办的每项工作，没出什么差错，他自己也比较满意。但杜明却没有自我满足，在工作中他不断地学习运输行业的有关知识，很快提高了自己解决问题的能力。他发现华北地区的货物运输常有滞期现象，经分析发现多是由于修路造成的。于是，他通过电脑，对北京周边地区各交通干线的路况进行了一系列的调查摸底，并于每天列出一份动态的路况交通图送给经理参阅。就是这份动态的路况图，对公司的货物运输起了重要的疏导作用，不但缩短了有效运输时间，而且减少了因堵车、绕行而产生的运输费用，他也受到公司领导的重视和奖励。三个月后，公司继续聘用的当然是不断进步、能力不断提高的杜明。

例子里的张吉和杜明之所以后来的职场发展之路截然不同，就因为杜明能自主学习，坚持比别人多会一点，多做一点。

无论在什么行业，无论职位高低，多会一些、多做一些的做法会使我们成为公司中不可或缺的角色。

比别人多会一些，多做一点，就要求看得比别人更远一点，动力比别人更足一点，行动比别人更快捷一点，做得比别人更多一点，坚持的时间比别人更久一点，做事比别人更自觉一点，态度比别人更认真一点，方法比别人更灵活一点。

多会一点，多做一点，不是语言上的自我表白，而是行动上的真正体现。也许你的投入无法立刻得到相应的回报，但不要气馁，应该一如既往地多付出一点，回报可能会在不经意间以出人意料的方式出现。

敬业，最大的受益者就是你自己

无论从事什么样的工作，平凡的也好，令人羡慕的也好，都应当尽职尽责，在敬业的基础上不断地进步。

在美国一所中学的毕业典礼上，校长对即将毕业的学生们说："比其他事情更重要的是，你们需要尽职尽责地把一件事情做得尽可能完美，与其他有能力的人相比，如果你能做得最好，那么，你就永远不会失业。"

的确，一个人是否有作为不在于他在做什么，而在于他是否能尽心尽力地把所做的事做好。干一行，爱一行，精一行，这就是敬业。敬业精神，就是对所从事的职业精益求精、一丝不苟的尽职尽责精神。

敬业，最大的受益者就是你自己。

可能由于种种主观、客观的因素，你没有找到一份称心如意的工作。但是，你仍要以积极的心态对待这份工作。即使你自命不凡，心中梦想的是更加美好的职业，但是对你现在的工作，一定要以欢快和乐意的态度接受，以认真的态度完成。不仅要“爱一行，干一行”，还要“干一行，爱一行”。因为你只有干好当前的工作，才能为你选择更适合自己的工作做好铺垫。所以，一旦你决定要从事某种职业，就要立即打起精神，不断地勉励自己、训练自己、控制自己。在工作中，你要有坚强的意志、拼搏的精神，不断地向前迈进，只有这样，才会走向自己梦寐以求的成功境地。

一个人应把做好自己分内的工作当成一种习惯。就像一个拥有敬业精神的裁缝，不管是打一个补丁还是做一件新衣服，他都会一针一线地精心缝制，你会觉得他就像一位艺术家在创作一件作品，因为他全情投入；而没有敬业精神的裁缝则截然相反，他会随便打一个补丁，根本不注重美观。两者对待工作的态度有着很大的不同。从这个意义上来说，敬业就不仅仅是干好本职工作了，而是力求完美。

敬业的人往往具备他人所没有的特点：每天都全力以赴地工作；始终保持优秀的业绩；主动创新；注重效率；相互支持；明确工作要求；全身心投入工作；挑战工作目标；精力充沛；从不坐等指示，主动找活干；不断拓展自身的业务；对公司、团队和本职工作尽心尽力等。

付出总有回报，敬业的人能从工作中学到比别人更多的经验，而这些经验便是向上发展的垫脚石，就算以后换了岗位，没有一流的能力，敬业也可以让人走向成功；如果能力超群，那敬业则会将人带到更高、更成功的境界。

原通用电气 CEO 杰克·韦尔奇曾经说过：“任何一家想靠竞争取胜的公司必须设法使每个员工敬业。”敬业的人无论到哪里都受人欢迎。员工敬业的最直接结果是企业的不断发展。如果具有这样的品质，那必然是受企业欢迎的人。而且，这种敬业精神也会在一定程度上感染身边的人，形成良好的工作氛围。那么，这样的人被认可、被重用、被提拔将是再自然不过的事情。

每一个立志成功的人，都应该磨炼和培养自己的敬业精神，因为无论将来到什么公司，做什么工作，敬业精神都是走向成功不可或缺的。

具有敬业精神的员工，他们努力、尽职尽责、力求完美地干好工作，不是为了对企业有个交代，而是敬业精神驱使他们无论做什么工作，都必须做到尽善尽美。

在竞争愈演愈烈的现代职场，敬业更是成就大事不可或缺的重要条件。如果在工作中具有敬业精神，并养成敬业的习惯，那么无论从事什么行业，都会有所成就。

能完成100%，就绝不只做99%

有一次，希望集团总裁刘永行去一家韩国面粉企业参观。然而就是这次普通的参观，给了他很大的刺激，回国后好几个晚上他都难以入眠。

这家面粉厂属于西杰集团，日生产能力是1500吨，却只有66名雇员。一个只有几十名员工的小厂，其工作效率之高令刘永行惊叹不已。在国内，相同规模的企业一般日生产能力只有几百吨，而员工人数却高达上百人。250吨日处理能力的工厂也有七八十名员工，日生产能力却仅有韩国工厂的1/6。

为了弄清楚其中的奥秘，刘永行与这家工厂的管理层进行了深入的交谈，了解到他们也在中国投资办过厂。当时的日处理能力为250吨，员工人数却高达155人。同样的投资人，设在中国的工厂与韩国本土的生产效率居然相差10倍之遥，效益自然也不会太理想，磨合了一段时间，觉得没有改善的可能性，就将工厂关闭了。

两家工厂的效率为什么有如此大的差距呢？是设备的先进程度不同还是管理方法有差别？当然都不是，韩国本土工厂是20世纪80年代投入生产的，而与中国的合资厂却是在20世纪90年代建起来的，设备比原来的还先进。工厂的主要管理层基本上是韩国人。恰好，刘永行遇到了那位曾在中国的韩国厂长。

怀着极大的好奇心，刘永行特意请教这位厂长：“为什么同样的设备、同样的管理，设在中国的工厂却需要雇那么多员工呢？”

那位厂长回答得很含蓄：“也许是中国人做事落实不到位吧。”而正是这么一句轻描淡写的话，却让刘永行回国后彻夜难眠。他知道，当着一群中国企业家的面，那位厂长的话已经是十分客气了。在这句平淡的话背后，一定藏有许多难言之隐，一定有许许多多不为人知的管理问题。

仔细想一想，在中国大部分企业中，都存在把自己的事情做得差不多就够了的想法，所以效率就低了。

在1标准大气压下，水升温到99℃，还不是开水，其价值有限；若再添一把火，在99℃的基础上再升高1℃，就会使水沸腾，并产生大量水蒸气来开动机器，从而获得巨大的经济效益。100件事情，99件落实了，而一件未落实到位就有可能对某一单位、某一团队、某个人产生100%的影响。

我们工作中出现的问题，的确只是一些细节、小事落实得不完全到位，而恰恰是这些细节的落实不到位，又常常会造成较大影响。对很多事情来说，执行上的一点点差距，往往会导致结果上出现很大的差别。很多执行者工作没有落实到位，甚至相当一部分人做到了99%，就差1%，但就是这点细微的区别使他们在事业上很难取得突破和成功。

要想让自己真正忙出成绩，就要随时思考改进自己的工作。

如果工作落实不到位，那么一切都是空谈。

一个人成功与否在于他是不是做什么都力求做到最好。成功者无论从事什么工作，都绝对不会轻率疏忽。因此，在工作中，你应该以最高的标准要求自己。能做到最好，就必须做到最好，能完成100%，就绝不只做99%。你应动用你的全部智能，把工作做得比别人更完美、更快、更准确、更专注。

第五章
勇于挑战，执行才有超越

坚持到底，尽全力实现目标

在目标的实现过程中，我们总会遇到很多困难。正因为有了它们的存在，我们的知识和才能才有了用武之地；正因为有了困难和挫折，自我潜能才能得到更深层次的挖掘和利用。所以，逃避困难的行为不仅是不现实的，而且还极不利于自身的进步和企业的持续发展。为此，我们不但不能逃避困难，而且还应该以更加积极的心态主动迎接困难，通过坚持不懈地努力最终克服困难、实现成功。

美国演说家丹诺在他的自传里，曾写过这样一句话："一个人要做一番非凡的事业，就不应该贪图眼前的享受，应具备百折不挠的意志，并且坚信总会有苦尽甘来的成功之日。"

坚持到底，是务实的必备要素，也是成功的重要条件。如果失去了这些条件，即使你才识渊博、技能熟练，也无法成功。

卡勒先生说："许多青年人的失败，都应归咎于他们没有恒心。"的确如此，大多数青年虽然都颇有才情，也都具备成就事业的能力，但他们缺乏恒心、缺少耐力，只能做一些安稳的工作，一旦遭遇困难、阻力，就裹足不前。可见，不屈不挠、百折不回的精神，是获得成功的基础。

一旦你拥有坚定执着、永不放弃的品质，不论在任何地方，你都不难找到一个适当的职位。反之，如果你自暴自弃，只知道糊里糊涂地依靠别人，是不会成功的。

换种思维考虑，困难其实就意味着机会；解决问题，你就有可能成功。如果我们能够看清困难背后的现实意义，抱着务实的心态去面对每一项任务，一步一步地坚持努力，那我们终将克服这些困难，远大的目标也会在这一步一步的努力中得以实现。

如果我们害怕困难，把执行任务过程中的每一次挫折都看作天灾一般；如果因为恐惧而在挫折面前退却，那么困难永远都不会得到解决，它们永远都将是我们成功道路上的绊脚石和拦路虎；如果我们不被困难吓倒，如果我们勇敢地迎接挑战，并且尽自己的全部努力来克服困难，那么困难就会被打败，它们就会成为我们成功道路上的垫脚石。在克服困难的过程中形成的坚强意志、大无畏的勇气、坚定的信心以及汲取到的宝贵经验和教训，都会为我们日后取得更大的成功创造有利条件。

只有充分发挥自己的天赋和才能，才能找到一条通向成功的道路。一个下定决心就不再动摇的人，无形之中能给人一种最可信任的保证，做起事来一定勇于负责，一定有成功的希望。因此，我们做任何事，一旦主意打定之后，就千万不能再犹豫了，应该遵照已经定好的计划，循序渐进地去做。

唯有坚持，才能有丰收的果实。

每一次失败都是宝贵的经验

要想实现自己的人生价值，每个人都不可避免地会遭遇各种各样的失败。在面临失败时，不能被它打倒，相反，要将失败踩在脚下，把失败当作新的起点，当作自己走向成功之路的踏脚石。

人的一生绝不可能是一帆风顺的，会有成功的喜悦，也会有扰人的烦恼；会经历波澜不惊的坦途，更会有布满荆棘的坎坷与险阻。在挫折和失败面前，畏缩不前的是懦夫，奋而前行的是勇者，攻而克之的是英雄。唯有与失败作不懈抗争，把失败看得轻一些，低一些，把它当作新的起点，以后才会走得更高，看得更远。

邓亚萍的教练惠均在总结邓亚萍的成功之路时说："邓亚萍有可能输在不知名的选手手下，但下次你就别想再胜她，因为她最善于从失败中吸取教训，并找到战胜对手的诀窍。"

曾有人问爱迪生："在发明灯泡的过程中你失败了一万多次，为什么还有勇气继续下去？"爱迪生笑了笑说："不，我并没有失败，我只是发现了一万多种不能做灯丝的材料。”

爱迪生的话一语中的。失败是一种反馈，在你还没有找到合适的方法之前，吸取教训是最重要的。有人曾经把“不幸”比喻为一笔财富。其实，你对待失败也应采取这种态度。当你把教训看作财富，你就会在失败中学到许多平时学不到的东西，且每一次失败都是一次宝贵的经验。

美国人戴维·迈利民说：“我在事业上犯过很多错误，从自己的错误和别人的错误中吸取教训，那就是精明。”

每个人都不可避免地在工作中艰难地跋涉着，有失败，也有成功。但我们可以把握的是，在失败中探究所犯的错误，发现实质问题以警醒。“吃一堑，长一智”不是一句空洞的口号，而是要你在犯了错误后，认真总结经验教训，以免日后再犯相同的错误。

反败为胜，超越失败的重要条件，就是要善于从挫折或失败中总结经验教训。我们应当从这些经验教训中学习如何反败为胜。

可以说，积累失败的教训，正是向成功跨出的重要一步。

在逆境中绝不放弃

企业家卡尔森原是一个身无分文的穷光蛋，但是他从没对自己有一天能成为富翁产生过怀疑。

有一次，卡尔森发现了一个商机。于是他借钱办了一个制造玩具沙漏的厂。沙漏在时钟未发明前用来记录时间；时钟问世后，沙漏已完成它的历史使命，而卡尔森却把它作为一种古董来生产销售。本来，沙漏作为玩具，趣味性不大，孩子们也不大喜欢它，因此销量很小。但卡尔森一时找不到其他比较适合的工作，只能继续干他的老本行。

沙漏的需求量越来越少，卡尔森最后只得停产。但他并不气馁，他完全相信自己能够克服眼前的困难。

机会终于来了。一天，卡尔森翻看一本讲赛马的书，书上说："马匹在现代社会里失去了它运输的功能，但是又以高娱乐价值的面目出现。"这不引人注目的两行字，使卡尔森高兴得跳了起来。他想："赛马用的马匹比运货的马匹值钱。是啊！我应该找出沙漏的新用途！"就这样，从书中偶得的灵感，使卡尔森的精神重新振奋起来，他把心思又全都放到了沙漏上。

经过几天苦苦地思索，一个构思浮现在他的脑海：做个限时三分钟的沙漏，在三分钟内，沙漏里的沙子就会完全落到下面来，把它装在电话机旁，这样打长途电话时就不会超过三分钟了，电话费就可以有效地控制了。

想好了后，他就开始动手制作。他把沙漏的两端嵌上一个精致的小木板，再接上一条铜链，然后用螺丝钉钉在电话机旁就行了。不打电话时还可以作装饰品，看它点点滴滴落下来。它虽是微不足道的小玩意儿，却能调剂一下现代人紧张的生活。担心电话费支出的人很多，卡尔森的新沙漏可以有效地控制通话时间，售价又非常便宜，因此一上市，销量就成倍地增加，卡尔森也从一个即将破产的小业主摇身一变，成了腰缠万贯的富豪。

即使在一种十分被动和不利的条件下，卡尔森也没有放弃，依然顽强进取，积极寻找成功的机会。如果他在暂时的困难面前一蹶不振，那么他就不可能东山再起，成为富豪。

困境的存在与否，不是我们能左右的，然而，对困境如何回应却完全取决于我们。我们可能因内心痛苦而恶言恶行，也可以将痛苦转化为诗篇，从此踏上成功之路。

人生之路，往往有一道道难以跨越的门槛。在我们历尽艰辛、心力交瘁的时候，即使一个小小的变故或者障碍都有可能把我们击倒，而这个时候，胜利往往来自于不服输的努力。天无绝人之路，生活有难题，同时也会给我们解决问题的能力与方法。生活并非总是艳阳高照，狂风暴雨随时都有可能来临。但是每一个人都需要将自己重新打理一下，以一种勇敢的人生姿态去迎接命运的挑战。冬天总会过去，春天总会来到，太阳也总要出来。度过寒冬，我们一定会生活得更好。

培养不轻言放弃的习惯

一个人能成功，不是上天赐给的，千万不能存有侥幸的心理。幸运、成功永远只会属于辛劳的人、有恒心不轻言放弃的人、能坚持到底的人。

大发明家爱迪生也说：“我从来不做投机取巧的事情。我的发明除了照相术，没有一项是由于幸运之神的光顾。一旦我下定决心，知道我应该往哪个方向努力，我就会勇往直前，一遍一遍地试验，直到产生最终的结果。”

合理的计划表可以帮助你坚持下去

如果没计划，东一榔头西一棒子，是做不好工作的。设计合理的计划表，不仅可以理顺工作的轻重缓急，提高效率，而且可以在无形之中督促自己努力工作，按时或超额完成计划。

制定可行的工作计划和执行计划时要注意，也许你愿意用硬性的东西约束自己，或希望有充分的灵活性，甚至等自己有了灵感的时候才动工。可是万一你正好没有灵感，一周都没兴趣工作的话，怎么办呢？这样下去，你就可能失去坚持下去的耐心，对自己的创造能力产生怀疑。

至少开始的时候，你可以为自己安排一段时间，测试自己的专长。按照进度将能使你做更多的工作——如果你想出类拔萃的话；如果你给自己安排的进度并不过分，可是你还是抗拒它的话——譬如找借口拖延工作进度，那么就得研究一下自己的动机了。

计划的制定，将迫使你自问这个严酷的问题：我真的想做这件事吗？即使进行得不太顺利，我还要按部就班地做吗？如果答案是“是”，那么你是真的想得到成功，合理的计划表就可以帮助你坚持下去。

将挫折转化为前进的勇气

有的失败转眼就会被我们忘记，有些挫折却会给我们留下深深的伤痛。但是，无论如何，我们都不应该因为挫折而停止前进的步伐。如果你不继续为一个目标奋斗，你不仅会失去信心，还会逐渐忘记自己有个目标。如果你不再继续坚持的话，就会开始怀疑自己是否能成功地实现目标。

有时你也许会因为目前完不成一个小的目标，而改做其他的尝试，这种随便的做法是一种变相的放弃。千万不要拿困难做借口，改做另一个任务。

努力完成计划

当坚持完成计划的要求，成功实现目标后，你会更加坚定地做完工作，这对培养不轻言放弃的习惯会有很大的帮助。不把事情做完的话，你会觉得自己像个没有志气的懒虫。如果你不敢肯定是不是能把工作完成的话，就很难再开始做一件新的事情。这是非常重要的一点。因为从事的工作可以只花几个小时，也可能花许多年工夫。不管花多少时间，你都得面临这个问题：完成这件工作呢，还是放弃它？最好从开始就搞清楚，自己是不是真的想完成它，要不然何必花这些心力呢？

如果为了完成这个计划已经付出了很多，那就坚持下去，也许最艰难的时候，也是离成功最近的时候。

勇于挑战高难度任务

机遇来自于工作中的每一次努力和挑战。面对工作中的每一份任务，无论难易，我们都要积极勇敢地接受。

勇于向高难度任务挑战的精神，是人们在事业中获得成功的基础。在公司中，很多员工虽然颇有才学，具备种种获得上司赏识的能力，却有个致命弱点——缺乏挑战的勇气，只愿做职场中谨小慎微的“安全专家”，对不时出现的那些异常困难的工作，不敢主动发起“进攻”，一躲再躲，恨不能避到天涯海角。他们认为，要想保住工作，就要保持熟悉的一切，对于那些颇有难度的事情，还是躲远一些好，否则，就有可能撞得头破血流。结果，他们终其一生，也只能从事一些基础的工作。

有句名言说：“一个人的思想决定一个人的命运。”不敢向高难度的工作挑战，是对自己潜能的画地为牢，只能使自己无限的潜能化为有限的成绩。

如果你是一个“安全专家”，那么，在与“职场勇士”的竞争当中，你就永远不要奢望得到机会的垂青。那些总与成功有缘的幸运儿之所以成功，很大程度上取决于他们勇于挑战有难度的工作。正是坚持这一原则，他们才能不断地磨砺生存的利器，不断力争上游，最终脱颖而出。

在一家天线公司，总裁来到营销部，让大家针对天线的营销工作各抒己见，畅所欲言。在所有人都抱怨卖不出去产品是因为产品没有知名度时，一位年轻人直言不讳地对公司的营销工作存在的弊端提出了个人意见。总裁认真地听着，最后年轻人得出结论：“我们公司的老牌天线今不如昔，原因颇多，但归结起来或许就是我们的销售定位和市场策略不对。”

这时候，经理提高嗓门不满地说：“公司在甘肃那边还有5000套库存，你有本事推销出去，我的位置让你坐。”

年轻人提高嗓门，朗声说道：“现在全国都在搞西部开发建设，我就不信质优价廉的产品连人家小天线厂也不如，偌大的甘肃难道连区区5000套天线也推销不出去？”

几天后，年轻人风尘仆仆地赶到了甘肃省兰州市某百货大楼。老总一见面就向他大倒苦水，说他们厂的天线知名度太低，一年多来仅仅卖掉了几百套，还有4000多套在各家分店积压着，并建议年轻人去其他商场推销看看。

接下来，年轻人跑遍了兰州几个规模较大的商场，几天下来毫无建树。

正当沮丧之际，某报上一则读者来信引起了年轻人的关注，信上说那儿的一个农场由于地理位置关系，买的彩电都成了聋子的耳朵——摆设。

看到这则消息，年轻人如获至宝，当即带上十来套样品天线，几经周折才打听到那个离兰州100多公里的农场。信是农场场长写的。他告诉年轻人，这里夏季雷电较多，常有彩电被雷电击毁，不少天线生产厂家也派人来查，却始终找不出解决办法，于是彩电就形同虚设了。

年轻人拆了几套被雷击的天线，发现自己公司的天线与他们的毫无二致，也就是说，他们公司的天线若安装上去，也免不了重蹈覆辙。他绞尽脑汁想办法做实验，最后，终于使真相大白，原因是天线放大器的集成电路板上少装了一个电感应元件。这种元件一般是不需要的，它本身对信号放大不起任何作用，厂家在设计时根本就不会考虑雷电多发地区，没有这个元件就等于使天线成了一个引雷装置，导致线毁机亡。

找到了问题的症结，一切都迎刃而解了。不久，年轻人将从商厦拉回的天线放大器上全部加装了感应元件，并将此天线先送给场长试用了半个多月。其间曾经雷电交加，但场长的电视机安然无恙。此后，仅这个农场就订了 500 多套天线。同时热心的场长还把年轻人的天线推荐给存在同样问题的附近五个农林场，又给他销出 2000 多套天线。

一石激起千层浪，短短半个月，一些商场的老总主动向年轻人要货，连一些偏远县市的商场采购员也闻风而动，原先库存的 5000 套天线当即告急。

一个月后，年轻人精疲力尽地返回公司。而这时公司如同迎接凯旋的英雄一样，夹道欢迎。营销部经理也已经主动辞职，公司正式下令任命年轻人为新的营销部经理。

一位老板在描述自己心目中的理想员工时说："我们急需的人才，是有奋斗进取精神，勇于向高难度任务挑战的员工。"

那种接到任务就述说困难的人，是不会得到老板欢心的。"老板，这太难了""老板，这是不可能的""老板，我们不该去浪费资源做这种不可能的事情"……这些话一出口，立即就会让老板对你感到失望。

聪明的做法是，不管你感到任务多么困难，都要坚定地对老板说："老板，请放心，我会尽一切努力把它做好！"

第六章
管理好时间，执行更轻松

重视时间的价值

“你珍惜生命吗？那就请珍惜时间吧，因为生命是由时间累积起来的。

“别忘了，时间就是金钱。假设，一个人一天的工资是10个先令，可是他玩了半天或躺在床上睡了半天觉，他自己觉得他只花了36个便士而已。错误！他已经失去了他本应该得到的五个先令……千万别忘了，就金钱的本质来说，一定是可以增值的。钱能变更多的钱，并且它的下一代也会有很多的子孙。

“假如一个人杀死一头能下仔的母猪，也就是毁灭了它所有的后代，甚至于它的子子孙孙。假如谁消灭了五个先令，那样就等于消灭了它所有能产生的价值。换句话说，可能毁掉了一座金山。”

这是美国著名的思想家本杰明·富兰克林的一段话，它简单直接地告诉了人们这样一个道理：假如你想成功，必须认识到时间的价值。

事实上，凡是在事业上有所成就的人，都十分注重时间的价值。他们不会把大量的时间花费在没有价值的事情上。例如，接待客户是很多人经常要做的工作，同时也是一件十分消耗时间的事情，一个善于利用时间的人总是能判断自己面对的顾客在生意上的价值，如果有很多不必要的话，他们都会想出一个收场的办法。老罗斯福总统就是这样一个典范。当一个分别很久、只求见上一面的客人来拜访他时，老罗斯福总是在热情地握手寒暄之后，便很遗憾地说他还有许多别的客人要见。这样一来，他的客人就会很简洁地道明来意，告辞而去。

一位公司经理拥有待客谦恭有礼的美名，他每次与来客把事情谈妥后，便很有礼貌地站起来，与他的客人握手道歉，遗憾地说自己不能有更多的时间再多谈一会儿。那些客人都很理解他，对他的诚恳态度也都非常满意。

以沉默寡言和办事迅速、敏捷而著称的成功者都是实力雄厚、深谋远虑、目光敏锐的人，他们说出来的话，句句都很准确、到位，都有一定的目的，他们从来不愿意多耗费一点宝贵资本——时间。

商人最可贵的本领之一就是与任何人交往都能简洁迅速。这是一般成功者都具有的通行证。在美国现代企业界里，与人接洽生意能以最少时间产生最大效率的人，非金融大王摩根莫属。为了珍惜时间他遭到许多怨恨，但其实人人都应该把摩根作为这一方面的典范，因为人人都应具有这种珍惜时间的美德。

摩根每天上午9点30分准时进入办公室，下午5点回家。有人对摩根的资本进行了计算后说，他每分钟的收入是20美元，但摩根认为不止这些。所以，除了与生意上有特别关系的人商谈外，他与人谈话绝不超过五分钟。

通常，摩根总是在一间很大的办公室里，与许多员工一起工作，他不是一个人待在房间里工作。摩根会随时指挥他手下的员工，按照他的计划去行事。如果你走进他那间大办公室，是很容易见到他的，但如果你没有重要的事情，他是绝对不会欢迎你的。

摩根能够准确地判断出一个人来接洽的到底是什么事。当你对他说话时，一切转弯抹角的方法都会失去效力，他能够立刻判断出你的真实意图。这种卓越的判断力使摩根节省了许多宝贵的时间。有些人本来就没有什么重要事情需要接洽，只是想找个人来聊天，而耗费了工作繁忙的人许多重要的时间。摩根对这种人简直是恨之入骨。

摩根憎恨浪费时间的行为说明他是一个懂得时间价值的人。

处在知识日新月异的信息时代，人们常因繁重的工作而紧张忙碌。如果想提高自己的工作效率，我们就要向摩根学习，培养自己重视时间价值的习惯。

警惕“时间窃贼”

时间如同金钱，愈懂得利用的人，就愈能感受到它的价值，愈是贫穷的人，愈感觉它可贵。当我们富有时，往往不知道如何利用而任意挥霍，当自己真正需要的时候，时间却已经所剩无几了。这时候我们可能会产生“时间都到哪儿去了”的困惑。

时间管理学研究者们发现，人们的时间往往是被下述几种“时间窃贼”给偷走的。

1. 寻找东西

据对美国200家大公司职员做的调查，公司职员每年都要把六周时间浪费在寻找乱放的东西上面。这意味着，他们每年要损失10%的时间。对付这个“时间窃贼”，有一条最好的原则：不用的东西扔掉，不扔掉的东西分门别类保管好。

2. 懒于行动

对付这个“时间窃贼”的办法是：

（1）使用日程安排簿；

（2）在家之外的地方工作；

（3）及早开始。

3. 时断时续

研究发现，造成浪费时间最多的是干活时断时续的方式。因为重新工作时，人们需要花时间调整大脑活动及注意力后，才能在停顿的地方接着干下去。

4. 为过去惋惜或空想未来

老是想着过去犯过的错误和失去的机会，唏嘘不已，或者空想未来，这两种心境都是极浪费时间的。

5. 拖拖拉拉

这种人花许多时间思考要做的事，担心这个担心那个，找借口推迟行动，又为没有完成任务而悔恨。在这段时间里，其实他们本来能完成任务并转入下一个工作的。

6. 未认清问题便盲目行动

这种人在未获得关于一个问题的充分信息之前就匆忙行动，以至于往往需要推倒重来。这种人必须培养自己的自制力。

7. 分不清轻重缓急

即使是避免了上述大多数问题的人，如果不懂得分清轻重缓急，也达不到应有的效率。

区分轻重缓急是时间管理中很关键的问题。许多人在处理日常事务时，完全不考虑完成某个任务之后他们会得到什么好处。这些人以为每个任务都是一样的，只要时间被工作填得满满的，他们就会很高兴。或者，他们愿意做表面看来有趣的事情，而不理会不那么有趣的事情。他们完全不知道怎样把任务和责任按重要性排队，确定主次。在确定每一天具体做什么之前，要问自己三个问题。

我需要做什么？——明确那些非做不可又必须亲自做的事情。

什么能给我最高回报？——人们应该把时间和精力集中在能给自己最高回报的事情上。

什么能给我最大的满足感？——在能给自己带来最高回报的事情中，优先安排能给自己带来满足感和快乐的事情。

随时警惕你的“时间窃贼”，切记珍惜时间就是珍惜生命。时间是生命的本钱，一个人浪费了时间就是浪费自己的生命。要想使自己的生活更有意义，就应该珍惜自己的时间。

时间对每个人来说都是平等的，珍惜时间的人就会得到无穷无尽的财富，而浪费时间的人将一无所获。

做好时间预算

著名的效率专家查尔斯·菲尔德认为：善于为时间立预算、做规划，是有效管理时间的第一步。

事实上，时间都是“计划”出来的。能够合理规划自己时间的人就等于比别人多出了几个小时。

A、B 二人斗智，A 出了一个题目让 B 来完成。这个题目看起来是不可能完成的，即在一个同时只能烙两张饼的锅中，3 分钟内烙好 3 张饼，每张必须烙两面，每面烙 1 分钟。这样算下来，最少需要 4 分钟才有可能把 3 张饼烙完。可是 A 只给了 B 3 分钟的时间，这怎么办呢?

B 想了想，突然想到了在 3 分钟内烙 3 张饼的方法，这种方法的宗旨就是打破常规的烙饼方法。先烙两张饼，1 分钟后，把一张翻烙，把另外一张取出，放入第 3 张饼，等第 2 分钟过后，把烙好的饼取出，并将已经烙好一面的饼放入锅中，同时，将第 3 张饼翻烙，这样等 3 分钟过后，3 张饼就全部烙好了。

哲学家及诗人歌德说过，我们都拥有足够的时间，只要我们能好好地善加利用。假如萧伯纳没有为自己定下严格的规定，保持每天写出五页稿纸的文字，他可能永远只是个银行出纳员。他度过了九年心碎的日子，九年总共才赚了 30 块钱稿费，但由于他一直把写作当成自己最重要的事情去做，并严格执行自己定下的计划，终于成了世界著名的作家。

看过《鲁滨逊漂流记》的读者都知道，就连漂流到荒岛上的鲁滨逊也不忘每天定下一个作息表。由此可见，我们无论做什么事情，事先都要有一个计划，这样才能保证有时间完成自己最重要的事情。

为自己做一个行程表，是合理规划时间的一个重要方法。只要尝试拟订行程表，原本凌乱不堪的各种计划，就会显得条理井然起来。

人们之所以忙得不可开交，究其原因，是因为心中缺乏对时间整体的把握。人们总是习惯在最后期限之前，手忙脚乱地赶工。这种做法，经常导致工作质量下降。相反，及早着手准备才是快速完成工作的保障。

用好 80/20 法则

80/20 法则告诉人们一个道理，就是要把精力放在自己的主要目的上，这是提高一个人工作和生活效率的关键。

80/20 法则对工作的一个重要启示便是：避免将时间花在琐碎的多数问题上，因为就算你花了 80% 的时间，你也只能取得 20% 的成效。你应该将时间花在重要的少数问题上，因为解决这些重要的少数问题，你只需花 20% 的时间，即可取得 80% 的成效。

理查德·科克在牛津大学读书时，学长告诉他，“要尽可能做得快，没有必要把一本书从头到尾全部读完，除非你是为了享受读书本身的乐趣。在你读书时，应该领悟这本书的精髓，这比读完整本书有价值得多”。这位学长想表达的意思实际上是：一本书 80% 的价值，已经在 20% 的页数中就已经体现了，所以只要看完整部书的 20% 就可以了。

理查德·科克很喜欢这种学习方法，而且一直使用它。牛津并没有一个连续的评分系统，课程结束时的期末考试就足以裁定一个学生在学校的成绩。他发现，如果分析了过去的考试试题，把所学到知识的20%，甚至更少的与课程有关的知识准备充分，就有把握回答好试卷中80%的题目。这就是为什么专精于一小部分内容的学生，可以给主考人留下深刻的印象，而那些什么都知道一点但没有一门精通的学生却不尽如考官之意。这个心得让理查德·科克不必终日辛苦地学习，但依然取得了很好的成绩。

理查德·科克到壳牌石油公司工作后，在炼油厂内服务。他很快就意识到，像他这种既年轻又没有什么经验的人，最好的工作也许是咨询业。所以，他去了费城，并且比较轻松地获取了沃顿商学院的工商管理硕士学位，随后加盟一家顶尖的美国咨询公司。上班的第一天，他领到的薪水是在壳牌石油公司的四倍。

运用80/20法则，理查德·科克大大地提高了自己在学习和工作上的效率。80/20法则是一个时间管理上的利器。

所以，我们必须改一改对待时间的态度。

此路不通就换条路

当你走在路上，眼看就要到达目的地了，面前突然出现一块警示牌："此路不通！"这时你会怎么办？有人选择仍走这条路，大有不撞南墙不回头之势，结果可想而知。这种人在工作中常常因一根筋而多次碰壁，消耗了时间和体能，却无法将工作效率提高一丁点儿。有人选择驻足观望，不再向前走，却也不掉头，想法有二：一是认为自己已经走了这么远，再回头心有不甘且尚存侥幸心理；二是想如果回头了，其他的路也不通怎么办？结果驻足良久也未能前进一步。这种人在工作中常常会因懦弱和优柔寡断而丧失机会，业绩没有进展不说，还会留下无尽的遗憾。还有另一类人，他们会毫不犹豫地掉转车头，去寻找另外一条路。也许会再次碰壁，但他们仍会不断地进行尝试，直到找到那条可以到达目的地的路。这种人是工作中真正的勇者与智者，他们懂得变通，直到寻找到解决问题的办法。

由于一些工厂排放污水，某地附近河流污染严重，以致下游居民的生活受到了威胁，环保部门每天都要接待数十位满腹牢骚的居民。环保部门联合有关部门决定寻找解决问题的办法。

他们考虑对排污水的工厂进行罚款，但罚款之后污水仍会排到河流中，不能从根本上解决问题。这条路，行不通。

有人建议立法强令排污工厂在厂内设置污水处理设备。本以为问题可以彻底解决了，却在法令颁布之后发现污水仍不断地排到河流中。而且，有些工厂对排污进行遮掩，从外面看不到什么，可污水却一刻不停地在流。这条路，仍行不通。

之后，当地有关部门立刻转变方法，采用著名思维学家德·波诺提出的设想：立一项法律——工厂的水源输入口，必须建立在它自身污水输出口的下游。

看起来这是个匪夷所思的想法，但事实证明这确实是个好方法。它能够有效地促使工厂自律：假如自己排出的是污水，输入的也将是污水，所以，能不采取措施净化输出的污水吗？

最后这个办法被采用了，也起到了不错的效果。

此路不通就换方法。正是遵循了这个信条，上述例子里解决污水排放的问题才最终有了解决办法。

一个卓越的人，必是一个注重寻找方法的人。当他发现一条路不通或太挤时，就能够及时转换思路，改变方法，寻找一条更为通畅的路。工作中也是如此。一个优秀的员工必是一个善于变换思路和方法的员工，他不会固守一种思路，他会审时度势，适时突破，在变化中拿出新的应对方案。

有一天，江南春外出办事等电梯的时候，听到有人抱怨电梯很慢，等电梯的时间很无聊。这一句话马上点醒了江南春：“如果有电视，人们在等电梯的时候就不会感到无聊了，广告效果也会比招贴画好很多。”接下来他又想：“我在电视上播广告怎么样？如果有比看广告还无聊的时间，我想大多数人还是会关注广告的。”

发现了空白，就必须马上填补空白。江南春开始实施他的计划。2002 年 6 月到 12 月，江南春说服了第一批 40 栋高档写字楼。2003 年 1 月，江南春的 300 台液晶显示屏装进了上海

50栋写字楼的电梯旁。2003年5月，江南春正式注册成立分众传媒(中国)控股有限公司，并担任董事局主席和首席执行官。此时的江南春决定绕开竞争惨烈的传统媒体，走“分众”之路，专攻楼宇液晶媒体。

短短19个月时间，江南春领导的分众传媒利用数字多媒体技术所建造的商业楼宇联播网就从上海发展至全国37个城市；网络覆盖面从最初的50多栋楼宇发展到6800多栋楼宇；拥有75%以上的市场占有率。

从传统的广告代理到发现分众传媒的“大蛋糕”，在当今市场环境瞬息万变的环境下，江南春善于变通，勇于突破常规思路，发现市场空白，创造了一个新的广告市场。可见，变通能够让员工、企业灵活起来，从而产生超常的构思，提出新思想、新观点。此路不通就换条路，这个方法不行就换个方法，应该成为每一个员工的工作理念。应学会变通，勇于做一些别人没想到或不敢做的事情。

第七章
不断充实自我，执行事半功倍

在工作中学习，一步步靠近成功

大专毕业后的小林应聘到北京一家养生机构工作，他在大学学的是金融专业，和养生一点都没关系，就是心里喜欢。进入工作岗位以后，他跟着师傅认真地学习，师傅帮顾客推拿，他就认真地默记推拿手法；休息的时候，他就用心地学习相关知识；有时候师傅忙不过来时，他就帮顾客先做做放松，这时他也不忘询问顾客自己的手法怎么样。努力好学的他，不仅深受师傅的喜欢，进步也是神速。一年以后，小林成了同时进入公司中最早正式上岗的一个。

小林能有如今的成绩，离不开他在工作中的刻苦学习、认真钻研。

工作岗位就是一个学习的平台，在工作中学习，就能一步步靠近成功。

许多知名的企业家、职场精英，他们也许没有上过大学，却作出了非凡的贡献，甚至取得了超出常人的成就。原因就在于他们在工作中不断发现问题、解决问题，进而取得进步。对他们来说，工作岗位就是大学，岗位正是自己获得不断进步和提高的支点。

每一个岗位都是学习的良好机会。美国戴尔公司创始人迈克尔·戴尔曾经说过："无论我在企业处于什么位置，无论我自己身处何处，我都对自己说，你是永远的学生。"

上海宝钢集团的工人发明家孔利明，就是一个立足本职工作、把岗位当作大学的员工。他凭借不断学习和钻研的精神，为宝钢解决了各类设备的疑难杂症340个，创造经济效益1400余万元，拥有专利50多项，连续四年摘取中国专利新技术、新产品博览会金奖，被评为全国劳动模范、全国十大杰出职工、全国十大自学成才标兵。

现代科技发达，工作设备比较先进，不会使用电脑显然已经落后了。为此孔利明在工作期间，先拜儿子为师，从基本的打字开始。为了掌握电脑软件、硬件的设置、调试和修理，他干脆买了一台电脑开始研究——拆了装，装了拆，直到弄明白为止。现在电脑已经成了他离不开的工具。

在孔利明的车间里，并排放着很多大文件柜，里面分门别类地装满了各种电气、机械的书籍、文件；他还把客厅辟为实验室，在自己的家里进行技术创新实验。孔利明利用业余时间完成了电气自动化的大专学业，又继续攻读了本科；他还常常去宝钢的教育培训中心取经。

孔利明没能进入高等学府，实现继续深造的梦想，但是他立足本职，同样走出了一条成功之路。

其实，在工作中学习是很好的方法。在实践中带着问题学习，不仅能够解决问题，还能够弄清问题背后的原因。这样，久而久之便会得到很大的提升。

公司是员工实现人生目标的舞台，立足岗位，学会在岗位上学习，努力地提升自己，才能让自己在工作岗位上大放异彩。

工作岗位是最好的学习平台。每个人都要学会在学中干、干中学，时时刻刻做一个有心人，做一个善于学习的人。只要立足本职，努力学习，不断充实自我，提升自我，就能为实现人生价值打下坚实的基础。

成为本行业的专家

如果你想让自己有更好的发展，就要努力提升自己的专业技能，使自己成为本行业的专家，如此才能创造非凡业绩。

张毅翔毕业于苏州技师学院，当过操作工、维修人员，做过基层管理，当过班组长、线长、课长。不管在哪里，张毅翔始终立足本职岗位，把工作做得比昨天更好、比别人更好。他当操作工的时候，尽管工作简单枯燥，每天面对同样的产品，但他总是力求完美。

张毅翔开始从事的工作，难度都不大。难的是对待每一份工作都能保持敬业精神和认真态度，难的是能把每件小事都做到极致，张毅翔做到了。在当维修工的时候，公司涉及的维修项目，他没有完不成的。公司的领导赞赏地说："对于张毅翔来说，我们公司没有他修不了的东西。"他多次被评为优秀员工，成为企业的骨干力量。

别人问他什么东西都能修是怎样做到的？他说："这得益于在技校学的理论知识，得益于在技校养成的勤动手的习惯和不怕脏、不怕累的精神。"他说，当维修工时自己经常琢磨各种设备、零部件，了解它们的构造和性能特点，由于有理论知识做基础，他动起手来就心中有数，能很快发现问题出在哪里。那些设备、零部件在他手中翻来覆去几十回，熟能生巧，当然不成问题。

2000 年他当了班长，负责组织完成班上的生产任务，保证产品质量。在苏州生产的产品有一部分要返销日本，产品进入日本时，日方要进行检查，验证产品质量，程序非常严格。2001 年上半年，返销日本的产品中出现六起不良品事件，这已经达到了公司规定的全年不良品上限。产品在国内检查时是合格的，为什么到了日本就不合格了呢？张毅翔要着手解决这个问题。

凭着多年对生产过程、质量管理以及控制过程的熟悉，他判断问题应该出在动态管理的漏洞上，也就是说，产品存在一个变化点管理的问题，只有实现了变化点的合理、完善管理，产品品质才不会因为空间、时间以及其他外在因素的变化而改变。他对症下药，完善了变化点管理程序，改善了动态管理过程，顺利解决了问题。

2002年他升任制造部科长，达到了技能岗位的高层。很多人羡慕他走上了管理岗位，但张毅翔认为，没有人生来就懂管理，管理其实是对过程的熟悉，而对过程的熟悉，不仅是时间的积累，更是技术的不断完善和提高。

张毅翔的故事告诉人们：干一行，爱一行，精一行，无论我们做什么工作，必须对自己所从事的事业精益求精，刻苦钻研业务知识，做本行业的尖兵，做业绩的榜样。

由此可见，业精于专，与其诸事平平，不如一事精通，这才是取得业绩的关键，也是职业人士攀登职业高峰的秘诀。

美国前总统老布什在得克萨斯州一所学校做演讲时，对学生们说："比其他事情更重要的是，你们需要知道怎样将一件事情做好；与其他有能力做这件事的人相比，如果你能做得更好，那么，你就永远不会失业。"

在这个世界上，各行各业的技术高手、才华横溢的人才不胜枚举，可是真正成功的人有几个？要想成为本行业的专家，就要专注自己的优势，将优势发挥到极致。一个拥有一项专业技能的人，要比那种样样不精的多面手更容易取得骄人的业绩和辉煌的成就。

临危受命，也要做到游刃有余

职场如战场，风云变幻，当你所在的公司处于风雨飘摇，几乎无人有足够的专业水平独撑大局的时刻，老板希望你能够力挽狂澜，你是后退拒绝呢，还是以足够的勇气迎接挑战呢？摆在你面前的是两难的选择，克敌制胜只能凭借自己过硬的专业水准。

某会展策划公司承接了一个大型会展的项目，老板非常高兴，因为这个项目做成了，公司在业内就会很快占领一席之地。正当公司上上下下都为即将到来的会展而忙碌的时候，负责项目策划的张经理突然病倒了，住进了医院。这下公司里就像炸开了锅，离展览会举行只剩下一个月的时间了，能否按期完成任务就成了疑问。这时，老板任命张经理的助理林凤负责接替经理的工作，带领大家做最后的冲刺。林凤接到任命后，心情颇为复杂。本来林凤进行会展策划的水平是部门最强的，这是一个展示自己能力再好不过的时机，但是在高兴之余，他又担心部门复杂的人际关系难以把她下达的命令执行下去。

会展策划是一个高度依赖团队协作的项目，要求团队的每个成员群策群力，把握好每个细小的环节才能最终完成。林凤提出的会展策划方案已经得到了老板的肯定，接下来就是要协调各方面的关系，着手实施了。

然而，果然如她所料，工作进展非常不顺利。先是负责采购原料的小张，对林凤的设计方案不仅公开表示不满，而且并没有按照要求采购。接下来，其他员工也跟着起哄，提出设计方案存在种种漏洞。林凤本来非常清晰的思路一下子被搅乱了，根本无法应对大家的挑衅。将近10天过去了，他们部门的工作几乎没有任何进展，这使老板非常不满，愤然之下，免去了林凤的经理职务。

之后，老板又重新任命了另一位员工张伟暂时出任经理，继续完成这个项目。张伟也只能硬着头皮上了。但是，他的工作思路与林凤的有所不同。他并没有首先在部门颁布自己的约法三章，而是请老板出面公布了几条工作原则，并明确提出了惩罚的措施。大家畏惧老板，自然不会对这些规定提出异议。

接着，张伟也没有自己先入为主地提出会展的策划方案，而是要求部门的员工都各自提出方案。等大家按时交上来之后，张伟综合大家的思路确定了最终要提交老板的方案。得到老板肯定后，立即明确分工，采取责任到人的方式将展会布置的各项工作落实到每个人的头上。半个月后，会展如期顺利地举行。

由于各项工作精心布置、安排周密，张伟得到了老板以及部门员工的赞赏。而他也正是因为在这次临危受命中的不俗表现被正式任命为部门经理。

临危受命的确面临着很大的挑战，危急情况不仅充分考验着你的业务能力，还有对团队的组织管理、沟通协调能力。之前上任的林凤，空有不错的创意，最终还是因为没有驾驭好仿佛一盘散沙的团队被免去了职务。而张伟则不同，他从全局出发，在对自己的团队有清醒分析的基础上，有针对性地采取措施化解矛盾，顺利地使自己得到了晋升。他善于借助老板、集体的力量，在取得老板的支持的前提下，集中大家的智慧作出的方案，自然在实施的过程中就减少了大家的质疑和责难。

两者相比较，林凤与张伟的项目策划水平不相上下，林凤就输在缺乏化解危机的能力，不能采取有效的措施把大家的力量集中到一点上来。她在尚不知如何协调复杂的人际关系的情况下，就着手项目的策划、实施，效果自然不佳。

社会分工越来越细，横跨多个领域的高手毕竟只是少数。为自己设定一个目标，这个目标就是努力提升你的专业能力。这个专业能力不只是专业技能，还包括决策能力、组织能力、交际能力等。

临危受命，信心、勇气是必不可少的。但是也要明白，只有信心、勇气还是不够的，专业能力的提升也至关重要。要充分、周密地对工作进行通盘的规划，取得同事的支持，认真把关每个环节的实施，才能让自己摆脱困境、游刃有余。

培养高效处理信息的能力

在信息社会里，随着传播渠道的发达，信息传递的速度大大提高。谁能以最快的反应把握商机，谁就能立于不败之地。

信息的快速传递缩短了空间距离，把世界各地的市场信息紧紧地联系在一起。信息就是机会，就是财富。但是，信息所提供的机会稍纵即逝，谁能快速掌握，谁就能把握市场，获得财富。对此，美籍华裔企业家王安博士提出了有名的“王安论断”，他认为要在瞬息万变的时代大潮中力争上游，就要在速度上做文章，唯有速度提高了，效率才能得到提升。

1983年，时任中国光大实业公司董事长的王光英看到工作人员为他准备的一份报告。他从报告中得知，智利一家倒闭的铜矿由于急于还债，需要处理一批二手矿车。这批矿车都是倒闭前不久矿主为加快工程进度采购的，几乎没怎么用过，而且均为名牌车，有1500辆。

王光英认为机会来了。他火速派人与矿山老板取得了联系，表示愿意买车。与此同时，一个负责购车的专家与工作人员派遣组火速成立。临行前，王光英告诉他们，要有勇气，要相信自己的判断力，不要事事请示，只要他们认为可以，就果敢拍板成交。

这位矿主虽说已破产，可他对即将出手的1500辆车保护得很好。这些卡车载重7吨到30吨不等，矿主包租了一个体育场，将这些车整整齐齐地摆放着，而且让工人将所有的车都细心地涂抹了防锈油。专家组人员看到这些车时，不禁齐声赞叹。他们一丝不苟地验车，各项指标确实令人满意，派遣组人员马上开始与矿主讨价还价。矿主由于还债心切，双方很快以原价八折的价格成交了。协议刚达成，一位美国商人就来到了铜矿。

王光英的这次果敢决策，为国家净赚了2500万美元。

试想，要是王光英面对信息犹豫不决，瞻前顾后，那批车肯定就被那位美国商人捷足先登了，2500万美元也会进了别人的腰包。

可见，快速地对信息作出反应，高效地利用信息，才能为企业赢得先机。

信息对于企业来说，有着至关重要的作用。这就要求企业员工时刻保持对信息的敏感，并具备高效搜集、消化信息的能力。

凡是忽视信息的企业，终将被日新月异的信息变化所抛弃；相反，能够高效地利用信息，就能为企业创造良好的机遇。

积极学习才能有更大的发展

学习是一个人对自己进行的最重要的投资。一个好的文凭也许能帮助你找一份工作，但它只代表你过去的成绩，并不代表你将来在工作中取得的成就。所以，工作其实只是新的学习的开始。也许在短时间内，你并不能体会到学习的益处，但时间的威力是巨大的，能在工作后学习，并坚持下来的人，要比那些毫无目标的人过得充实得多，进步也快。由此可见，不断地学习才能不断地成长。

在小薇的职场生涯中，可以说学习一直是主旋律。特别是升任行政人事主管以后，小薇先是跟着自己原先的上司学做招聘，别的领导来了兴致也会教她两招。她总是心悦诚服，一边点头，一面还做笔记。很多领导看到小薇的表现，也很高兴。后来，小薇还专门报了班，专门针对人员招聘进行系统学习，进步神速。

正是小薇的这种学习精神，让她在单位内的地位越来越稳。

不断学习与充实自己，让自己拥有别人不可替代或超越的能力，才能在职场上立于不败之地，这就是所谓的“铁饭碗”——到哪里都能有饭吃。而终身学习的精神，也是现代企业在用人时非常看重的一点。

你必须持续不断地自我成长，让自己变得更优秀，否则根本不可能在专业领域保持领先地位。殊不知，在职场上，如果你的发展跟不上职业的发展，那么你就会成为公司可有可无的人。因此，作为一名员工，如果你想避免被淘汰的命运，让自己有更好的发展，就要努力提升自己的专业技能，使自己成为那个不可或缺的人。

正如李开复所说："山外有山，天外有天。在21世纪，竞争已经没有疆界，你应该放开思想，站在一个更高的起点，给自己设定一个更具挑战性的目标，才会有准确的努力方向和广阔的前景，切不可做'井底之蛙'。"

学习如逆水行舟，不进则退。只有虚心学习，不断地充实自己，才能够精益求精，不断进步。对每一个职场人士来说，任何工作都是需要学习才可以改进或者创新的。

对优秀者抱一颗学习的心

自然界有这样一种现象：当一株植物单独生长时，就会显得很矮小单薄，而与众多同类植物一起生长时，则会根深叶茂。人们把这种互相影响、互相促进的现象，称为"共生效应"。在自然界中，共生效应的例子比比皆是。在丛林中，很多藤萝植物是靠依附在参天大树上享受阳光的；海鸥喜欢尾随军舰，因为后者的排水可以使海里的小生物浮上水面，成为它们的食物；鲨鱼的身边总是游弋着几条灵巧的小鱼，它们靠拣拾鲨鱼猎食的残余为生……

在职场上，"共生效应"的例子也是非常普遍的。人在职场，我们面对的不是你死我活的竞争，而是并肩作战的同事。与其与别人钩心斗角，不如学学如何更好地合作起来。我们不妨换个角度看问题，换个思维看同事，对同事变挑剔为欣赏。向优秀的同事学习，将同事的智慧为己所用。这样，我们才能更优秀、更强大；工作起来，才会更顺利。

身在职场，我们一定要低调做人，积极向身边的人学习，尤其是比自己优秀的人，吸取他人好的方面，并把它转化为自己的长处，不断完善自己，才会更加优秀。

张杰已经郁闷很多天了，原来是老板交代的新策划让他冥思苦想了整整一周。虽然在进入公司之前张杰对老板的严格已有耳闻，但一次次地返工，一遍遍地承受老板失望的眼神，张杰觉得自己快要崩溃了。他甚至好几次都做好了辞职的准备。这天一上班，面对又一次返工的策划案，张杰沮丧到了极点，他呆坐在办公桌前，不知道如何是好。

"嗨！"有人拍拍他的肩膀友好地打招呼，"你脸色好像不大好啊！遇到什么事了吗？"

张杰抬起头，看到一张灿烂的笑脸，是同事徐宁。张杰忍不住把自己的困境告诉了徐宁。徐宁微笑着告诉他，其实事情没有那么难，关键是他还没有了解老板的风格，如果策划案能够更贴近老板的心理，就不必大费周折了。徐宁指着左前方的一个背影说："丁健是咱们公司的策划高手，他对老板的要求很了解，你可以向他请教。当然他不会替你完成这个策划，不过他肯定能给你提供宝贵的建议。”

于是，张杰谦虚地向丁健请教，丁健也很中肯地提出了一些修改意见，并告诉他一个窍门：“因为老板自己就是策划出身，每次沟通时不妨征求他的建议，仔细聆听，你会学到很多东西，很快就会成长起来的。”

果然，按照丁健的建议修改的策划案顺利通过了老板的审核。以后每次和老板沟通，张杰都受益匪浅，而且他也发现自己身边的同事个个“身怀绝技”，自己遇到困难时总能从他们那里得到中肯的建议。

在职场中很多时候就是这样的，当我们无力去完成一件事时，不妨向身边可以信任的人求助。也许对我们来说费力不讨好的事情，对他们来说，可能不费吹灰之力就能轻松搞定。每个人的优势和长处都不同，与其自己苦苦追寻而不得，不如将视线转移，求助那些有能力解决问题的人，借人之力，成己之事。

如果我们在工作中也能够多带一些“空杯”上路，让善意的同事为我们倒满，我们又何尝不是谦逊的君子呢？

平时与我们一起奋斗的同事，就是我们的老师。他们的挫折教训值得我们借鉴与学习，他们的经验与长处同样是我们应该学习的。但并不是所有的人都懂得“谦虚使人进步，骄傲使人落后”这个道理。有的员工自恃学历高或在某一方面是专家就目中无人，甚至不把老板放在眼里，仿佛整个公司的运作全靠他一个人在支撑。

事实上，没有一个人能够有骄傲的资本。任何一门学问都是无穷无尽的海洋，都是无边无际的天空……所以，谁也不能够认为自己已经达到了最高境界而停步不前，趾高气扬。如果是那样的话，必将很快被同行赶上，很快被人超过。

所谓孤掌难鸣，独木不成林，我们在工作中，有时对自己来说是天大的难事，对别人而言不过只要动动手指头。如果没有他人的帮助，境况可能会很糟糕，尤其在自己有所欠缺的那方面，因此更要巧借他人的力量和才智。我们要了解并发现周围有才能并能为我所用的人，这样就等于找到了成功的支点。

正如奥地利著名作家斯蒂芬·茨威格说的：“一个人的力量是很难应对生活中无边的苦难的。所以，自己需要别人帮助，自己也要帮助别人。”

聪明的人善于从别人身上汲取智慧的营养，从别人那里借用智慧，比从别人那里借钱更为划算——借钱是要还的，借用的智慧则会成为自己的无形资产，为自己创造更多财富。

这个世界上没有完美的人，巧妙地借助他人的力量为我所用，会有事半功倍的效果，职场之路也会越来越宽阔。

第八章 拔除身上的“刺”，执行起来更痛快

好高骛远会在职场上一事无成

好高骛远的人，既脱离现实，又脱离自身，总是这也看不惯，那也看不惯；以为周围的一切都与他为难，或者不屑于周围的一切，不能正视自身，没有自知之明。他们不掂量自己有多大的本事，有多少能耐，也不知道自己有什么缺陷，并且常以己之所长去比人之所短。他们不知道，成功不但要有理想，还要脚踏实地地去做事。一个人如果眼高手低，不从实际出发，只懂得沉浸在宏伟的梦想里，那是很难有未来可言的。

张颀毕业于某大学外语系，她一心想进入大型的外资企业，最后却不得不到一家成立不到半年的小公司里栖身。心高气傲的张颀根本没有把这家小公司放在眼里，她想利用试用期骑驴找马。

在张颀看来，这里的一切都不顺眼：不修边幅的老板，不完善的管理制度，土里土气的同事……自己梦想中的工作可完全不是这么回事啊。

张颀天天抱怨老板和同事，双眉不展，牢骚不停，而实际的工作却常常是能拖则拖，能躲就躲，因为这些芝麻绿豆般的小事根本就不在她的思考范围之内，她梦想中的工作应该是一言定千金的那种。可梦想为什么那么遥远呢？

试用期很快过去了，老板认真地对她说："我们认为，你确实是个人才，但你似乎并不喜欢在我们这种小公司里工作，因此，对手边的工作敷衍了事。既然如此，我们也没有理由挽留你。对不起，请另谋高就吧！"

被辞退的张颀这才清醒过来，当初自己应聘到这家公司也是费了不少力气的，而且，眼前的就业形势，再找一份像这样的工作也很困难啊。初次工作就以翻船而告终，这让张颀万分失望与后悔，可一切都已晚矣！

在最初交往时，人们可能会被那些好高骛远者表面的雄心壮志所迷惑，别人也会认为他们是难得的栋梁之材。而事实上，他们眼高手低，大部分时间都沉浸在自己宏伟的梦想中，长此以往，他们不能也不会做出什么成就。除非他们幡然醒悟、奋起直追，否则，等待他们的往往是慢慢沉沦，或者跳到其他的公司去继续发牢骚。即使这样，同样的悲剧也很可能再次上演。

有一个年轻人，他毕业于名牌大学，能言善辩、才华横溢。在某公司的招聘专场上，他给公司老总留下了极深刻的印象。当时他应聘的职位是销售总监，见多识广的老总也被他的雄心壮志吓了一跳：一个初出茅庐的年轻人居然敢应聘这么高的职位，是真有过人之才还是太狂妄？在接下来的45分钟里，年轻人口若悬河地讲述了自己对工作的构想，听得老总直点头。最后老总录用了他，让他先到销售部担任助理的工作，先从基层锻炼一下，然后再慢慢提升，其实这也是对他的一个试探。

可惜年轻人未能体会老总的良苦用心。他觉得自己当助理简直就是大材小用，决策型的人才被白白浪费了。因此，对分给他的“小事”他根本就不曾用心去做，实用的知识、技能也不看在眼里。这样浪费了五个月的时间后，老总给了他一次表现的机会，让他全权组织一个促销活动。他觉得这只是小菜一碟，马上就开始组织。没想到看花容易绣花难，他不知道怎样培训促销员，不知道怎样和商场沟通，不知道怎样布置会场……一个星期后，看着他交上来的惨淡的“成绩单”，老总叹了口气：“我以为找到了良将韩信，没想到他其实是只会纸上谈兵的赵括。”很快，年轻人就被公司辞退了。

好高骛远对人有百害而无一利，它会让人变得浮躁，变成一个空想家。在任何一个组织里，要想杰出，就必须要脚踏实地。只有这样，我们才能把注意力集中在现在需要做的事情上，同时也与梦想保持密切联系，使我们的每一次行动都是向心中的目标前进。当集中精力处理当前事务的时候，我们就已经开始成长了。

实现梦想的第一步，就是把当前的工作尽力做好，然后再满怀信心地去做下一个。这样一来，不但你的心中会时时充满对工作的热爱，你也一定能在工作中体会到无穷的乐趣，逐渐取得越来越大的成就。当你的能力逐渐超过现在职位需要的时候，你就可以充满自信地向更高的职位前进了。

可见，与其天天做白日梦或者失意地怨天尤人，不如集中精力扎扎实实地努力工作。只有这样，才能更快更好地让你的梦想变成现实。到那时，周围的人一定会对你刮目相看，你也将会实现自己的梦想和价值。

太把自己当回事，终究会孤立自己

在人际交往中，那些谦让而豁达的人总能赢得更多的朋友；相反，那些孤芳自赏的人总会引起别人的反感，最终在人际交往中走到孤立无援的地步。

一个人太把自己当回事，就容易挑三拣四、忘乎所以、刚愎自用，并且在与人相处时会吹毛求疵。这样的人，即便本领再高强，也不会受人尊敬、被人重用。

安德森是个非常优秀的青年，头脑一向很聪明，在大学期间，他是令人羡慕的学习尖子。或许正是因为他太优秀了，所以其他人在他眼里简直不值一提。

他是一个特立独行的人，时时觉得自己是鹤立鸡群的。不仅周围的同学他看不上眼，连一些教授他也不放在心上，因为他们讲的课程对安德森来说实在太简单了。

学业上的优秀使安德森逐渐形成了一种优越感，因而在人际交往上常常变得极为挑剔，容不得别人有一点毛病。一次，有位同学向他借了一本书，书还回来时弄破了一点，虽然那位同学一再向他表示歉意，但安德森仍然无法原谅他。尽管碍于面子，他当时什么话也没说，然而从那以后，他再也不愿理睬那个借书的同学了。

渐渐地，安德森成了其他同学眼中的怪人，大家不敢再和他交往，甚至不愿意和他交往。

当然，这种集体排斥并没有阻碍安德森在学业上的成功。他的功课门门都很优秀，年年都获得奖学金，还曾代表学校参加国际性竞赛并获得奖项。许多老师和学生都一致认为，他是一个难得的天才。

数年寒窗苦读后，安德森以优异的成绩毕业，顺利进入一家待遇优厚的大公司。他心中对未来充满了憧憬，准备干出一番轰轰烈烈的事业来。

不过，上班后的生活远远不像在学校里那样简单，每天都少不了和上司、同事、客户等各种各样的人打交道，安德森对此感到十分厌烦。原因在于，他在与人交往时仍然抱着那种挑剔的心理，一旦与人接触就对他人的弱点非常敏感。

他总觉得没有人能够和自己相提并论。他对别人的挑剔越来越严重，逐渐发展成对他人的厌恶。他讨厌那些平庸的同事、低能的上司，有时甚至说不清对方有什么具体的缺陷，但他就是感觉不对劲。

长此以往，安德森与周围人的关系搞得很紧张，彼此都感到很别扭。他经常与同事闹得不可开交，也往往因一些微不足道的小事与上司发生龃龉。

最终安德森变成了一个无人理睬的闲人。尽管他确实很有才干，但上司却不愿再派给他任何任务，同事们也像躲避瘟疫一样远离他。在走投无路之际，他被迫写了一份辞职书，结果马上得到批准。

随后，安德森又到别处应聘，可是一连换了四五家单位，竟然没有一处能令他满意。这位原本前途远大的青年，心情也变得越来越苦闷。在巨大的痛苦煎熬下，他的精神逐渐崩溃，最后他被送入了一家精神病医院。

从安德森的经历可知，一个太拿自己当回事的人，即使不在言谈之中将这种态度表露出来，其身上那种孤芳自赏的气质也是足以令许多人讨厌、不悦的。

过分以自我为中心的人，想问题和做事情都从“我”出发，片面强调自我需求，追求狭隘的自我实现，不能设身处地地站在别人的立场上考虑问题。这种人往往有好处就上，有困难就让，有错误就推，有功劳就抢，总认为自己永远正确；在与人交往中自私自利、患得患失，不懂得关心和尊重别人，有时甚至会伤害别人；还可能表现为对人冷漠。这种心态和行为会严重阻碍与别人的顺畅交往，不可能赢得他人的好感和信任。

因此，别太自命不凡，应该放平自己的心态，脚踏实地地走好每一步。

聪明过头并非明智之举

难道公司不希望得到聪明的员工，借以改进自己的工作方式？是的，准确地说，这样的公司尚未诞生。

张阳明怀着激动的心情开始他的工作生涯，他急于向老板展示自己对此行业以及所负责项目的了解。他是因为对此行业具有丰富经验才受到公司聘用的，并且这一领域对于公司而言尚很陌生。公司上司看上去对张阳明十分满意，在其入职的第一天便向他咨询问题，随即又告诉他，倘若有任何建议，不要犹豫，尽可大胆提出。

由于急于表现自己的能力，张阳明严重误解了上司的意思。他发现该部门在组织方式、任务分配以及项目执行上均存在诸多问题，自认为公司必然希望他能够将问题提出。为了引起公司注意，他开始频繁地公开提出自身建议，急于获得老板的好感。不幸的是，他所面对的是一位极力使一切按部就班的上司，他当然不会对张阳明的建议产生兴趣。

张阳明感到非常惊奇，因为上司不再重用他。令他更为诧异的是，上司非但没有采纳他的建议，反而将他调往另一部门。张阳明并不喜欢新的部门，在那里，他一点技术基础都没有。处于陌生领域，张阳明感到毫无希望可言，而他的工作表现也极为糟糕。一年之中一切完全变了模样，他初来时所期待的荣耀与机遇并未如期而至。

急于最大化地表现自己的知识和阅历，毫不吝啬地与同事分享自己的观点；在会议上大提建议，纠正老板的错误；为公司面临的问题提供各类解决方法，等等。殊不知，这些行为在未获得授权时，无论出发点何其良好，只会令上司感觉到威胁，无论你多么聪明、多么有才华都于事无补。所以在准备表现自己的聪明才智时，不要认为自己比上司更胜一筹。即便确实能够做得更好，也要通过合适的方式表现。倘若自己做不到这一点，那么就应该放弃表现机会。要知道，公司只会鼓励那些利用自身聪明才智支持上司的员工。

表现自身聪明才智的合适方法：

1. 只有在被问到时才提出建议

永远不要自告奋勇，不要提任何问题并指明不适之处，只提出积极的解决方法。

2. 如果老板要求你闭嘴，那就忘记刚刚说过的一切

倘若你成为了老板，你也可能会随意而为。只要你依然是员工，你就必须按照他的命令行事。

3. 对上司此前的努力给予充分尊重与欣赏

就处事方法而言，每个人都会有不同见解。因此公司必须安排一个人负责最后决策，他就是你的老板。所以他们一旦开始工作，你便必须尊重并支持其一切行动。除非老板向你征求建议，或者要求你帮助他们开展或改进工作。

4. 如果你准备提出某事的整改建议，确定上司能够给予你足够的信赖

你所提出的任何建议均应自“有利于团队整体发展”的角度出发，而并非个人荣耀。你的上司清楚下一阶段该怎样去做，该怎样去补偿你——一个更好的职位在等待你呢。

表现自身聪明才智并不是为了使自己冒尖或者引人注目，而是为了赢得上司的支持。一旦成功证明自己值得信赖，并且是团队中不可或缺的一员，他们便会恳请你提出建议。这时你的上司将会为倾听你的良策做好一切准备，并全力对其加以支持。

不要放不下自己的面子

人们常说："人活一张脸，树活一层皮。"面子的地位之重可见一斑。然而若因此就固执地以面子为重，抱着死要面子的人生态度却不是件好事。

希望得到他人的认可是一种无可厚非的心理，然而，人们在获得了一定的认可后总是希望获得更多的认可，最终掉进为寻求他人认可而活得爱慕虚荣的牢笼里面，得不偿失。

有一个博士被分配到一家研究所，他是那里学历最高的一个人。

有一天他到单位后面的小池塘去钓鱼，正好正、副所长在他的一左一右，也在钓鱼。他只是微微点了点头——这两个本科生，有啥好聊的呢？

不一会儿，正所长放下钓竿，伸伸懒腰，蹭蹭蹭从水面上走到对面上厕所。博士眼睛睁得都快掉下来了。水上漂？不会吧？这可是一个池塘啊。正所长上完厕所回来的时候，同样也是蹭蹭蹭地从水上漂回来了。怎么回事？博士生又不好去问，自己可是博士生哪！

过了一阵，副所长也站起来，走几步，蹭蹭蹭地走过水面上厕所。这下子博士更是诧异：不会吧，到了一个江湖高手集中的地方？博士生也内急了。这个池塘两边有围墙，要到对面非得绕十分钟的路，而回单位上又太远，怎么办？博士生也不愿意问两位所长，憋了半天后，也起身往水里跨：我就不信本科生能过的水面，我博士生不能过。只听咚的一声，博士生栽到了水里。

两位所长将他拉了出来，问他为什么要下水，他问：“为什么你们可以走过去呢？”两位所长相视一笑：“这池塘里有两排木桩子，由于这两天下雨涨水正好在水面下。我们都知道这木桩的位置，所以可以踩着桩子过去。你怎么不问一声呢？”

过分在意面子，终有一天会吃到苦头。一个人过于爱面子，难免会流于迂腐。

因此，无论是人际方面还是在事业上，都不要因为小小的面子，为自己带来麻烦和隐患。其实“面子观”是一种死守面子、唯面子为尊的价值观念和行事思想。“面子观”对我们行事做人有很大的束缚。因此，在不利的环境下我们要勇于说“不”，千万别过分在意面子，使自己陷入“面子观”的怪圈之中。

事实上，没必要为了面子而固执地使自己显得处处比别人强，仿佛自己什么都能做到。每个人都有缺陷，不要企图每一方面都在人上。聪明的人，敢于承认某方面不如人，也敢于对自己不会做的事说“不”。这不是软弱，而是智慧。

抱怨让你一无所有

在职场中，经常有一类爱抱怨的人，工作常常出错，上司不喜欢他，同事也觉得他没出息。这样，他越来越孤独，越来越被排挤，越来越远离快乐和成功。

张莹的抱怨往往从一大早就开始了。一天的工作才刚开始没多久，就听到张莹在一旁“烦死了，烦死了”地抱怨。一位同事皱了皱眉头：“本来心情好好的，被你一吵也烦了。”张莹现在是公司的行政助理，事务繁杂，是有些烦，可谁叫她是公司的管家呢，事无巨细，不找她找谁。

其实，张莹性格开朗，工作认真，虽说牢骚满腹，该做的事情，一点也不曾拖延，设备维护、办公用品购买、交通信费、买机票……张莹整天忙得晕头转向，恨不得长出八只手来。

张莹刚替公司交完电话费，财务部的小李来领胶水，张莹不高兴地说：“昨天不是来过吗？怎么就你事情多，今儿这个、明儿那个的？”抽屉开得噼里啪啦，翻出一个胶棒，往桌子上一扔，说：“以后东西一起领！”小李有些尴尬，又不好说什么。

这时，销售部的王娜风风火火地冲进来，原来复印机卡纸了。张莹不耐烦地挥了挥手说：“知道了。烦死了！和你说一百遍了，先填保修单。”张莹单子一甩，接着说：“填一下，我去看看。”张莹边往外走边嘟囔：“综合部的人都死光了，什么事情都来找我！”对桌综合部的小李气坏了：“这叫什么话啊？我招你惹你了？”

虽然张莹尽心尽职地把自己的工作做好了，可是那些“讨厌”“烦死了”“不是说过了吗”实在是让人不舒服。特别是同办公室的人，张莹一叫，他们头都大了。

年末的时候，公司评选先进工作者，大家暗地里都希望自己能榜上有名。奖金倒是小事，谁不希望自己的工作得到肯定呢？领导们认为先进非张莹莫属，可一看投票结果，50多份选票，张莹只得了12票。

张莹十分委屈，觉得自己累死累活的，却没有人体谅。殊不知，不是大家不体谅她，而是她从不间断地抱怨把自己的“先进”逼走了。

我们应该让自己远离抱怨，因为抱怨会使自己的情绪恶化，看什么都不顺眼，陷入一种自己制造出来的消极情境之中，最终与成功无缘，就如例子里的张莹一样。而且经常抱怨也会变成一种习惯，遇到压力或不如意之事，便先抱怨一番，这是最可怕的事。

如何拔掉抱怨的“刺”，让大家愿意靠近你呢？下面的行动计划或许可以帮到你。

行动1

写出发生在你身上的五件事，写下你的抱怨。

对照自己写的内容，看看你的抱怨是否可以帮你解决问题。显而易见，抱怨不但不能解决任何事情，反而会阻碍成功。

行动 2

找出一直困扰你的一件事，你要像看电影一样回忆其中每一个细节，然后通过想象把这段过程转化为滑稽的形式。

你找一把高高的椅子坐在上面，然后气定神闲地进行这一过程。如果有个人对你说了什么坏话，你就像录像带倒带一样，在想象中让那个人说话的速度变快很多，如果不过瘾，你还可以给那个人安上米老鼠的鼻子和唐老鸭的耳朵，再配上一些古怪的音乐。这样来来回回十遍，再看这个困扰你的过程，你会发现这一切都变得非常滑稽，同时也失去了抱怨的意义。

行动 3

找一个值得信赖的真挚友人作为倾诉的伙伴，把所有的抱怨、牢骚、不满都发泄出来。

行动 4

在一张纸上尽快地写下你所有的感觉，把你的每一个意见、思想和感觉尽情发泄在纸上。当你全部发泄完之后，把纸撕掉，最好撕得粉碎，换一张再写出来，再撕掉，直到你感觉不到激烈的情绪为止。

当你克服了抱怨的弱点后，你会发觉自己的内心充满阳光，形象越来越好，成功也就不远了。

职场是门技术活·管理要谋略

WIN in the Workplace

阳光 编著

管理要谋略

职场是门技术活

民主与建设出版社
·北京·

图书在版编目（CIP）数据

职场是门技术活 . 3, 管理要谋略 / 阳光编著 . --
北京 : 民主与建设出版社 , 2023.3
ISBN 978-7-5139-4199-0

Ⅰ . ①职… Ⅱ . ①阳… Ⅲ . ①成功心理－通俗读物
Ⅳ . ① B848.4-49

中国国家版本馆 CIP 数据核字（2023）第 087816 号

职场是门技术活 · 管理要谋略
ZHICHANG SHI MEN JISHU HUO GUANLI YAO MOULÜE

编　　著　阳　光
责任编辑　郝　平
封面设计　书心瞬意
出版发行　民主与建设出版社有限责任公司
电　　话　（010）59417747　59419778
社　　址　北京市海淀区西三环中路 10 号望海楼 E 座 7 层
邮　　编　100142
印　　刷　唐山楠萍印务有限公司
版　　次　2023 年 3 月第 1 版
印　　次　2023 年 6 月第 1 次印刷
开　　本　880 毫米 ×1230 毫米　1/32
印　　张　4
字　　数　60 千字
书　　号　ISBN 978-7-5139-4199-0
定　　价　198.00 元（全 5 册）

注：如有印、装质量问题，请与出版社联系。

目录

CONTENTS

第一章
战略管理：没有战略是很可怕的

战略性错误不能犯

对于企业来说，制定完善的战略极为重要。战略的重要性要远远高于解决聘用问题、设计控制系统、确定上下级关系或确定创始人的角色等事项。发展战略明确的公司能够经受组织的混乱和领导的无方所带来的考验，而再完善的控制系统和组织结构也无法弥补战略上的缺陷。

中国著名营销专家何学林指出："战略性错误是不能犯的，一个战略性错误可能导致整个企业全军覆没，整个人生一败涂地，而且永无东山再起之日。"

日本曾经是全球领先的游戏产业大国，但曾独领风骚、出品了无数款风靡全球的游戏的日本游戏业，在网络游戏时代来临时却故步自封，坚守在以掌机、家用机为主的电子游戏市场。韩国则抓住机遇，在网游市场中独树一帜，不仅独霸本国市场，还在亚洲各国不断拓展市场。

中国网络游戏厂商们也凭借着多年来艰苦卓绝的努力获得了立足之地。在人才储备、游戏策划及程序开发等方面有着强大实力的日本游戏厂商则逐渐落伍，虽然后来为进军网络游戏作出过诸多的努力，无奈最后皆以失败告终。

所有企业制定战略时都不能草率，都要对所处历史时期的经济规律有相当把握，对宏观环境和行业动态有透彻理解，对竞争对手和自身竞争能力有深入了解。

爱尔兰自20世纪90年代中期以来，国民经济持续高速增长。目前，爱尔兰已经成为世界上最大的软件出口国之一，在欧洲大陆出售的软件产品中，有60%产自爱尔兰。从昔日的“欧洲农村”一跃成为“欧洲软件之都”，这主要得益于爱尔兰从20世纪70年代起实施的“科教兴国”战略。

企业发展战略的最大使命就是保持企业行驶在正确的航道上。如果一个企业的发展战略出现了致命失误，那可能会南辕北辙，即便拥有具备强大执行力的组织队伍，也终将一无所获。检验企业发展战略是否出现偏颇的标准有以下几个方面：

1. 战略与企业的长期目标是否一致

2. 战略与企业的竞争优势是否一致

3. 战略是否真正体现了企业的市场定位

4. 战略是否被更具体的子目标所分解

一般而言，企业发展战略会与企业的长期目标一致，能够发挥出企业的竞争优势，为企业确定出最容易获得利润的目标市场，并且被分解成阶段性目标和众多子目标。

成功的战略是务实的

成功的管理者往往会深入地对市场进行观察，并认真分析消费者的需求、期望，以决定研发什么样的创新产品来满足市场。

2004年，巨人集团史玉柱投资网络游戏，开发《征途》。他把玩家的需求放在第一位，曾与2000个玩家聊天，每人至少2小时，总共用了4000多个小时。在4000多个小时的聊天过程中，他摸清了玩家的心理特点和需求，然后根据玩家的需要进行游戏的设计和创新。史玉柱将消费者当作是最好的老师，消费者给予了其丰厚的回报。那时，游戏《征途》成为中国同时在线人数最多的游戏。

史玉柱的成功说明了一个道理：只有实地考察市场才能最直观地感受到消费者的需求，也最容易给管理者提供创新的灵感，使他们利用创新成果获得成功。

20世纪50年代初期，美国的劳拉·阿什雷创立了劳拉·阿什雷公司。该公司主要生产女性装饰用品，其新颖的产品唤起了美国女性的浪漫情怀，产品很受欢迎。尤其是在20世纪70年代人们普遍怀旧的情结下，公司通过其怀旧产品的推出，很快由一家小作坊发展到一个拥有50家专卖店的大公司，劳拉·阿什雷也成为国际知名品牌。

劳拉·阿什雷去世以后，她的丈夫伯纳德仍沿着劳拉所设立的经营方向，按照原来的经营模式、框架甚至制度规范继续发展该公司。然而，随着时代的发展，越来越多的女性开始走出家庭谋求工作，市场逐步倾向于职业饰物，女性装饰行业发生了巨大的改变。伴随着关税壁垒的逐步瓦解，精品店大多将生产基地设到海外以削减成本，或者将生产全部外包。但劳拉·阿什雷公司却仍然沿着过去曾为其带来成功的老路，生产着式样陈旧的老式饰物，并且付出昂贵的成本，由此，公司的竞争力也日渐衰退。

20世纪80年代末期，一家管理咨询机构明确指出了该公司所面临的挑战，并提出了相应的应对措施。在认识到需要适应变化而采取措施后，劳拉·阿什雷公司的董事会物色了好几位总经理，并且要求他们中的每一位都必须提出对公司进行改组和改造的方案，以提高销售和降低成本。公司实施了许多改革方案，但都没能改变公司的战略方向。

市场是最好的老师。优秀的管理者在制定战略时，一定不是从公司的需求出发，而是从顾客的需求出发。根据市场需要而制定的战略一定是务实的战略。

战略的重要任务之一就是要帮助企业找出优势和劣势，以及如何扬长避短。成功的战略模式是务实的。务实的含义就是把战略的制定建立在对市场需求的准确理解和判断上。成功地制定和实施企业战略是企业管理最可靠的保证。随着市场经济的深入发展，企业战略的管理也越来越呈现出动态化、系统化的特征，越来越急迫地要求人们用更新更有效的方法来进一步审视企业战略的制定、执行、评价与控制的全过程。而这个有效的方法就是用市场需求来评估。

好战略应有未来意识

德鲁克说："决策是使大量分歧的时间幅度同步化为现在的一台时间机器。"我们只是在现在才了解这一点。我们在做决策时不能只是为了目前。最权宜、最机会主义的决策——且不说那种根本不做决定的决策——如果不说是永久地和无可挽回地承担责任，也会使我们在今后一个长时期内承担责任。

苹果电脑公司诞生在一个旧车库里，它的创始人之一是乔布斯。苹果的成功，在于公司把电脑定位为个人电脑，普通人也可以操作。这具有划时代的意义，因为在此之前，电脑是普通人无缘摆弄的庞然大物，它不仅需要高深的专业知识，还得花上一大笔钱才能买到手。

因此，乔布斯很快推出了供个人使用的电脑，这引起了电脑爱好者的广泛关注。更为重要的是，苹果公司还开发出了麦金塔软件，这也是软件业一个划时代的、革命性的突破，开创了在屏幕上以图案和符号呈现操作系统的先河，大大方便了电脑操作，使非专业人员也可以利用电脑工作。苹果公司靠这一系列的开发推广，使其在诞生不久就一鸣惊人，其市场占有率曾经一度超过 IBM。

进入 20 世纪 90 年代，网络经济迅速发展，而苹果公司却慢了下来。它未能抓住网络化这一契机，市场占有率急剧下降，财务状况日趋恶化，一度连续两年亏损，数额高达数亿美元。苹果公司想出了各种办法，都没有产生太大的效果。

就在苹果公司上下一筹莫展之际，IT 界传出一个震惊的消息，微软总裁比尔·盖茨宣布，他将向自己的竞争对手——陷入困境的苹果公司投入 1.5 亿美元的资金！此语一出，IT 界为之哗然。比尔·盖茨大发慈悲了吗？作为当时的世界首富，比尔·盖茨在世界各地捐资，但这一回，他却不是捐资，更不是行善，他向苹果注入资金是出于商业目的。

有句话说“瘦死的骆驼比马大”。他知道，苹果曾经辉煌一时，尽管元气大伤，但它的实力仍然非常雄厚。在这个时候，很多电脑公司，包括微软的一些竞争对手如 IBM、网景等，都利用苹果此时的窘境，提出与苹果合作，来达到和微软竞争的目的。显然，如果微软不与苹果合作，对手的力量就会更强大。

另外，美国《反垄断法》中有规定，如果某个企业的市场占有率超过规定标准，市场又无对应的制衡商品，那么这个企业就应当接受垄断调查。如果苹果公司垮了，微软公司推出的操作系统软件市场占有率就会达到92%，必然会面临垄断调查，仅仅是诉讼费就将超过从苹果公司让出的市场中赚取的利润。

而如果和苹果合作，则可以把苹果拉到自己一边，苹果和微软的操作软件，基本上占领了整个计算机市场，微软和苹果的软件标准事实上就成了行业标准，其他竞争对手也就只能跟着走。当然，微软实力比苹果强大，微软不会在合作中受制于苹果。

如果比尔·盖茨只看到对手苹果公司衰落对于微软的近期利益，而没有看到苹果的倒闭在未来对微软的一系列可怕影响，那微软公司必然遭受“城门失火，殃及池鱼”的灾难。对于未来危机视若无睹是一个企业衰败的前兆，很多颇富远见的管理者都非常重视这一点。

美国百事可乐公司是国际著名的大企业，但就在公司发展如日中天的时候，总经理韦瑟鲁普却开始担心汽水市场将会走下坡路，同业之间的竞争也会变得更加激烈。如何激发员工的工作积极性，并使他们相信，如果他们不拆散这部金钱机器，再重新把它组装起来，公司就有可能走向衰亡呢？于是，韦瑟鲁普制造了一场危机。

韦瑟鲁普和销售部经理重新设计了工作方法，重新规定了工作任务，要求年销售增长率必须达到15%，否则企业就会失败，百事可乐公司也将不复存在。这一说法可能有些危言耸听，但也在一定程度上反映了市场竞争的激烈程度及由此可能会产生的后果。最终，韦瑟鲁普完成了他在公司生涯中一次最艰巨的任务，即被他称为“末日管理”的战略。

百事可乐公司的“末日管理”法，充分运用了各类资产，使公司的现有设备等得到了最大限度的利用；减少了资金的占用，使得资产的循环周转顺畅起来；一些日常管理的节奏也快起来。公司的经济效益不断提高，事业更是蒸蒸日上。

末日管理就是企业从决策层到生产第一线都在强烈的危机感下运行，就是让人有末日来临之感。这着眼于未来的超前忧患意识，在当今市场条件下尤为可贵。我们从众多的企业盛极而衰的变迁中可以看出，企业最好的时候，可能就是走下坡路的开始；产品最畅销的时候，往往也是滞销的开端。许多企业在顺境中，神气十足，盲目乐观，被眼前的繁荣冲昏了头脑，认为企业这样好的日子，有什么可怕的，所以不愿去开发新产品，不去开拓市场，依赖自己的那点优势和长处坐吃山空。久而久之，优势没了，市场也随之消失，企业惨遭失败，跌进低谷，从此一蹶不振，这种情形在一些亏损和倒闭的企业身上屡见不鲜。

正如德鲁克所说，明天总会到来，又总会与今天不同，如果不着眼于未来，再强有力的公司也会遇到麻烦。管理者有责任以超前的眼光关注企业的发展，在危机来临之前就把它消灭在摇篮里。

任何目标都必须被执行

作为企业的基本战略，目标必须被落实到企业实践中去，任何目标都必须被执行和应用。德鲁克认为，有效的目标绝不是美好的愿望，倘若如此，那么企业的目标就形同虚设。因此，任何抽象的目标都必须转化为各项具体的工作，这种工作应该有期限限制，可以考核并有特定的责任者。

一个缺乏执行力的管理者不是一个合格的管理者，一个不能实现的目标不是一个有效的目标。好的目标必须具有可操作性，只有在运用中才能真正体现目标管理的价值。目标管理的优势在于，能有效地提高工作效率。好的目标关键在于落实，在于执行，而运用就必须有方法，目标运用极为成功的国内企业之一是海尔集团。

海尔集团创始人张瑞敏根据德鲁克的目标管理理论，结合海尔的实际，提出了著名的OEC管理法。OEC管理法也叫日清日高管理法，它是英文Overall Every Control and Clear的缩写，其含义是全方位对每人、每天所做的每件事情进行控制和清理，并要求每天都有所提高，做到“日事日毕，日清日高”。具体地讲，就是企业每天所有的事情都要有人管，做到管理不漏项；所有的人均有管理、控制内容，并依据工作标准对各自控制的事项，按规定的计划执行，每日把实施结果与计划指标进行对照、总结、纠偏，达到对事物发展的过程日控、事事控制的目的，确保事物向着预定的目标发展。

OEC管理法促使企业以及每位员工都能自我设定目标、自我发展、自我约束，并实现良性循环。这一方法可以概括为：总账不漏项，事事有人管，人人都管事；管事凭效果，管人凭考核。总账不漏项是指把企业内部所有的事物按照事与物分成两类，建立总账，使企业正常运行过程中所有的事和物都能在控制网络之内，确保体制完整不漏项，从而有利于全面的目标管理。事事有人管，人人都管事是指将总账中所有的事与物，通过层层细化设定目标，并落实到各级人员，由此制定各级岗位职责以及每件事情的工作标准。为达到事事控制的目的，每个人根据其职责建立工作总账，明确每个人的管理范围、工作内容，每项工作的工作标准、工作频度、计划进度、完成期限，等等。管事凭效果，管人凭考核是指任何人在实施过程中，必须依据总账的要求，开展职责范围内的工作。这就使每个人可在相对的自由度下进行有创造性的发挥，在短时间内完成符合各自标准甚至高于标准的各项工作。

海尔集团的OEC管理体系由三个基本框架构成，即目标体系、日清体系和激励体系。

通过完整的管理体系，海尔集团将企业目标有效分解，并层层落实到每一个员工身上。从目标的设定到目标的控制，再到目标的考核，每一个阶段，目标都能被有效执行。这样就大大提高了员工的工作效率和绩效，并有效地将企业的绩效和员工的个人工作成果统一起来。正是由于海尔建立了科学的目标管理体系并加以有效的运用，海尔才能快速、持续、健康地发展。

由于海尔的OEC管理充分关注了管理中人的因素，因此目标的执行就不是刻板严肃的数字和制度，而是转化成了员工空前高涨的工作热情。海尔集团洗衣机海外产品经理崔淑立将“日清日高”管理法创造性地转化为“夜半日清”就是一个典型案例。

崔淑立刚接手管理美国市场时，同事们都说：“拿下美国B客户非常难！”因为前任各产品经理在这位客户面前都业绩平平。

真这么难吗？崔淑立不信这个邪。这天，崔淑立刚上班就看到了B客户发来的要求设计洗衣机新外观的邮件。因时差有12个小时，此时恰好是美国的晚上，崔淑立很后悔，如果能即时回复，客户就不用再等到第二天了！从这天起，崔淑立决定，以后晚上过了11点再下班，这就意味着他们必须在当地时间中午前处理完客户的要求。

三天过去了，“夜半日清”让崔淑立与客户能及时沟通，开发部很快完成了洗衣机的新外观设计图。就在决定把图样发给客户时，崔淑立认为还必须配上整机图，以利确认。当她“逼着”自己和同事们完成“日清”——整机外观图并发给客户时，已经是晚上12点了。大约凌晨1点，崔淑立回到家，立刻打开电脑，当她看到客户的回复“产品非常有吸引力，这就是美国人喜欢的”时，她顿时高兴得睡意全无，为自己的“夜半日清”效果而兴奋不已！

样机推进中，崔淑立常常半夜醒来打开电脑看邮件，可以回复的就即时给客户答复。美国那边的客户完全被崔淑立的精神打动，推进速度更快了。B客户第一批订单终于敲定了！

其实，市场没变，客户没变，企业的目标没变，拿大订单的难度也没变，改变的只是一个有竞争力的人——崔淑立。崔淑立完全有理由说：“有时差，我没法当天处理客户邮件。”但她只认目标，不说理由！崔淑立说：“我从中感受到的是自我经营的快乐！有‘时差’，也要日清！”

好的目标需要好的方法来落实，好的方法更需要优秀的人去贯彻。海尔通过将目标管理有效地移植，充分调动了员工的工作积极性，使员工以主人翁的姿态去工作，以满足客户需求并创造佳绩。

有那么多的企业，为什么优秀的企业家、优秀的员工并不多呢？关键在于管理机制和管理方法。目标管理的优势不言而喻，为什么执行起来就那么困难？为什么目标只停留在口头上，而无法落实到行动中？所有的管理者、决策者都必须深入反思这些困扰企业发展的基本问题。但无论如何，我们必须明确一点，任何伟大的战略构想都得落实。

果断放弃没有前景的任务

管理者能否做到相机行事，一个很重要的前提，就是是否敢于决策。敢于决策者，能够抓住时机，顺势而为；犹豫不决者，就会贻误战机。关键时刻，企业管理者要敢于做决定，甚至要敢于“革自己的命”。

1984年，由于受日本厂商的疯狂进攻，英特尔存储器业务开始衰退。他们生产出的产品像山一样堆积在仓库里。资金周转困难，英特尔陷入困境。幸好后来总裁安迪·格鲁夫采用了目标式管理方法，撑住了英特尔运营的轴心，而且微处理器业务也逐渐成熟起来。

有一天，安迪·格鲁夫与董事长戈登·摩尔讨论公司困境。当时他问摩尔：“如果我们下台了，另选一位新总裁，你认为他会采取什么行动？”摩尔犹豫了一下，回答道：“他也许会放弃存储器业务。”安迪·格鲁夫说：“那我们为什么不自己动手？”一年后，安迪·格鲁夫提出了新的口号：“英特尔，微处理器公司。”英特尔顺利地度过了危机。

安迪·格鲁夫领导了英特尔这次生死攸关的大转折。后来，他为了向员工解释公司新的战略目标，与公司的高层管理人员、中层经理和基层员工接触，竭尽全力地与他们交流沟通，表明他的意图。而且他还每天花上两个小时，通过电子邮件做员工的思想工作。最后，安迪·格鲁夫成功了。1987 年，他头上又新添了一个重要的头衔：英特尔 CEO。也就是说，他成了英特尔名副其实的掌舵人。

格鲁夫时常思考这样一个问题：领导人为何常常没有勇气去领导别人？这让人很费解。格鲁夫渐渐发现，可能是由于在同事和员工喋喋不休地争论该走哪条路时，领导人必须在他们之前作出决定。而这个决定必须果断、明确，并且它的成败需要多年之后才能看到结果。可以想象，这无疑需要十足的信心和勇气，对领导人来说，这是一种严峻的考验。

进行战略转型时，公司将从过去的形象向未来的形象做根本性的转变。这个过程之所以会十分艰难，是因为公司今天的各个部分都是经过长时间建立的。如果你和你的员工过去经营的是一家计算机公司，你能想象把它变成软件公司会遇到什么样的情况吗？如果你们原来经营的是半导体业务，那么它突然变成了微处理器公司，又会怎样呢？可以确定的是，为了在战略转折中求得生存，一些管理层的人员需要更换。

英特尔在进行战略转型时，曾经开过一个经理会议，讨论英特尔的“微处理器公司”的新方向。董事长摩尔这样说：“我们若是认真朝这个方向走，五年之内，我们的行政领导中有一半将转变为软件型的领导。”言下之意，英特尔现在的行政管理层，若不转变专业方向，就要被人替代。格鲁夫扫了房间里的所有人员一眼，心想：今后谁去谁留？后来，果然不出摩尔所料，英特尔管理层的人员有一半转变了他们的方向，另一半人不愿改变则离开了公司。

带领企业跨越战略转折点，有点像在陌生的草地行军。企业的新规则还没有完善起来，有的只是刚刚建立，有的闻所未闻。这时候，在你和同伴的手里没有新环境的指南针，你也不清楚自己的目的地究竟在何方。

事情有时会出现紧张的局面，在历经战略转折点的时候，最可能出现手下人对你失去信心的情况，并且你也可能对其他人失去信心。比这更糟的是，你的信心会受到极大打击。管理层的人互相埋怨，内部矛盾不断涌现，争论不断升级，前途渺茫而不知所措。

这时，作为管理者，必须时刻注意到新方向的召唤。虽然这时你的公司可能已经士气低落、人心疲惫，公司维持到今天已消耗你大量的精力，但是这时你必须找到补充精力的方法，激起你自己和手下人的热情，恢复往日的战斗力。

格鲁夫提示企业管理者，把自己和自己公司正在拼命征服的穷山恶水看作死亡之谷——只能成功，不能失败，不然就意味着灭亡。它是战略转折中的必经之地。你无处可逃，也无法改变其凶险的面目，你唯一能做的就是坚定自己的目标，想出有效的办法来克服它，从而引领企业走向更大的辉煌。

坚定目标就需要放弃没有前景的任务，需要把资源集中在成效上，需要进行有系统的行动。简而言之，就是要进行“企业体重控制”。如何做到这一点？需要管理者敢于决策，敢于清除过去的羁绊。

在最擅长的领域内发力

在商业竞争中，企业应该把主要精力放在自己的优势上，而不是花费精力来补自己的短板。对于企业不太擅长的领域，尽量避免花费力气，因为要从“不太胜任”进步到“马马虎虎”，所花费的力气和功夫，要远多于从“一流表现”提升到“卓越表现”。

1981 年，通用电气旗下仅有照明、发动机和电力三个事业部在市场上保持领先地位。2001 年，杰克·韦尔奇退休时，通用电气已有 12 个事业部在各自的市场上数一数二。如果它们能单独排名的话，那么，通用电气至少有九个事业部能入选 500 强企业之列。这是韦尔奇推行“数一数二”战略的辉煌成果。

1981 年，韦尔奇上任后，开始不断向投资者和下属宣传他的“数一数二”经营战略。他认为，未来商战的赢家将是这样一些公司：“能够洞察到那些真正有前途的行业并加入其中，并且坚持要在自己进入的每一个行业里做到数一数二的位置——无论是在精干、高效，还是成本控制、全球化经营等方面都是数一数二……80年代的这些公司和管理者如果不这么做，不管是出于什么原因——传统、情感或者自身的管理缺陷——在1990年将不会出现在人们面前。”

“数一数二”战略开始的时候并不被人们理解。在20世纪80年代，只要企业有盈利就足够了。至于对业务方向进行调整，把那些利润低、增长缓慢的业务放弃，转入高利润、高增长的全球性行业，这在当时根本不是人们优先考虑的事情。当时无论是资产规模还是股票市值，通用电气都是美国排名第10的大公司，整个公司没有一个人能感觉到危机即将到来。

但其实当时美国的市场正被日本一个一个地蚕食掉：收音机、照相机、电视机、钢铁、轮船以及汽车。通用公司的很多制造业务的利润已经开始萎缩。而且1980年美国的经济处于衰退状态，通货膨胀严重。这对通用公司的制造业也是个冲击。

韦尔奇接任通用公司CEO的时候，通过雷吉·琼斯的介绍，韦尔奇和德鲁克见了面。德鲁克问道：“如果你当初不在这家企业，那么今天你是否还愿意加入进来？”言外之意，通用公司虽然还是美国排名第10的大公司，但它已经面临着来自全球，特别是日本的竞争压力，利润已经开始萎缩，一些业务处于疲弱不堪的状态。德鲁克接着问道："那么你打算对这家企业采取什么措施？"问题十分简单，也非常深刻，发人深省。

与德鲁克的谈话，使韦尔奇下了推行"数一数二"战略的决心。他的想法非常简单：一项业务必须做到"数一数二"，否则就"整顿、出售，或者关闭"。韦尔奇对"数一数二"战略的诠释是："当你是市场中的第四或第五的时候，老大打一个喷嚏，你就会染上肺炎。当你是老大的时候，你就能掌握自己的命运，你后面的公司在困难时期将不得不兼并重组。"

在最初的两年里，通用公司出售了71项业务和生产线，回笼了五亿多美元的资金。尤其是中央空调业务的出售，在员工中引起了非常大的震动。因为空调业务部是设在路易斯维尔的大家电业务部的一个分部，恰好位于通用公司的中心地带。

中央空调业务部门的市场占有率只有10%，这样的市场占有率无法做到自己掌握命运。通用公司的空调产品卖给地方上的分销商后，他们带着锤子和螺丝刀，叮叮咣咣地把空调给用户安装上，然后他们就开着车一溜烟地回去了。用户们则把自己对分销商服务的不满都记到了通用公司的账上，他们经常投诉通用公司。而市场份额大的竞争对手能够获得最好的分销渠道以及独立的承包商。对通用公司来说，空调是一项有缺陷的业务。

出售交易完成一个月之后，韦尔奇给原来空调业务的总经理斯坦·高斯基打了个电话，他随同业务转让一起去了特兰尼公司。斯坦说道："杰克，我喜欢这儿。每天早晨我来到公司上班，看到我的老板一整天都在考虑空调的问题。他喜欢空调，他认为空调非常了不起。而我每次和你通电话的时候，我们总是谈用户的投诉，或者是业务的盈利问题。你不喜欢空调，我知道。杰克，现在我们都是赢家，我们都能体会到这一点。在通用公司，我是个孤儿。"

这次通话让韦尔奇进一步认识到：把通用公司的弱势业务转给外边的优势企业，两者合并在一起，这是一个双赢的结局。特兰尼在空调行业中占据领先位置，合并后，原通用公司空调业务部的人员一下子成了赢家中的一员。面对各种反对意见的狂轰滥炸，斯坦的话坚定了韦尔奇的决心，无论如何，他都要把"数一数二"战略坚决实施下去。

"数一数二"战略使通用公司很快摆脱困境，走向成功。这种战略体现的正是发现自我优势的思维方式，企业管理者应该从韦尔奇的做法中获得宝贵的启示和经验。

第二章
决策管理：决策对了，就意味着成功

决策从目标开始

第二次世界大战期间，美国要把战争物资源源不断地送往远隔重洋的欧洲。敌人常在公海上把美国运输舰炸沉，美国损失很大。有人提出了一个对策，即在运输舰上安装高射炮和高射机枪反击敌人，以避免被炸沉。这个意见被采纳了。

但经过一段时间的实践，有人统计发现，击落敌机率不高，于是提出责难，认为这个对策是白浪费钱。提出对策者问：当初安装高射炮的目的是什么？以击落敌机为目的时，可以统计敌机被击落率，如果以保卫自己为目的，则应该统计我舰被炸沉率。结果发现，安装高射炮后，运输舰被炸沉率大幅下降。

由此可见，能够达到目的的决策，则为成功的决策。决策的成功或失败是以能否实现目标作为衡量标准的。没有确定的目标，就无法对决策的实施实行控制，也无法对决策的科学程度进行衡量。

1. 目标的数量控制

有人说："两个以上的目标就等于没有目标。"然而事实并非如此，因为在目前推行目标管理的西方大企业中，大多数目标管理系统都包含一个经理的30项年度目标。但是，除了少数几件工作外，谁又能做到每个月都干成很多的事情呢？著名的美国得州仪器公司如是说："我们是过来人了。过去每一个经理常有一大串目标。但我们逐渐削减、削减、再削减。现在，每一季度我们给每一个产销中心的经理只规定一项目标，如此而已。你能够期望——我们也的确期望——一个人把一件事办成。"

的确，当人们发现自己面临着众多没有轻重缓急可言的目标时，往往会不知所云、不知所措，当然执行起来也就无从下手。因此，一个管理者，只有在提出明确集中的目标时，才能使执行者将人力、物力集中于一点，从而将诸多目标各个击破。集中的目标一点即明，让人心中有数；分散的目标则不切要害，让人难以执行。一般而言，年度计划中最多只能有三至五项目标，只要将这些目标理顺了，其他目的也可随之达成。

2. 目标的表达

有些管理者在进行目标决策时，往往很注重其内容的科学性，却拙于目标的表达。文牍案海铺天盖地地向下属压去，使他们无法喘息，严重的信息超载，使他们丧失了辨别轻重缓急的能力。而优秀的管理者却能把目标表达得清楚流畅，显得游刃有余，因为他们能够充分认识到返璞归真的真谛。实际上，他们不仅是使事情保持简单，而且进行了高度的概括与人性化的设计。

目前，西方正在兴起“一分钟目标”。所谓“一分钟目标”就是“写在一页纸上，最多不超过 250 字”，“任何人都可以在 1 分钟内看完”。就是说目标的表达要简明、集中。很难想象，一项目标隐藏在洋洋万言，甚至数万言的文字海洋中，上级却指望下属能深刻而透彻地领悟。表达形式烦琐的目标只能使下属如在茫茫云雾中，不得要领。

3. 科学的目标分解

将总目标具体化和精细化，就称为目标分解。一项积极的、内容科学的目标是决策的原动力，但是在现实中能够有效运转的目标并不是单一的，而是一个由不同层次、不同性质的目标组成的目标体系，它来源于总目标的分解。总目标往往是笼统而抽象的，不便于测量与操作，这就需要把笼统的总目标分解为具体、精确的小目标。

经过分解的目标在执行过程中必须是服务于总目标的，否则就会出现目标置换的现象，从而扰乱整个目标体系结构，总目标也不会实现。目标置换是指分目标的执行者把分目标看作最终目的，而不是把它看作实现总目标的手段，严格而僵硬地遵循着分目标所规定的规章和制度，即使这些规章和制度已有悖于总目标的宗旨。比如，在许多社会福利机构中，如果严格遵守不给有工作能力的男子的家庭以救济的规定，就可能使其家庭陷入困境，从而造成社会问题，致使这个机构的总目标失败。

分解目标，应从总目标开始，一级一级自上而下，从组织总决策目标到次级组织目标，由更次一级的组织目标再到个人的目标层层展开，延伸到底。在这个过程中会形成若干条目的链，因为通常上一级实现目标的手段即达到目标的方法就是下一级的目标。例如，一个消防部门的首要目标是减少火灾损失，达到这一目标的手段是防火和灭火。这两个手段就变成组织内下一级的目标，并由此引出两个职能——防火和灭火。通常实现这些目标的具体手段是安装消防水龙头、进行宣传教育及按地区分设消防站等。而由哪一个部门或由哪些人去完成这些工作，又会成为下级组织的目标以及个人的目标。

在目标的横向分解中，每一个相关的职能部门都要相应地设立自己的目标，不能出现盲区和失控点。横向分解后的分目标处于同一层次，是实现上级目标的不同手段。这些手段共同构成实现上级目标的必要条件，因此是缺一不可的。我们还以上面消防部门的目标分解为例，如果认为消防部门减少火灾的办法只是灭火的话，那么防火就成了盲点。下一级的目标分解中也就不会有防火的措施。而不防火只灭火，显然是治标不治本，如此这般，怎能成功实现减少火灾的目标呢？

发言之前先调查

没有调查就没有发言权。一名优秀的管理者，在组织决策前，最紧要的工作就是事先调查。事先调查是决定决策正确与否的先决条件。没有充分的调查，就没有正确的决策；没有正确的决策，组织则不可能走向成功。

决策的调查研究不同于一般调查，它的任务是收集决策信息，对决策系统及其环境的全局性关键问题进行调查。其主要内容应着眼于历史背景调查、环境因素调查、系统现状调查和系统趋势调查。

调查研究是一个庞大而又系统的工程。调查前，先要有个基本的提纲，明确几个问题，带着问题边调查、边研究，再调查、再研究。最好是几个人一起去。调查是发现问题，更是去找问题产生的原因。不管问题的直接或根本原因是什么、在哪里，我们总可以从基本的实践和分析中找到答案。

调查时一定要向被调查者讲清调查的目的、解决什么问题，以便取得理解和支持。千万不要带着主观的观点和意见去做调查。调查时，要原原本本做记录，而不是筛选听到或看到的材料。整理要及时，越快越好，这有利于发现问题。然后分门别类地整理出来，也有利于以后使用。

调查时不但要抓典型，还应该听取担当不同角色又处于不同地位的人的意见，而且不要在调查之中表明自己的态度，以免影响被调查者，使事实变形，同时也容易使自己产生某种思维定式，封闭了解、理解问题的道路。

在调查过程中，不但要听，而且要看。人们所处的地位不同，看问题的角度不同，对事物的理解也就不同，这给人们分析问题带来了难度。看一看，可以多找到一些问题的启示点，也可避免被错误信息所误导。

调查的方法多种多样，如问卷调查、抽样调查、集体座谈以及个别走访等。在实际运用中，我们还应注意以下几点：

1. 兼听则明，辩证对待

在信息传递的过程中，经过许多“传递手”无数次无轻重的添油加醋，重施“佐料”，本意变味走调，甚至是非颠倒，黑白混淆。这就需要决策者保持清醒的头脑、坚定的立场，运用敏锐的思维和鉴别力去分辨。

俗话说“眼见为实，耳听为虚”。决策者要善于运用辩证法，去做一番调查研究，不随波逐流，始终保持自己的个性，并从中悟出真谛。这是决策者应十分注意的问题。如果没有真凭实据，切忌偏听偏信，以防节外生枝，激化矛盾，扩大事态，造成不必要的严重后果。更重要的是，面对是非应始终保持清醒的头脑，独立思考。

2. 把握中心，突出重点

决策者的调查研究必须紧紧围绕着中心工作进行，并通过调查研究推动中心工作，进而推动全局工作的开展。在错综复杂的工作中抓住最能影响全局的问题，这是决策者管理好全局工作的前提，也是其围绕中心工作进行调查研究的前提。决策者要善于运用矛盾分析的方法，明确各种矛盾之间的相互关系及其对事物发展的作用；明确哪一种矛盾是主要矛盾；明确主要矛盾的主要方面和表现形式等，从而在调查研究中把握主攻方向，沿着这一方向开展经常的、系列的、反复的调研。

3. 把握全局，细致入微

决策者的调查研究，不总是直接表现为对重大问题的调查研究，也有一些对看似非常细小的问题的调查研究；不总是集中时间和精力进行专题性调研，也有一些随时随地的调研；不总是直接对全面情况进行综合性的调查研究，也有一些对具体情况、具体工作的调研。这些调研对决策者把握全局是不可缺少的。

决策者要经常到基层走一走、看一看，了解社情民意；要经常到市场上去转一转、听一听，感受人们的实际生活。这些看似是小事，但它却体现了管理决策者的水平。从某种意义上说，决策者在这些活动中进行调研，可能了解到的情况更真实、更具体、更生动，也更能说明问题。

决策者在这些调研活动中发现问题并及时指导、帮助解决，对推动全局工作是大有裨益的。苗头性问题有时是某一事物的本质反映，有时可以预示事物的发展趋势，有时是某一倾向性问题的前兆。决策者通过调查研究，发现苗头性问题，区分好的苗头和坏的苗头，通过苗头看到倾向，发现实质，对好的苗头及时引导扶持，对坏的苗头及时制止纠正，这样才能保证全局工作的顺利进行。

4.“解剖麻雀”，点面结合

“解剖麻雀”法是从一般到个别，再从个别到一般的工作方法，也是决策者在调查研究中运用较多的一种方法。决策者进行调查研究，要注意解剖典型，一个好的典型就是一面旗帜、一种精神、一个解决问题的办法；一个坏的典型就是一种警示、一面反光镜。通过对正面典型的调查研究，可以得出具有普遍指导意义的一般方法；通过对反面典型的调查研究，可以得出具有普遍制约意义的一般原则。

决策者首先要根据实际工作的需要，把对解决全面工作有较大影响的问题作为调研目标，从而确定能够反映问题本质和规律的典型。准确地选择典型可视情况采用择中选点法、择优选点法、择劣选点法和划类选点法等方式。

（1）择中选点法是在总体事物中，选择发展程度处于中等水平者作为调研对象，用典型对象的调查结果来认识总体的共同本质和一般规律。

（2）择优选点法是选择在同类事物中处于优势或领先地位的事物作为调查研究的对象，总结成功的经验予以推广。

（3）择劣选点法是在总体事物中选择薄弱点或问题较多、

矛盾较复杂的事物作为调研对象，主要是总结教训，提出改进工作的措施。

（4）划类选点法是把总体差异很大的各个单位按一定的标准划分为几个不同类型，再从不同类型的单位中选择合适的典型。

5. 把握目标，解决问题

决策者进行调查研究之前，应先围绕中心目标拟定若干问题，然后组织调研队伍，带着这些问题进行调查研究。决策者要亲自到一线进行调查，寻求问题的答案。要注意多接触一些思想活跃、有独到见解的人，多听取有关专家、学者和研究人员的意见。与此同时，决策者必须边调查边发现、思考和分析问题。

决策者围绕中心工作进行调查研究，就是为了解决中心工作推进中出现的难题和阻力，就是要促进中心工作健康有序地发展。决策者通过调查研究，了解和掌握了中心工作在推进中存在的主要问题及其表现形式、主要特点、制约因素等，做到了心中有数，就可以根据调查研究的情况，研究对策，提出措施，找准办法，作出正确的决策，然后再对决策实施情况进行调查研究，如此循环往复，中心工作的推进就会越来越顺利。

另外，中心工作不是孤立存在的，它与其他方面的工作有着紧密的联系，其他方面的工作如果出了问题，必然会严重影响中心工作的推进。所以，决策者对这些问题同样不可忽视，要带着这些问题去调查研究，拿出解决办法，为中心工作服务。

决策中坚持六“不可”

减少决策者的决策失误，要靠完善的监督，也要靠自我约束。只有把一切决策行为纳入正常轨道，决策者的失误率才会降低。

1. 不可主观臆断

决策是建立在坚实的事实基础之上的，而不是建立在你的感觉之上的。如果你不能把客观事实和主观意见分开，你就会遭遇各种各样的麻烦。

2. 不可苛求完美

一个人不可能永远正确，所以如果你犯了什么错误，能做到及时更正就不会使错误继续发展下去，就不会造成不可挽回的损失。无论什么时候，只要你发现自己的决定错了，就要立刻下令停止，重新修改，以减少不必要的损失。

有的人做什么事情都下不了决心，甚至连买一件衣服、一双鞋这样的小事都拿不定主意。有的时候就连晚饭该做什么都犹豫，其原因说来说去就是害怕有什么不当的地方。当你拒绝承认自己的错误时，通常都会把事情弄得更糟。承认你错了并不等于承认你愚蠢，可是，当你明知自己错了而又不想改变主意、顽固地坚持自己的错误时，就是愚蠢了。

3. 不可害怕承担责任

对于有些人来说，一个决定不是一个选择而是一堵坚硬的墙，那会使他们做任何事情都感到软弱无力。这种恐惧是与害怕失败紧密地联系在一起的。多数心理学家认为，这是商人走向成功的最大障碍。

所以，如果你由于害怕承担责任而不采取行动，你将一事无成。如果你发觉自己走上了错误的道路，不妨照前面说过的那样，迷途知返，重新开始。敢于承认错误，敢于把错误的决定变成正确的决定，是一个人具有良好管理能力和智慧的标志。

4. 不可恐惧闲言

你要记住，你对别人想什么是不负任何责任的，你只对你自己说什么或做什么负有责任。有很多人不敢大胆地说出自己的心里话，这是因为他们害怕别人有什么想法，更怕遭到别人的议论。他们犹犹豫豫不敢宣布自己的决定，主要原因是害怕别人的批评。这就是说，他们需要别人认为他们好，不能认为他们不好。这种想法有碍于你的决策。

5. 不可一劳永逸

决策不是静态的、一次完成的。一次决策后，管理者需要进行追踪决策，要继续监督方案的实施过程；根据出现的新情况和新问题，随时对既定方案进行修正和调整，在必要时用后备方案取而代之。

6. 不可犹豫不决

决策的优势和可行性是包含一定的、相应的时间空间意义的，议而不决、拖延决策或拖延实施过程，就会使原来的最佳方案失去优势。

决策必须能够应对变化

“故兵无常势，水无常形，能因敌变化而取胜者，谓之神”的意思是说，作战无固定不变的态势，就像流水无固定不变的流向。能随着敌情发展变化而采取灵活变化的措施取胜的人，才称得上是用兵如神者。企业管理者要想成为这样的人，就需要作出能够应对变化的决策。

美国硅谷专业公司曾是一个只有几百人的小公司，面对强大的竞争对手半导体器材公司，经理改变了自己的发展计划，抓住当时美国“能源供应危机”中的节油这一信息，很快设计出“燃料控制”专用芯片，供汽车制造业使用。在短短五年里，该公司的年销售额就由200万美元增加到2000万美元，成本也由每件25美元降到4美元。

“兵者，诡道也”的意思是说，领兵打仗是一种变化无常之术。同样，我们也可以说“商者，诡道也”。

众所周知，由于成功运用了生产流水线，福特公司的汽车制造成本一下子下降了很多。到 1924 年，福特 T 型车的售价已降至不到 300 美元，这个价格低于当时马车的价格。当时没有任何一家汽车公司有能力将汽车成本控制到福特汽车成本之下，福特始终占据着价格优势，这种优势使福特成为当时美国汽车行业的领头羊。

如果说福特的成功是源自成功地对接了消费者渴望汽车廉价的心理，那么导致福特痛失行业领头羊位置的主要原因就是其忽视了消费者的需求变化：随着汽车走进了千家万户，消费者开始对汽车的时尚有了需求。福特曾经有一句名言：我可以为顾客提供各种车，只要他要求的是黑色。由此可见福特汽车颜色的单调。

通用将民众的愿望变为了可能。他们开发出著名的 Duco 漆，这使汽车喷漆的干燥时间从几周缩短到几小时，并为车的外观提供了多种颜色方案。通用汽车的掌舵人斯隆在 1924 年的年度发展报告中阐述了他那著名的“不同的钱包、不同的目标、不同的车型”的市场细分战略。他根据价格范围对美国汽车市场进行了细分，每个通用汽车品牌的产品都针对一个细分市场：雪佛兰针对低端市场，凯迪拉克则瞄准高端市场。

通用的努力换回了丰厚回报，从 20 世纪 20 年代中期到 50 年代的 20 多年间，通用汽车的年度销售量翻了两番，很快就超过了福特汽车，市场占有率从不足两成到超过五成，成为美国汽车市场新的领头羊。与之相对应的是，福特汽车的市场占有率从超过五成下滑到两成左右。

正是看到了消费者消费需求的变化，使通用获得了超过福特的机会。

无独有偶，曾错失小排量汽车发展良机的克莱斯勒公司开始寻找新的市场需求，他们把眼光停留在箱型车上。传统箱型车的空间不够大，不能满足消费者旅行的需要，但小货车又不够轻便。1983 年，克莱斯勒公司开发出介于传统箱型车和小货车之间的厢式旅行车系列，从而开辟了旅行车这一细分市场，成为这一市场的领军企业。

好的决策能够应对变化，使企业在变化中成为赢家。同时，好的决策必定是顺应变化的决策，因为任何与客观变化相抵触的决策，最终必然会一败涂地。

钓鱼的人不知道鱼的习性，注定会徒劳无功。任何事情都不会完全按照我们的主观意志发展、变化，要获得成功，就得首先去认识事物的性质和特点，然后再根据实际情况来调整自己的对策。只有如此，我们才能顺应事物变化，走向成功。

有一年，美国坦维尔地区经济萧条，不少工厂和商店纷纷倒闭，被迫贱价抛售自己堆积如山的存货，1 美元甚至可以买到 100 双袜子。

那时，约翰·甘布士还是一家织制厂的小技师。他把自己积蓄的钱用于收购低价货物。人们见到他这股傻劲儿，都嘲笑他是个蠢材。

甘布士对别人的嘲笑漠然置之，依旧收购各工厂和商店抛售的货物，并租了很大的货仓来贮货。他有自己的计划，因为他相信，不久这些废物就会成为宝贝。

他妻子劝他说，不要购入这些别人廉价抛售的东西，因为他们多年积蓄下来的钱并不多，而且是准备用作子女教育费的。如果此举血本无归，后果便不堪设想。

对于妻子忧心忡忡的劝告，甘布士笑过后又安慰她道："三个月以后，我们就可以靠这些廉价货物发大财了。"

甘布士的话似乎兑现不了。10 多天后，那些工厂即使贱价抛售也找不到买主了，他们便把所有存货用车运走烧掉，以此稳定市场上的物价。

甘布士的太太看到别人已经在焚烧货物，不由得焦急万分，便抱怨他。对于妻子的抱怨，甘布士一言不发。

终于，美国政府采取了紧急行动，稳定了坦维尔地区的物价，并且大力支持那里的厂商复业。这时，坦维尔地区因焚烧的货物过多，存货欠缺，物价一天天飞涨。原本计划把存货多留一段时间的甘布士马上把自己库存的大量货物抛售出去，一来赚了一大笔钱，二来使市场物价得以稳定。

在他决定抛售货物时，他妻子又劝告他别急着把货物出售，因为物价还在一天一天飞涨。他平静地说："是抛售的时候了，再拖延一段时间，就会后悔莫及。"

果然，甘布士的存货刚刚售完，物价便跌了下来。他的妻子对他的远见钦佩不已。

甘布士用赚来的钱，开设了五家百货商店，生意十分兴隆。后来甘布士成了全美商业巨子。

甘布士的成功就在于他预计到了市场的变化，并制定出有针对性的决策。这些决策不是对抗变化，而是依据变化灵活实施。比如看到通货膨胀之后必然有一个恢复期，所以趁机收购货物等待升值。但是当市场上出现恢复的苗头时，他立即决定改变计划，开始抛售货物。甘布士应变充分体现了一个成熟的商人制胜的秘诀，管理者应该从中得到启迪。

好的决策要着眼于未来

"夫未战而庙算胜者，得算多也；未战而庙算不胜者，得算少也"的意思是说，未开战而在庙算中就认为会胜利的，是因为具备的制胜条件多；未开战而在庙算中就认为不能胜利的，是具备的制胜条件少。这句话点出了成功决策的关键因素：战略决策者所面临的问题不是他的组织明天应该做什么，而是今天必须为不确定的未来做准备。

管理大师德鲁克说，战略规划并不涉及未来的决定，它所牵涉的只是目前决策的未来性。决策只发生在目前。但目前的决策决定着未来的走向。

决策要为未来的发展做好准备，这就需要决策管理者具有超前意识。超前意识可以帮助我们制定正确的计划和目标并实施正确的决策。

二战时期，美国有家规模不大的缝纫机工厂，由于受战争影响，生意非常萧条。工厂主汤姆看到战时除了军火生意外，百业凋零，但是军火生意与自己无缘。于是，他把目光转向未来市场，一番思索后他告诉儿子保罗："我们的缝纫机厂需要转产改行。"保罗奇怪地问："改成什么？"汤姆说："改成生产残疾人使用的小轮椅。"尽管当时很不理解，不过保罗还是遵照父亲的意思办了。一番设备改造后，工厂生产的一批批轮椅问世了。

正如汤姆所预想的，很多在战争中受伤致残的人都纷纷前来购买轮椅。工厂生产的产品不但在美国本土热销，连许多外国人也来购买。保罗看到工厂生产规模不断扩大，实力也越来越强，非常高兴。但是在满心欢喜之余，他不禁又向汤姆请教："战争马上就要结束了，如果继续大量生产轮椅，其需求量可能已经很少了。那么未来的几十年里，市场又会有什么需求呢？"

汤姆胸有成竹地笑了笑，反问儿子说："战争结束了，人们的想法是什么呢？”“人们已经厌恶透了战争，大家都希望战后能过上安定美好的生活。”汤姆点点头，进一步指点儿子：“那么，美好的生活靠什么呢？要靠健康的体魄。将来人们会把健康的体魄作为主要追求目标。因此，我们应准备生产健身器材。”

一番改造后，生产轮椅的机械流水线被改造成了生产健身器材的流水线。刚开始几年，工厂的销售情况并不好。这时老汤姆已经去世了，但保罗坚信父亲的超前思维，依旧继续生产健身器材。几年后，健身器材开始走俏，不久就成为畅销货。当时美国只有保罗这一家健身器工厂，所以保罗根据市场需求，不断增加产品的产量和品种，随着企业规模的不断扩大，保罗跻身亿万富翁的行列。

要想获得超前意识，管理者就需要静下心来，认真研究客观环境。正所谓骄兵必败，管理者要戒骄戒傲，摒弃故步自封、骄傲自满的思想，不断学习，并勇于实践，在实践中不断提升自己的决策能力。一个优秀的管理者一定要不断地观察客观环境的变化，研究应对变化之策，这样才可能获得富有成效的决策，使企业立于不败之地。

作决策要遵循的原则

决策是一门科学，如何作出准确的决策分析至关重要。管理者要想作出准确的决策分析，就必须遵从科学的决策原则。从实践来看，应遵循以下几条基本原则。

1. 选准目标原则

决策目标是指要达到的目的，决策目标明确与否，直接关系到决策效果的好坏。决策目标明确了，选择就会有依据，行动就会有针对性；决策目标不明确，选择就会发生偏移，甚至还会造成南辕北辙的惨痛后果。在进行决策前，管理者要善于发现问题、分析问题，找出问题的症结所在，作出准确的决策。

2. 信息准确原则

决策涉及各方面的因素，管理者需要取得比较广泛的准确信息。如果信息是一鳞半爪或道听途说，决策的依据就不可靠。管理者必须深入调查，获取全面、准确的信息，才能作出符合客观规律的决策。

3. 系统的原则

这是决策的灵魂。任何决策都应从整体出发，以整体利益为重。一切局部的、暂时的利益都要服从全局的、长远的利益。然而，全局利益又包含于局部利益之中。这个全局和局部的辩证关系，是系统原则的精髓。只有坚持这个原则，才能使决策促进全局和局部的协调发展。

4. 可行性原则

决策方案必须切实可行，否则即使是完美的方案，也只是纸上谈兵。要确定决策方案是否可行，就要对其有利因素和不利因素、主观条件和客观条件作出周密而细致的分析。对已形成的多种方案的利弊得失，必须认真地作出定量和定性的分析比较和评估。只有经过审定、评价、可行性分析后的决策，才能有较大的把握和可实现性。

5. 集体决策的原则

决策的正确与否，主要取决于决策者的个人学识、经验和胆略等。但在企业的壮大阶段，个人的经验决策已行不通了，要吸收多方面的意见，特别要听取专家的意见，进行充分的分析，然后集中正确合理的内容，才能作出科学的决策。

决策要“牵牛鼻子”

管理就是要统揽大局、抓住重点，抓住主要矛盾，找准重点问题，才能作出正确的决策。这种管理艺术，人们更喜欢用“牵牛鼻子”来比喻。一头硕大的水牛，怎样驱使它？推它、打它都不灵，唯有牵着牛鼻子，牛才会乖乖地听人使唤。管理者作决策也一样。

唐朝末年，浙江以东的裘甫起兵叛乱，不久就攻占了几个城池。朝廷任命王式为观察使，镇压动乱。

王式一到任上，就立即命人将县里粮仓中的粮食发给饥民。众将官迷惑不解，都说：“军队粮饷现在那么紧张，您刚上任就把县里粮仓中的存粮发给百姓，这是怎么回事呢？”

王式笑着说："反贼用抢粮仓中存粮的把戏来诱惑贫困百姓造反，现在我给他们发粮食，贫苦百姓就不会强抢了。再者，各县没有守兵，根本无力防守粮仓，如果不把粮食发给贫苦百姓，等到敌人来了，反而会资助敌人。"

果然，在叛军到达后，百姓纷纷奋起抵抗，不到几个月的工夫，叛乱就被平定了。

王式眼光敏锐，牵住了"牛鼻子"——粮食这个重点，所以才能平定叛乱。

管理者如果遇到什么事情就干什么事情，不能分清工作的主次、轻重、缓急，牵不住"牛鼻子"，胡子眉毛一把抓，最后肯定是一无所获。

那么，怎样才能在作决策时牵住"牛鼻子"呢？

1. 登高望远，树立全局意识

要提高抓住关键问题的能力，必须培养管理者的全局意识和大局观念，坚持在全局下思考，在全局下行动。对关键决策部署和长远目标任务等一定要了然于胸；对本组织发展面临的机遇和挑战、优势和劣势，一定要心中有数；目光要远大，对未来的发展走势判断要准确，不为局部利益所诱惑，不被暂时的困难所吓倒；要通过谋长远、抓关键，最大限度保护发展潜力，激发发展活力，并从中积聚更大的发展后劲，为组织和谐发展打下坚实的基础。

2. 作决策，信息工作要做足，预测是关键

管理者要明确是否已经掌握了足够的信息和必要的事实；前面的工作是否严格按照科学决策的程序要求进行，是否扎实，有无漏洞，是否具有充分可靠的信息保障。充分可靠的信息是科学决策的基础。只有掌握了丰富、及时、准确、适用的尽可能多的材料，并在此基础上积极对组织未来发展趋势作出预测，管理者才有可能抓住问题的关键，作出准确、全面、成功的决策。

3. 以执行为前提，抓住关键环节

对于一个组织而言，决策固然重要，关键还在落实。没有落实，再正确的决策也不会发挥其应有的作用。如果管理者在作决策时没有落实的观念，忽视了落实，不抓落实，那么，再缜密的计划、再正确的政策，都只能成为一纸空文。管理者作决策要以执行为前提，抓住落实这个关键环节。

从这几个关键入手，可以从最基本的方向上规避决策失误，只有牵住了“牛鼻子”，决策才能顺利进行、顺利执行。

第三章
竞争优势管理：有实力才能“秒杀”竞争对手

知己比知对手重要

企业了解自己的方法不在企业内部，而在企业之外。管理学大师德鲁克认为，企业应该不停地调查顾客——在为您提供的服务中，有哪些是其他企业所没有的？虽然并不是所有的顾客都知道答案，而且他们的答案也可能让人摸不着头脑，但这些答案仍会暗示我们该从哪个方向寻找答案。

柯达公司在彩色感光技术上的成就无人能比。很多观察家认为其成功的关键是重视新产品研制，而新产品研制成功即取决于该公司采取的反复市场调查方式。

以碟式相机问世之前的市场调查为例。首先由市场调查部门汇总顾客意见，这些意见包括大多数用户认为最理想的照相机是怎样的，重量和尺码多大最适合，什么样的胶卷最便于安装使用，等等。市场调查部门将这些信息反馈给设计部门，设计部门据此设计出理想的相机模型，提交生产部门，然后对照设备能力、零件配套、生产成本和技术力量等因素考虑是否投产，如果不行，就要退回修改。如此反复，直到造出样机。

样机出来后将进行多次市场调查，以此来彻底弄清样机和消费者期望之间的差距，根据消费者的反馈，对样机加以改进，直至大多数消费者认可为止。新产品出来后，再交市场开拓部门进一步调查，新产品有何优缺点，适合哪些人用，市场潜在销售量有多大，定什么样的价格才能符合多数家庭的购买力。待各类问题调查清楚后，正式投产。因为经过反复调查，碟式相机推向市场便大受欢迎。

曾经有这样一个案例：

国内某啤酒企业向美国出口小瓶啤酒。该啤酒原料和工艺是一流的，酒色清亮，泡沫细密纯净，喝到嘴里更是醇厚可口，跟外国啤酒相比，一点也不逊色。但是令人奇怪的是，这种啤酒运到美国以后，一点也不受市场的欢迎，严重滞销。

公司的领导很着急，就高薪聘请了一家市场调查公司进行市场调研分析。分析结果显示，问题出在了啤酒的包装上。美国人崇尚个性，喜欢自由，而这家公司在瓶身上印的广告语却是“人人都爱喝的啤酒”——正因为人人都爱喝，所以有个性的美国人都不愿意选择。同时，酒瓶的质量很差，颜色暗淡，看上去很不上档次。

公司领导根据调查公司的建议，将广告语换成“喝不喝，随你”，期望这句个性十足的广告语引起啤酒爱好者的关注。与此同时，他们采用了具有五种色彩、颜色鲜亮的瓶子。

三个月之后，该公司向美国的出口量已经由每月10万箱增长到60万箱。显然，包装的变化，使其获得了成功。

市场调查不是形式，是企业保持正确发展航道，寻找核心能力和优势的重要方法。企业管理者不要轻易、自大地认定企业的优势是什么，而应该让顾客说出企业的优势是什么。最了解企业优势和长处的人不在企业内部，而是消费者。企业要想精准找到锐利的进攻之矛，就需要和消费者密切接触，从消费者口中得出自身的突出优势到底是什么。

集中各项资源优势

所谓资源整合，就是指企业对不同来源、不同层次、不同结构、不同内容的资源进行识别与选择、汲取与配置、激活和有机融合，使其具有较强的柔性、条理性、系统性和价值性，并创造出新的资源的一个复杂的动态过程。资源整合的目的是使企业获得最大的经济利益。资源整合是企业战略调整的必然手段，是企业管理者的日常工作之一。

资源整合分为战略和战术两个方面的含义。在战略层面上，资源整合反映的是系统的思维方式，就是要通过组织和协调，把企业内部彼此相关却彼此分离的职能，把企业外部既有共同使命又拥有独立经济利益的合作伙伴整合成一个为客户服务的系统，取得 1+1 ＞ 2 的效果。在战术层面上，资源整合是对各项资源进行优化配置的行为，就是根据企业的发展战略和市场需求对有关的资源进行重新配置，以凸显企业的核心竞争力，并寻求资源配置与客户需求的最佳结合点。

作为资源整合的精彩案例，更为企业界管理者津津乐道的是 1984 年洛杉矶奥运会在资源使用方面的智慧和独到之处。

1978 年国际奥委会决定，由唯一申请城市美国洛杉矶承办 1984 年第 23 届奥运会。洛杉矶市开始了全面的筹划工作，首先成立了筹备委员会，邀请金融人士、45 岁的彼得·尤伯罗斯担任了筹委会主席。这位在体坛默默无闻的主席，却在这次筹备组织工作中，特别是财政管理上，表现出了非凡的才华，一举闻名于世。

每届奥运会的开支都极其惊人：1972 年，慕尼黑花了 10 亿美元；1976 年，蒙特利尔花了 20 多亿美元；1980 年，莫斯科竟花了 90 多亿美元。尤伯罗斯任主席后，面临的第一个难题是经费来源——既无政府补贴，又不能增加纳税人负担，加之美国法律还禁止发行彩票，一切资金都得自行筹措。很多人认为，尤伯罗斯的面前是一个无法逾越的天堑。

但是，尤伯罗斯充分利用了身边所有可以利用的资源，表现出了卓越的智慧。他与企业集团订立资助协议；出售电视转播权和比赛门票；压缩各项开支，充分利用现有设施，尽量不修建体育场馆；不新盖奥林匹克村，租借加州两座大学宿舍供运动员、官员住宿；招募志愿人员为大会义务工作等。尤伯罗斯使组委会的工作进行得井井有条，一切如愿以偿。

1984 年洛杉矶奥运会原计划耗资五亿美元左右，后来不仅没有出现亏空，而且有盈余。

据 1984 年 12 月 19 日洛杉矶奥运会组委会公布的资料，盈利为 2.5 亿美元。奥运会在 1984 年之前，从来都是赔钱的，尤伯罗斯却在 1984 年给全世界提供了一种全新的利用资源的思路。

管理的功能就是整合资源并获得外部经济成果。尤伯罗斯将社会上的各种资源安排得井井有条，利用授权、品牌建设等手段，使全社会的各种资源都为奥运会服务，使当届奥运会的举办取得了巨大成功，还使许多经济不发达的国家从中得到了鼓舞和启迪，对以后奥运会的举行产生了积极的影响。这就是资源整合的力量。资源整合，能够使看似困难的事情变得容易，能够使实际收益远远超过预期收益。每一个管理者都应该是资源整合的一流高手。

资源整合的目的是为企业的运营服务，资源整合贯穿在企业运营的各个方面和各个环节之中。事实上，企业各种竞争活动源自企业内部的产品设计、生产、营销、销售、运输、支援及交货等多项独立的活动，这些活动的集合可以用企业价值链反映出来。价值链是一套分析优势来源的基本工具。价值链在经济活动中是无处不在的，与竞争对手的价值链比较，揭示了决定竞争优势的差异所在。

有两家企业实力相当，于是在市场上免不了竞争和较量。起初，两家企业都是暗自发力，打营销战，当打得难分高下时，就开始拼价格，在价格上面，考验的就是企业的资金。在这场竞争中，很可能有一个企业就要在竞争中死去，但如果没有，他们可能又要回到理性竞争中来，开始拼科技研发，进行产品更新换代，看谁能研发出更好的产品，以占领市场份额。这个时候谁慢一步，谁就会落后。接下来就是重新开始这个循环。

在这个竞争循环中，企业的较量并不是某一个方面的较量，而是综合竞争，包括但不限于物流、管理、人才等各个方面的较量。由此可见，竞争优势来自于价值链上的每一项活动，价值链上的每一项活动都会对企业最终能够实现多大的价值造成影响。整个价值链的综合竞争力决定企业的竞争力。

资源整合的目的就是使企业在价值链的各个环节上更有优势。现在，商业运营环境已经发生了很大变化，企业要发展，要想在新的竞争形势下获得胜利，就必须对当今的市场环境和营销环境有一个清楚的认识，不仅要做到战术得当，战略正确，还要善于整合各种利己的资源，充分发挥资源的效用，向资源要效益，使价值链上的每一个环节都极为出色。这样，企业才能确保持续领先。

捕捉最有价值的细分

对于企业而言，对市场进行细分，应善于发现市场空白点和新的商机，从而为自己赢得发展空间。

奇瑞汽车公司成立于1997年，该公司拥有整车外形等十多项专利技术，经过认真的市场调研，奇瑞汽车公司精心选择微型轿车打入市场。它的新产品不同于一般的微型客车，是微型客车的尺寸，轿车的配置。

公司于2003年5月推出QQ微型轿车，6月就获得良好的市场反应。2003年9月8~14日，在北京亚运村汽车交易市场的单一品牌每周销量排行榜上，奇瑞QQ以227辆的绝对优势荣登榜首。到2003年12月，已经售出28000多辆。

奇瑞QQ被称为年轻人的第一辆车。奇瑞QQ的成功就在于它的市场细分，它的目标客户是有知识品位但收入并不高的年轻人。为此，奇瑞QQ有着极其讨人喜爱的外形，车小价格便宜。

就这样，奇瑞公司成为行业内公认的车坛黑马。与此同时，奇瑞轿车还连创五个国内第一，六次走出国门，以自己的不懈努力创造了中国汽车史上的奇迹。

市场细分是指营销者通过市场调研，依据消费者的需要和欲望、购买行为和购买习惯等方面的差异，把某一产品的市场整体划分为若干消费者群的市场分类过程。每一个消费者群就是一个细分市场，每一个细分市场都是具有类似需求倾向的消费者构成的群体。

始创于 1837 年的宝洁公司，是世界日用消费品公司巨头之一。

宝洁在中国销售的品牌多达数十个，而这些品牌也分别统治着不同领域的江山。

宝洁公司的第一个全球性品牌是象牙肥皂。这款肥皂品牌赞助了美国最早的电视连续剧，这也是人们至今还将这类电视剧叫作肥皂剧的原因。

当进入洗衣粉市场的时候，宝洁公司没有将研发出的洗衣粉品牌命名为象牙洗衣粉，而是推出了一个独立的品牌——汰渍。

在洗发水领域，宝洁市场细分的概念和效果则更加明显，海飞丝代表着去头屑，潘婷代表营养和健康发质，飘柔代表柔顺，沙宣代表专业与时尚，而伊卡璐代表了草本。

宝洁公司善于抓住消费者不同的需求特征，按需生产，满足市场需要。在市场销售的品牌中，各自都有其精准的定位，所面对的也是不同的消费群。

以洗衣粉为例，人们使用洗衣粉主要是为了清洁衣物。但是消费者总想从洗衣粉中得到些别的东西，如经济实用、漂白、柔软织物、新鲜的气味、强力或中性、泡沫多等。只是由于关注点不同，有不同的侧重而已。

对有些人而言，清洁和漂白最重要；对另一些人而言，柔软织物最重要；还有一些人则想要中性，想要洗过的衣服能够散发出新鲜美好的香气。因此，洗衣粉购买者中存在不同的群体或细分市场。

宝洁公司至少已找到 11 个重要的洗衣粉细分市场，以及无数的亚细分市场，并且已经开发了满足每个细分市场特殊需要的不同品牌。11 种宝洁品牌针对不同的细分市场分别进行市场定位。

对市场需求进行精准细分是宝洁持续成功之道。通过细分市场和多种洗衣粉品牌，宝洁公司吸引了所有重要偏好群体中的消费者。其品牌总和在 32 亿美元的美国洗衣粉市场中取得了 53% 的市场份额，大大超过了仅凭一种品牌所能得到的市场份额。

从这个例子我们可以看出，企业如果能够先于竞争对手捕捉到有价值的细分新方法，通常就可以抢先获得竞争优势，就可以比竞争对手更好地把握买方真实的需求。因此，企业需要做的就是瞄准用户需求，挖掘新的市场机会。寻找潜在的细分市场，可以从以下几个问题着手：是否存在顾客有需求但目前市场上仍然没有的产品；改进的产品能否完成附加的功能；是否可以将服务和产品整合出售。

莫当行动上的矮人

在商业竞争中，很多管理者都有着这样的经验：机遇虽然是给有准备的人的，但如果有准备的人多了，机遇肯定是给第一个达到的人。

对于企业来讲，竞争的核心问题是速度的竞争。比尔·盖茨在《未来时速》一书中描述："在未来的10年中，企业的变化会超过它在过去50年的总变化。如果说20世纪80年代是注重质量的年代，90年代是注重再设计的年代，那么21世纪的头10年就是注重速度的时代，是企业本身迅速改造的年代，是信息渠道改变消费者的生活方式和企业期望的年代。"

比尔·盖茨本人就亲历过一次以速取胜的事情：

20世纪80年代，美国莲花公司在"莲花1-2-3"研制的基础上，趁势为"麦金塔"电脑开发软件，名为"爵士乐"。比尔·盖茨在透彻分析了"莲花1-2-3"的优劣后，决定尽快推出世界上最高速的电子表格软件，并将该软件定名为“超越”。

在整个设计过程中，比尔·盖茨紧盯莲花公司的进程，唯恐落后于人，并一再加快“超越”的研制步伐，决心抢在“爵士乐”之前吹响“超越”的号角。在比尔·盖茨与操作人员的共同努力下，“超越”整整比莲花公司的“爵士乐”提前五个星期问世。这五个星期就决定了“爵士乐”的命运。到1987年，市场报告表明：“超越”以89：6的绝对优势，远远超过了“爵士乐”。

比拼速度，其实就是比拼时间的利用率。在商业活动中，只有充分重视时间，才有可能把握住稍纵即逝的商机。

蒙牛的发展关键在于重视时间。

蒙牛创始人牛根生和他的团队带着大家筹措到的1000万元杀入了市场格局已基本稳定的乳品市场。当时的鲜乳市场由于保鲜问题得不到解决，基本是各地用各地企业生产的产品，而随着国人生活质量的提高，饮食结构发生了变化，鲜奶的需求每年以几何级数的速度增长。

牛根生一方面看到了这种市场需求，另一方面，迅速抓住了市场的另一个“机会”，做出了一个果断的决定，即发展奶制品的保鲜技术。鲜奶产品的保鲜是很重要的。这时，国外生产的保鲜奶产品“利乐”进入中国市场，用“利乐”包装纸进行包装，可以使原来只能保鲜 6 小时的鲜奶制品延长至保鲜 6 个月。6 小时对 6 个月，一个原本只能在当地市场销售的产品有望行销全国了。

蒙牛抓住这一契机，把“来自草原的鲜奶”送到了全国的消费者手中。据有关数据统计，由于伊利、蒙牛和光明等全国性企业的兴起，使中国乳品行业进一步集中，由蒙牛起家时的 3000 家企业，减少到 2004 年的不到 300 家。中国乳品市场基本成为一个寡头市场，后来者基本上没有进入的机会。

牛根生有非常敏锐的市场触角，更重要的是他能够及时有效地把握市场先机，所以他成功了。反过来讲，如果他发现这个市场先机后犹豫不决，没有及时采取行动，这个机会就有可能白白地从身边溜走。

时间对于企业来说，是成本也是资本。抓住了时间，就相当于挽回了很多损失，同时也超越了同行。而对现在的领导者来说，重视时间一方面要行动果断、流程顺畅；另一方面则要鼓励团队珍惜时间，提出更高效的建议。

只要有了适宜的速度，往往就会获得成功，为企业赢得最宝贵的时间；带给企业更大的现金流；提高企业的盈利能力及抢占更多的市场份额。

有人说：“现代企业的竞争，就是速度的竞争。”大家都在追求速度，只有具备比竞争对手更快的速度，企业才能获得更大的价值和利润。

专注的态度更重要

在战场上，需要集中兵力。这种作战思想同样适用于商界。对于企业而言，不要分散自己的精力，而应该在专注上下功夫。

李宁是中国著名的运动品牌之一。到 2002 年底，经过 10 多年的经营与市场竞争，李宁公司已经取得了显著的业绩，但也存在不少问题，因此请来了 IBM 的战略咨询团队。

IBM 分析认为，李宁借中国改革开放、振兴民族产业的历史性契机，完成了“第一攻击波造牌”，先发优势明显：品牌认知度远高于国内其他品牌，甚至高于耐克和阿迪达斯；产品的综合表现得到广泛认可；沟通成本相对低；专业运动属性有良好的基础：创业者本人是专业运动员（自然品牌联想），国家专业运动队赞助活动起步早，是国内唯一有潜力以专业属性（单项运动）带动的综合性品牌。

从理论上来说，李宁有了先发优势，抢占市场后，后继竞争者要以成倍的投入来追赶，才能取得李宁今天的成绩。但拿李宁的专卖店与耐克、阿迪达斯的对比，会感觉到李宁的专卖店缺少一种气氛，让人觉得不知道在表现什么。而在耐克、阿迪达斯的专卖店里弥漫着一种运动、时尚的味道。另外，李宁公司这么多年虽然做了许多赞助活动，但效率并不是很高。“不做中国的耐克，要做世界的李宁”，这样的口号还是太虚，并不能成为公司的发展战略，公司必须要明确制定自己的发展战略，才能形成有效的突破。

因此，基于对李宁公司问题分析以及优势的分析，IBM 认为，李宁必须在业务发展方向上有所舍弃，应当聚焦资源，将原来李宁的品牌优势放大。李宁需要把体育专业化作为自己的发展战略。李宁公司欣然同意了这一提议。

有了战略方向感的李宁，在 10 多年积累的基础上，开始使自己的战术活动保持一致。李宁原来的情况是，核心消费群老化，产品定位偏向休闲，缺乏专业运动属性，没有迎合和满足年轻消费者诉求，营销推广以传统媒体和情感型广告方式为主。改进的方向是定位于 15~25 岁的年轻消费者，淡化对产品休闲性的宣传和推广；塑造专业运动用品形象，塑造运动的、个性的、成功的品牌个性，聘用合适的体育代言人，中短期内以产品功能型广告为主，辅以情感型广告，加大营销投入。

在广告方面，李宁推出了针对提升大众对李宁运动产品及新型鞋系列的功能性广告。2004 年 4 月推出以“李宁带给中国运动飞的力量”为主题的全新广告系列及“一切皆有可能”的品牌理念。这一切在中国市场都取得了令人鼓舞的市场反应。

另外，李宁开始了对渠道的调整，除了要求经销商必须开专卖店以外，还花大力气为经销商做培训，为经销商培养合格的店长。到 2004 年底，李宁的店铺总量达 2887 间，其中，特许经销商经营零售门店2526间，自营零售店120间，自营特约专柜241间。此外，在北京和上海的黄金地段开设了店面较大、陈列及装修现代化的“旗舰店”。这些店面的形象，都会根据社会发展和消费观念的升级定期进行升级，以符合新的发展潮流。

市场是最好的检验者。2002年李宁公司营业额达到约9.58亿元，2003年达到12.76亿元，2004年为18.78亿元，较上年大幅上升47.2%，纯利上升42.0%。2020年底，李宁公司的市值突破千亿港元。

这就是专注激发出来的力量。单独狩猎的豹子成功率堪比结群出动的狮子；一个成功的王牌狙击手百步穿杨，弹无虚发；千里之外的鸽子放飞后也能安全地回到故乡……这些让人惊叹的奇迹背后无不包含着对目标的高度专注。企业管理者应该帮助组织树立起远大的目标，并使组织专注于促进目标的达成。只有这样，企业才能持续获得成功。

企业发展需要专注。一个优秀的管理者必须对企业的未来有一个规划蓝图，这个蓝图就是目标，在追逐目标的过程中，尽管资源、技能、经验及机遇等各种因素很重要，但专注于目标的态度更重要。只有专注，企业才能在某一领域精耕细作，才能比对手更出色，才能获得持续成功。

向最强大的对手学习

复制对手是跟随者及后来者的专利。复制对手所反映的商业竞争思想是：通过复制对手的经验，使自己减少学习成本；复制对手的优势，能够使自己在短时间内获得和对手较量的资本，即便不能在短时间内削弱对手，也能让其不至于一枝独秀，形成垄断。

鸿海集团是全世界 EMS（电子制造服务）产业中的老大，其他竞争对手不可企及。但是，鸿海的日子也并非高枕无忧，先前每年 30% 的高增长态势已一去不返，投资者开始变得摇摆。

据统计，2007 年 11 月至 12 月下旬，鸿海集团包括鸿海、鸿准、富士康及群创等公司，市值蒸发 8000 亿元新台币。其中的根源就在于鸿海的商业模式被对手成功复制。

以富士康为例，作为全球最大的手机代工厂，最近几年遭遇了比亚迪的强势冲击，后者从富士康手里抢走了大量订单，使富士康的未来市场空间面临着严峻考验。

比亚迪早期从手机电池起家，逐步建立手机生产线，并以富士康为目标，打进诺基亚，成为富士康之外的第二大供货商。由于比亚迪的产品价格较富士康有明显优势，三星、TCL、海尔、华为、飞利浦等电子巨头逐渐成为比亚迪手机的代工客户。

尽管富士康曾经表示，之所以比亚迪这几年发展非常快，就是因为它采用整批挖角的方式，复制了富士康的商业模式。

从商业竞争的角度来说，复制对手的成功经验本身就是一种很好的竞争手段。

不仅富士康如此，据报道："鸿海旗下公司群创公司整合上游面板、关键零组件及下游监视器、电视的做法，在过去面板产能过剩时，创造了一个奇迹。不过，现在这一模式也受到越来越多的挑战，类似群创的整合商业模式也一一出现，例如友达与佳世达、奇美与冠捷，以及华映与唯冠等，它们的结盟，也让群创的领先优势不再明显。"

连鸿海本身也遭到了强有力的挑战。过去，通过横向并购，以及从模具、机壳、零组件到组装制造等上下游的垂直整合模式，鸿海打造了一个强大的帝国版图，显示出了强大的威力，把全球其他 EMS 大厂、国内 ODM（原始设计制造商）厂商逼得气喘吁吁。

然而，几年时间，鸿海成功的商业模式就被竞争对手成功复制。例如在 EMS 厂部分，早期曾遥遥领先鸿海的伟创力，自 2005 年龙头地位被鸿海超越后，也开始研究鸿海，包括收购旭电、华宇计算机的笔记本计算机生产线，还入股驱动 IC 设计公司联合聚晶。这些并购及整合动作，无一不是针对鸿海而来。

鸿海的商业模式已被竞争对手成功复制，这对鸿海构成了极大威胁。如果站在比亚迪、伟创力的角度来进行思考，就会得出这样的结论：复制对手是赢得竞争的重要途径。

向强大的对手学习，复制对手是跟随者及后来者所采取的一种必要的竞争手段。采用这种手段，能事半功倍，实现后来者居上。

第四章
授权管理：恰当授权，管理起来更简单

授权也应因人而异

团队中总有员工令人不太满意。如果管理者能根据每个人的特点及战略思路对所有员工都适当授权，不仅可大大提高管理者的工作效率，减少总是使用得力下属所带来的负面影响，还可以促进团队作风的形成，减少内耗，使整个团队的工作事半功倍。

从理论上讲，一个较为完善的组织里，应由哪些人接受授权，是应该早已确定的，是遵循一定规则的。作为管理者，如果偏离了这一规则，而又无足够的理由，就可能伤害一些下属的感情。

管理者确定授权人选时，有两类人是最重要的，这两类人也常常被管理者认为是“得力人选”。

一类是“代理人”。这类人不一定能力最强，但地位或资历一定是仅次于领导的，一旦管理者不在，他就理当成为充当维持局面的角色。可以向这类人分配的工作，应以荣誉性、维持性的工作为主，比如：出席一些重要程度没那么高的会议，接待一些不那么重要却非见不可的来访，在管理者外出时（哪怕是极其短暂的时间）为管理者看看“摊子”，等等。

另一类是潜在“接班人”。他们不一定是代理人，但却极具资质和潜力。可让他们参与并为你分担一些重要工作的准备、前期铺垫及后期扫尾工作，更成熟时，可独立、半独立地执行一些较重要的项目。从组织学角度来看，潜在接班人的最佳人数应为两人，以起到竞争和备份的作用。

上面这两种人只占组织中的少部分。除此以外，在组织中，都或多或少地存在着下面几类人物：

1. 孙悟空式的人物

这类员工的特点是有能力，但狂妄自大、不太听话。对这种情况，德鲁克说过：“一个有成效的管理者应该懂得，员工得到薪酬是因为他能够完成工作而非能够取悦上级……一个完美无缺的人，实际上不过是个二流人才。才干越高的人，其缺点往往也越显著。”对这类员工，管理者首先要多多委以重任，经常鼓励并与之沟通；他一旦犯了错误，就严厉批评，一批批透，但同时也要给他留些余地和面子，一般不要当众批评。

2. 猪八戒式的人物

这类员工的特点是有一定的业务能力，但“成事不足，败事有余，毫不利人，专门利己”，而且经常“嫉贤妒能，煽风点火”。对这类员工，管理者依然可委以一些较为重要的工作，但必须与之讲明将要进行检查的地方，并加强监督和批评；如有可能，应列出尽可能详细的项目检查要点清单，定期或突袭按项检查；也可考虑派孙悟空式的人物从侧面代为监督，但不宜直接介入。

3. 沙僧式的人物

这类员工的特点是踏实加令人无奈的平庸，缺乏自信。可将管理者手中已做熟的“套路类”工作交给他，他每完成一项，就大加鼓励，使之逐步树立自信，再逐渐增加工作的难度。

4. “马屁精”一样的人物

作为管理者，光能用贤还不行，应该学会奸贤并用。当然，在组织中，这类人不可太多，但也不可或缺。

5. 生手

没有一个人不是从生手开始的。虽然“不把工作交给会给你添麻烦的人做”是一个重要信条，但管理者如果不对生手进行培养，他永远也成不了“熟手”。

生手的优点在于热情高、不会轻易放弃，往往能够从新的角度提出和处理问题。适当委派工作，是发现人才的一个非常重要的途径，并有提高组织士气的功效。对于委派新手从事“你才能做的工作”，应格外予以关照，给予鼓励，给予指导，并尽量明确告诉他何时何地可以得到何人的何种援助。

俗话说：一样米养百样人。管理者不可能以一副模子来应对所有的人。反过来说，如果真的在组织中只有一种类型的人的话，那么组织就一定会是一潭死水，毫无生气。授权要因人而异，重在物尽其用，这样大家才会为着一个共同的目标而各尽其能。

有些事不适合放手

许多主管虽然有心授权，但却无法准确地掌握授权的范围。大体而言，以下的这些工作可以考虑分配给下属去做：

一是可以提高下属办事能力的工作，比如收集某些统计数据、重新核定该部门的工作量、提出对于未来发展计划的建议等；

二是一件完整的工作，而且有明确的责任归属。如果只是要他们来“踢一脚”，对提升他们的成就感将毫无好处；

三是只须关起门来思考就可以自行决定的单纯事务，而且有一套明确的判断标准可依循，不致因个人主观因素而产生失误。

以下的这些工作则不应授权给下属去处理：

一是只有主管才能过问的事务，像员工的薪资调整方案、部门的年度生产目标，以及若干涉及组织业务机密或是较为敏感的工作；

二是并非完整的一件工作，因为这类工作不易分清责任归属；

三是单调而琐碎的例行性业务；

四是需要召开会议才能决定的事务。

管理者不妨来体验一次：

有一天，王媛媛跑来问身为部门主管的你，看看是否能早点下班去看望朋友。但是她来得很不是时候，你正在填写一份公司的机密报告。

“我现在很忙，不要来吵我！”你不耐烦地把手一挥，“有什么事就跟大张说吧。”

大张是该部门的资深职员。于是王媛媛就满怀希望地走到大张的办公桌前说：“我今天想早点下班去看望朋友，主管叫我来请示你。你觉得可不可以呢？”

大张一时之间有些错愕，愣了老半天之后才说：“我想应该没关系吧，不过你该做的工作当然都要先做完才能走。”“谢啦。”王媛媛很愉快地走开了，没有注意到大张脸上的困惑表情。

让他感到不解的是，这已经不是第一次了。在过去的一个月里，有好几个同事都曾过来向他请示，让他在受宠若惊之余又不禁有种满头雾水之感，只好一律批准。

几个月以后，你逐渐发觉手下无论碰到什么事情都不会再去找你，反而去请示大张，仿佛这个人才是主管，这时你才意识到，由于你在授权时的轻率，使得自己“大权旁落”。

哪些事情你会授权给下属？请利用以下问题做一次检验。

（1）拟定招聘新进员工的相关事宜。

（2）处理一项你最拿手的企划报告。

（3）提出一份年度预算报告。

（4）撰写一份有关未来业务开展的建议报告书。

（5）拟定员工守则与奖惩标准。

（6）处理例行性的业务。

（7）撰写一份行政制度改革的建议报告书。

（8）员工的业绩评审工作。

（9）对于表现欠佳的员工，予以个别辅导或训练。

（10）收集某项复杂事件所涉及的相关资料。

（11）处理客户申诉。

（12）决定在何处举办年终聚餐。

你认为哪些是属于可授权的项目？

正确答案是，除了事件（1）（5）（8）以及事件（9）之外都可以。

管理者不是甩手掌柜，必须担负应有的职责。授权不是将工作全部交给下属，而是有选择地分配。管理者真正的高效不是来自于少干，而是干好最重要的事情，因此管理者一定要对自己职责范围的工作以重要程度进行规划和分析，找出哪些是可以授权给下属的，哪些必须是亲力亲为的，这样才能使授权不出现偏差，才能真正实现管理的高效。

不要成为下属的下属

授权是由管理者指向下属的吗？管理者从来不曾怀疑这一点，尽管授权类的教科书不厌其烦地告诉人们：“授权是主管和下属的互动，是一种‘团队游戏’。”但这并不能改变一个事实：授权标志着主管将自己手中的权力部分地转移到下属手中。

真正令人奇怪的是，管理者有时会成为下属们“授权”的对象。管理者把适合下属的任务，连同完成这项任务所需要的权力一齐给予下属。但下属冷不防又把球踢给了管理者，而管理者却未必能意识到这一点，结果还是自己做了这项工作。

这就是某些下属自觉或不自觉地玩的一种把戏——逆向授权。这种情形，你或许并不陌生：一位管理者正经过走廊，看到他的一名下属从走廊另一头走过来。下属向管理者打招呼说：“您好，我们碰到一个问题，您看该怎么办？”

下属开始详细地说明这个问题。最后管理者说：“谢谢你告诉我这些情况。我现在很忙，我要想一下再给你答复。”然后两个人分开了。

有些管理者成天手忙脚乱，办公室里总是挤满了向他请示工作的人，这些人是他属下的各个部门的负责人，他们把本该由他们自己去做决定的事一股脑儿都推到了管理者头上。而这位管理者在逐一替他们做决定、拍板时，非但没意识到他是在替他的下属工作，反而可能还沾沾自喜，沉迷于受到尊重的美妙感觉之中。

下属们的逆向授权即使不是故意所为，也是潜意识的产物。他们这么做或是为了减轻自己的工作负担；或是为了绕过难题；或是为了逃避责任；或者纯粹是工作中的惯性，还没有注意到被授权带来的工作的变化。

当然不能排除员工带有恶意的嫌疑。人们总是难免遭到利用，譬如说，当一件重要的工作急着要完成时，即使人们不愿意，但最终还会去帮着他做。正是人们的这一弱点，给逆向授权的人以可乘之机。

高明的管理者不会允许这种事情的发生，更不会纵容下属这种不负责任的行为。管理者应把球巧妙地踢回去。当下属请示该怎么办时，应该反问道："你认为可能的办法有哪些呢？""你觉得哪一个办法更好些，能说一下理由吗？"记住，你是管理者，你总是能占据主动的。

然后，在某个适合的场合，管理者重提这件事，或明或暗地转告下属："不要试图逃避责任，如果事事都要由我自己来决定，你们就根本没有在这里的必要了。"

美国山达铁路公司总经理史特莱年轻时，自己努力工作，但不知怎样去支配别人工作。一次，他被派主持设计某项建筑工程。他率领三个职员至一低洼地方测量水的深浅，以便知道经过多深的水才可以建起坚固的石基。

当时史特莱才二十出头，资历尚浅，虽已有几年在各铁路测量队或工程队服务的经验，但独当一面，指挥别人工作，尚属第一次。他极想为三个职员作出表率，以增进工作效率，在最短的时间内完成工作。所以开始的第一天，他埋头工作并以为别人一定会学他的样，共同努力。

谁知道那三个职员，甚为世故，狡猾成性。他们见史莱特这么努力，便假惺惺地奉承史特莱的工作优良，而自己却袖手旁观，几乎一事不干。成绩当然难以达到史特莱预先的期望。

史特莱思索了一晚，发觉自己措施失当，知道自己若将工作完全揽在身上，则他们自己无须再行努力。第二天工作时，史特莱便改正了以前的错误，致力于指挥、监督，不再事必躬亲，这样果然成效显著。

所以身为管理者，必须注意防止逆向授权，这样才能成为一名成功的管理者。

恰到好处地委派工作

一些管理者因担心授权他人会危及自己的职权，事无巨细地将工作揽过来，费力不讨好，影响效率。聪明的管理者，都知道如何授权他人，并仍保持自己的权力控制。在管理者面临的所有工作中，除掉无关紧要的工作，剩下来的有两种：一种是你作为管理者所必须做的；另一种是你的下属应该做的。下一步就是把所有下属能做的工作恰到好处地委派给他们。这是唯一能使你避免在细节问题上耗费精力，而又在不影响最终效果的情况下减少工作时间的办法。

1. 授权之后必须进行控制

在授权下属的同时，管理者还需要建立一种适当的控制手段，即发生什么差错时能立刻采取相应的补救措施。

控制是与授权相配套的管理行为。控制下级，就是指管理者在授权给下级之后，要注意关注其职责的履行状况，并及时对发现偏离目标或要求的具体问题采取消除偏差、纠正错误的措施，以确保下级尽职尽责和整体目标任务的完成。

控制下级同尊重和信任下级是不矛盾的。尊重和信任下级，指的是在社会政治地位平等、利益一致之下的上级对下级应有的态度。而控制则是上级管理下级的一项正常工作，是上级对下级实施领导的功能之一，是社会化、现代化管理所必需的。

控制下级和向下级授权，两者相辅相成，相得益彰。没有授权，就不能充分发挥下级的主动性；没有对下级的控制，则不能保证下级的主动性始终向着有利于整体目标的正确方向。

所以不论上级还是下级，尤其是下级，决不能把控制看作是消极行为，而应当认清它是一项具有重要积极意义的管理活动，进而相互配合，防止内耗。

控制可保证整体协调，有序运转。一个组织，好比一架机器，下级恰似这架机器上的一个部件。正如只有在所有部件都正常工作、准确地履行自己的职能时，整个机器才能够和谐、正常地运转一样，只有每一个下级都准确地完成自己所承担的那部分工作，这个组织的工作才能够协调顺畅，它的整体目标、计划和要求才能实现。由于下级在工作经验、工作能力及思想方法等方面的不同，再加上客观环境方面的原因，有时出现这样或那样的偏差和问题是难以避免的。这就要求必须进行控制，以便能够及时地发现这些偏差和问题，采取适当的措施予以纠正和解决，从而保证整体目标、计划和要求的实现。

简而言之，控制下级，目的不是控制人，实际上是控制整个工作，是通过对下级这个人的控制来控制工作的整体。

管理者在授权的同时，必须进行有效的指导和控制。管理者若控制的范围过大，触角伸得太远，这种控制就难以驾驭。如何做到既授权又不失控制呢？下面几点颇为重要：

（1）评价风险。每次授权前，管理者都应评价它的风险。如果可能产生的弊害大大超过可能带来的收益，那就不予授权；如果可能产生的问题是由于管理者本身原因所致，则应主动校正自己的行为。当然，管理者不应一味追求平稳保险。一般来说，任何一项授权的潜在收益都和潜在风险并存。

（2）授予任务的内容，不干涉具体的做法。授权时，重点应放在要完成的工作内容上，不用告诉下属完成任务的方法或细节，由下属自己来发挥。

（3）建立信任感。如果下属不愿接受分配的工作，很可能是对管理者不信任。所以管理者要排除下属的疑虑，适当表扬下属取得的成绩。另外，管理者要明白，关心下属的成长是管理者的一项主要职责。

（4）进行合理的检查。检查有指导、鼓励和控制的作用。需要检查的程度取决于两方面：一方面是授权任务的复杂程度，另一方面是被授权下属的能力。管理者可以通过评价下属的成绩，要求下属写进度报告，在关键时刻同下属进行研究、讨论等来进行控制。

（5）学会分配“讨厌”的工作。分配那些枯燥无味的或人们不愿意干的工作时，管理者应开诚布公地说明工作性质，公平地分配繁重的工作，但不必讲好话道歉，要使下属懂得工作就是工作，不是其他。

2. 授权之后必须了解授权是否发生作用

为了衡量一项授权计划有没有成功，请问自己以下这几个问题：

（1）那些获得授权的人有没有得到训练和制定个人的发展计划？

（2）是不是每个人都能得到明确的信息？

（3）这是授权，还是仅仅将工作委派给别人去做？

（4）是否创造了鼓励承担风险的氛围？

（5）员工们的信任感和信念是否已显而易见？

（6）组织结构是否有助于授权的过程？

（7）组织结构能否给予管理者以及员工们足够的支持？

如果你对上述的问题都回答“是”，则说明你建立了很好的授权方式，并看到了放手让别人去干带给你和你的团队的好处。

3. 必须不断改进授权技巧

管理过程就是一个不断学习的过程，授权也是一个不断学习、不断改进的过程。管理者要在已经掌握的对授权的认知的基础上，不断总结实践经验，不断改进授权技巧。

常见的技巧性授权一般有如下两种：

（1）一般授权。这是管理者对下属所做的一般性工作指示，并无特定指派，属于一种广泛事务的授权。这种授权可分为三种：

一是柔性授权。管理者对被授权者不做具体工作的指派，仅指示一个大纲或者轮廓，被授权者有很大的余地做因时、因地、因人的相应处理；

二是模糊授权。这种授权有明确的工作事项与职权范围，管理者在必须达到的使命和目标上有明确的要求，但对怎样实现目标并未作出要求，被授权者在实现目的的手段方面有很大的自由发展空间和创造余地；

三是惰性授权。管理者由于不愿意多管琐碎纷繁的事务，且自己不知道如何处理，所以就交给下属处理。

（2）特定授权。这种授权也叫刚性授权，管理者对被授权者的职务、责任及权力均有十分明确的指定，下属必须严格遵守。

授权过程中监控要到位

真正的授权是指放手但不放弃，支持但不放纵，指导但不干预。监督监控其实是对授权的度的平衡与把握，在给予足够权力的基础上，强调责任，将监督、监控做到位，授权的效果才会实现最大化。

海生公司隶属于一家民营集团公司。由于集团公司业务经营规模的扩大，集团公司领导决定把海生公司交给新聘请过来的总经理和他的经营管理层全权负责。授权过后，集团领导很少过问海生公司的日常经营事务。

但是，集团领导既没有对经营管理层的经营目标作任何明确要求，也没有要求经营管理层定期向集团公司汇报经营情况，只是非正式承诺，假如企业赢利了将给企业的经营管理层一些奖励，但是具体的奖励金额和奖励办法并没有确定下来。

这是一种典型的“撒手授权”。这种授权必然引发企业运营混乱。由于海生公司没有制定完善的规章制度，企业总经理全权负责采购、生产、销售及财务。经过两年的经营，集团领导发现，由于没有具体的监督监控制度，海生的生产管理一片混乱，账务不清，在生产中经常出现次品率过高、用错料及员工生产纪律松散等现象，甚至在采购中出现了一些业务员私拿回扣、加工费不入账及收取外企业委托等问题。

同时，因为财务混乱，集团领导和经营管理层之间对企业是否赢利也纠缠不清。集团领导认为这两年公司投入了几千万元，但是没有得到回报，所以属于企业经营管理不善，不能给予奖励。而企业经营管理层则认为集团领导失信于自己，因为这两年企业已经减亏增盈了。他们认为集团领导应该履行当初的承诺，兑现奖励。双方一度为奖金问题暗中较劲。

面对企业管理中存在的诸多问题，集团领导决定将企业的经营管理权全部收回，重新由自己来负责企业的经营管理。这样一来，企业原有的经营管理层认为自己的付出付之东流，没有回报，工作激情受挫，工作情绪陷入低谷。另外，他们觉得领导收回经营权，是对自己的不信任和不尊重，内心顿生负面情绪。有的人甚至利用自己培养的亲信，在员工中有意散布一些对企业不利的消息，使得企业有如一盘散沙，经营陷入困境。

很多人都知道“八佰伴”这个名字。作为著名的日本连锁企业，它曾经盛极一时，光在中国就拥有了很多家分店。可是庞大的商业帝国“八佰伴”为什么最终宣告倒闭了呢？原来，到了后期，和田一夫把公司的日常事务全都授权给自己的弟弟处理，自己却天天窝在家里看报告或公文。他弟弟送来的财务报告每次都做得很好，但事实上，他弟弟背地里做了假账来蒙蔽他。

最后，八佰伴集团倒闭，和田一夫从一位拥有四百家跨国百货店和超市的总裁，变成一个穷光蛋。几年后，和田一夫接受采访，主持人问他："您回顾过去得到的教训是什么？"他的回答是："不要轻信别人的话。一切责任都在于最高责任者。作为公司的最高领导者，你不能说'那些是交给部下管的事情'这些话，责任是无法逃避的。"

后来和田一夫在回忆八佰伴破产的时候也承认，因为时代的进步需要更多的头脑来武装企业，所以家族式的管理已经不利于企业的发展了。和田一夫让弟弟做日本八佰伴的总裁，这本身就是一个失败的典型。

从上面的例子可知，真正的授权就是让员工放手工作，但是放手绝不等于放弃控制和监督。不论是领导者还是员工，绝不能把控制看作是消极行为，而是应该正确认清它的积极意义。控制员工和向员工授权，两者密切相连、相辅相成。没有授权，就不能充分发挥员工的主动性；没有对员工的控制，则不能保证员工的主动性一直向着有利于整体目标的正确方向。

授权要讲究策略和技巧

管理者面对的是一个个有思想的人，授权时如果不分对象、不看情势，会造成管理者对权力的失控。因此，授权必须讲究策略和技巧，在对权力的一收一放之间找到正确节奏。

1. 不充分授权

不充分授权是指管理者在向其下属分派工作的同时，赋予其部分权限。根据所给下属权限程度的大小，不充分授权又可以分为以下三种具体情况：

（1）让下属了解情况后，由管理者作最后的决定；让下属提出所有可能的行动方案，最后由管理者抉择；

（2）让下属制定详细的行动计划，由管理者审批；

（3）下属采取行动后，将行动的后果报告给管理者。

不充分授权的形式比较常见，由于它比较灵活，可因人、因事而采取不同的具体方式，但它要求上下级之间必须确定所采取的具体授权方式。

2. 弹性授权

这是综合充分授权和不充分授权两种形式的一种混合授权方式。一般情况下，它是根据工作的内容将下属履行职责的过程划分为若干个阶段，然后在不同的阶段采取不同的授权方式。这反映了一种动态授权的过程。这种授权形式，有较强的适应性。也就是当工作条件、内容等发生变化时，管理者可及时调整授权方式以利于工作的顺利进行。但使用这一方式，要求上下级之间要及时沟通协调，加强联系。

3. 制约授权

这种授权形式是指管理者将职责和权力同时分给不同的几个下属，让下属在履行各自职责的同时形成一种相互制约的关系，如会计工作中的牵制制度。这种授权形式只适用于那些性质重要、容易出现疏漏的工作。如果过多地采取制约授权，则会抑制下属的积极性，不利于提高工作的效率。

4. 尽量避免授权的程序错乱

一个企业即便人员不多，授权也应该注意一定的程序，否则，授权只会带来负效应。在实际工作中，管理者的有效授权往往要依下列程序进行。

（1）认真选择授权对象。如前所述，选择授权对象主要包括两个方面的内容：一是选择可以授予或转移出去的那一部分权力；二是选择能接受这些权力的人员。选准授权对象是进行有效授权的基础。

（2）获得准确的反馈。管理者授权之后，只有获得下属对授权的准确反馈，才能证实其授权是明确的，并已被下属理解和接受。这种准确的反馈，主要以下属对管理者授权进行必要的复述的形式表现出来。

（3）放手让下属行使权力。既然已把权力授予或转移给下属了，就不应过多地干预，更不能横加指责，而应该放开手脚，让下属大胆地去行使这些权力。

（4）追踪检查。这是实现有效授权的重要环节。要通过必要的追踪检查，随时掌握下属行使职权的情况，并给予必要的指导，以避免或尽量减少工作中的某些失误。

当然，在授权时，还应注意以下四点：

（1）管理者授权时要注意激发下属的责任感和积极性。授权的目的，是要下属凭借一定的权力，发挥作用，以实现既定的管理目标。但如果管理者有权不使，或消极使用权力，就不能达到这个目的。因此必须制定奖惩措施，对下属进行激励，引入竞争机制。

（2）管理者要给下属明确的责任。管理者要将权力与责任紧密联系起来，交代权限范围，防止下属使用权力时过头或不足。如果不规定严格的职责就授予职权，这往往会成为管理失当的重要原因。

（3）管理者要充分信任下属。与职务相应的权力应一次性授予，不能放半截留半截。管理者给职不给相应的权，实际是对所用之人的不尊重、不信任。这样，不仅使所用之人失去责任心，还会严重挫伤他们的积极性，一旦有人找他们，他们就会推："这件事我决定不了，去找某领导，他说了才算。"

（4）管理者授权时要注意量体裁衣。管理者要根据下属能力的大小，特别是潜在能力的大小来决定授权，恰到好处地让每个下属挑上担子快步前进，避免有的喊轻松，有的喊累。

管理者管人是否得当，就是看授权的策略和技巧是否用到位。下属表现如何，则可根据在实际工作中能否恰到好处地行使权力、胜任职务来判断。管理者务必慎重、认真地授权。

第五章
沟通管理：有效沟通，管理更有效

有计划地谈话

对一对一面谈最简单的定义就是“有计划地谈话”，也就是两个人为达到某一目的，而以谈话为手段的一种交互行为。面谈有多种形式，可达到不同目的。例如，管理者了解员工工作情况，重新指派员工担任新的职位，评估员工的表现，或辞退员工。

无论进行何种面谈，首先应谨记以下要点：

1. 制定目标

目标不外乎是找出一套双方都能接受的折中方案，因为大部分的面谈都是为了解决某个问题。

2. 做好准备

事先应收集相关资料以便有助于面谈的进行。

3. 主持面谈

身为主管，应在面谈中掌握主动权。具体来说，必须注意以下几点：要确保沟通的时间；不能涉及个人隐私；要明确面谈目的；要简短扼要地切入话题；要讲究技巧；注意倾听；要善于观察，善于把握肢体语言；和当事者共同拟订出一套可行的解决方案。

4. 追踪查核

了解当事人的“病情”是否确有好转迹象，视情形可再做后续约谈。

除了申诉事件外，所有的面谈都是由主管主动策划的，因此要确保所有面谈前的相关事宜都已事先打点好了，包括资料收集等。

在面谈过程中，管理者一定要注意以下几点：

1. 要明确面谈目的和重点

例如：“我们到这儿来是想讨论一下你的工作进展情况，看看自上次会议以来是否有什么变化，以及能否找到对你完成工作有帮助的措施。”

2. 为员工提供与工作相关的信息

例如：“我先解释一下董事会作出的改变发展方向的决策，这对我们的工作会有些帮助。”

3. 把具体的工作任务和标准作为面谈重点

例如：“让我们浏览一下我们四月份制定的目标和标准。

我想知道你是否觉得你正朝着实现这些目标的正确方向努力，你是否遇到了什么问题，并看看我们能否为解决这些问题做些工作。”把重点放在倾听的同时，管理者也可以评论一下发现的问题或表扬一下他的工作。

4. 及时解决问题

如果出现了偏离轨道的问题，就要马上找一找原因并共同努力解决这些问题。

5. 不要留下任何问题

例如：“在面谈结束前，你是否觉得还有一些其他事情应该让我知道，以便我更好地工作或者让这里的工作更富有效率？”

6. 提出结论和解决方案

例如：“好，现在让我们总结一下。我们都认为你会从这次培训中受益，因此我将为你安排这次培训。在两个月后的会议上，我们再来看看今天我们讨论的问题是否解决了。你看这样行吗？”

虽然是两个人的面谈，但约见人的角色比较重要，因为他是发起这项沟通行为的人。

因此当管理者扮演约见人的角色时，要特别注意下面几点：

1. 把握角色，尽量了解被约见人

即使是很熟悉的员工，也可能在面谈的特殊情况下，改变原有的看法。管理者应尽量设身处地为对方着想，如果能预知对方的感觉和期望，则可据以调整沟通方式，营造良好的气氛。至少应预测一下对方在这种情况下会有什么表现，会怎么想？他的态度如何？感觉怎么样？他会期望什么形式的面谈？

2. 保持友善

有时候，为了使对方放心说话，高度的友善也是必要的。

3. 同意被约见人的观点

作为约见人，有时候同意被约见人的观点而不予以任何反对是必要的。这种做法能使被约见人感到自在，还能扫除被约见人透露信息的障碍。譬如，被约见人的价值观念使其不喜欢亵渎不敬的言辞，而约见人用了这类言词，他自然不愿回答。有时候，即使像吸烟一类的小事，都会妨碍有效的沟通行为。

4. 明确面谈主题

要避免被约见人对面谈的目标和功能的错误判断也是很重要的工作。因此，在面谈一开始时就使对方明白谈话的目的，以及所需信息的种类或性质，同时说明需要的原因。

5. 控制面谈方向

所谓控制，就是使面谈按特定目标进行。控制并不是要操纵被约见人，更不是要驱使他盲从事先定好的沟通纲要，一旦目标设立并且被接受后，被约见人可针对目标自由发表意见。约见人不可干涉过多，以免失去重要信息。特别是独立性较强的人，喜欢在民主气氛下进行讨论。然而，有些被约见人则需要严格控制。譬如，依赖性很强的人，要有更多安全感才会更从容地发表意见。

6. 创造沟通气氛

约见人的工作之一是创造良好的沟通气氛，使得被约见人愿意交谈。要创造这种气氛须从以下几点做起：合理布置场所，使对方感觉适合和安全；在会谈地点不应有制造紧张的物品；创造和保持安全气氛；提出或转换问题要适时。

7. 诱导被约见人发言

很多主管的面谈记录都显示，被约见人常常只对引导式问题做简短的答复，大部分的时间，约见人都在唱独角戏。这种情况下，被约见人很容易了解约见人，而约见人反而没有机会了解被约见人。但有经验的管理者恰好相反，他们的记录显示，大部分的时间是被约见人在说话。约见人只须提出主题，再问一些问题诱使被约见人发表意见，而他自己只要专心听就可以了。

8. 把握听的艺术

任何一种听的技巧，只要能正确了解对方的意思，或记住对方所说的话，都有极大的价值。在面谈的情况中，听可分为三个层面。视觉上，看到了被约见人的反应；听觉上，听到了对方说的话；外表上，调整姿势，表示正在听他说话。

9. 学会做记录

面谈记录应该正确，而且尽可能完整。在面谈中应该尽量避免当面做笔记。原因是做笔记会分散双方的注意力，当面做笔记很容易使被约见人紧张，面谈过程会因做笔记而时断时续，而且所做的笔记只是当时观感，就整体而言，可能不够准确。

总之，好的约见人要具有多方面才能。他必须能够创造适宜谈话的气氛，帮助被约见人适应环境，加强双方沟通，扫除沟通障碍，引导谈话的方向借以达到面谈的目标。

正确地下达指示

大多数沟通是建立在口头基础上的。要想把每一条命令、每一项建议都写下来是不切实际的，也是不可取的。但问题在于很多时候以口头方式发出的简单指示、请求或意见，被听者彻底地误解了。管理者对这种不良的结果感到非常失望，而员工却认为自己在忠实地遵循管理者的指示行事，也因此而十分不愉快。

如何避免或至少在一定程度上减少这种误解呢？对管理者来说，首先要认识到同基层员工和高层管理者对话时都必须谨慎小心。要具体而准确，任何不经过周密思考的陈述都可能导致不良的结果。

其次，由于传达的每一件事都有着更高的“重要性”，管理者还必须认识到，这仅仅是因为对基层员工来说，他们代表着权威。因此，没有一个聪明的总裁会轻易对别人发表评论。

不仅要思考自己打算说什么，管理者还要考虑别人会如何获得和理解信息，甚至还要想到接受者可能作出的反应。当管理者与基层员工对话时，可使用下面这些问题进行检查：

在传达信息时，我拥有可靠的事实吗？

我打算在这一情况中说什么？

这一信息应该告诉给谁？

多少人将会受其影响？

怎样表述信息，使听者能够理解？

他们会在第一次就获得信息吗？

信息需要重复吗？

人们可能作出什么样的反应？

他们会有不同意见吗？

需要对信息进行包装吗？

在下达指示时，是否还需要当场示范？

为了进行这种示范需要做些什么工作？

由谁来进行示范？

接受指示的人需要时间进行练习吗？

要多长时间？

在传递口头信息时应该考虑的一项重要因素是，到底应该在什么地方传递信息？

管理办公室是传递信息的最安全场所，这里是管理权威的最强象征。对于下面这些信息来说，职业管理人选择办公室作为交谈地点是十分恰当的：新的指示、程序的变化、需要解决的问题以及对员工进行的批评。

谈话的方式往往比内容更重要。用粗声粗气或不愉快的语气传递信息时，听者所接收到的反应几乎总是情绪性的。由此管理者可以预料到听者也会以同样的方式作出反应。当你以这种方式讲话时，听者必定会因你想传达给他的信息感到不快。

有时候，管理者到员工的办公桌前或办公室里交谈更为恰当。如果你希望表扬员工或对他表现出特殊的认可，到下属的办公室或办公桌前驻足交谈也是一个好办法。员工可能拥有进行讨论的数据和资料，而管理者不希望打断员工的工作。

可以采取更为灵活的方式使指示的发出显得更为随意。在大厅或饭厅里碰到员工，向他发出你的信息或指令，就好像一切均在不经意的时候发生。

当然，如需要向很多员工传达指示或指令时，就需要使用会议室了。在工作区域之外举行会议，意味着会议不希望受到干扰。

指令必须传达得准确果断，同时，对指令的执行也必须毫不犹豫。在传达指示时，可对了解自己工作的有经验的员工给予表扬。认真思考来自员工那里的任何有意义的修改意见，以获得更理想的结果。员工应该得到一个全面的解释，管理者要坦率，要允许提问，要聆听不同意见，不要自以为是。

巧解沟通中的对抗

冲突是指两种目标之间的互不相容或相互排斥、相互对立。冲突表现为由于观点、需要、欲望、利益或要求的不相容而引起的一种争斗。在组织中，冲突是很常见的，因为组织成员不见得对其职务和责任感到满意，而且每个人对组织目标的承诺并不相等。

有些冲突对组织成员和组织目标的达成是有害的，但另外一些冲突却是有利的。从冲突的性质来看，冲突可分为建设性冲突和破坏性冲突。两者的划分不是绝对的，往往综合交叉，也可相互转化。

管理者既要洞察到冲突发生的可能性，尽量缓和与避免冲突的发生，又要正确地对待已经发生的冲突，科学合理地加以解决，使冲突结果向好的方面转化。此外，管理者应该用辩证的观点来对待冲突，要注意和分析冲突的不同性质，要善于在是与非等问题上明确表态。

沟通的目的就是减少沟通对抗与冲突带来的紧张，同时把讨论引向富有成果的方向。为了实现这个目的，要充分使用各种沟通技巧，化解各种不利冲突和对抗。

1. 让对方发泄

不要试图通过语言来解除对抗性沟通者的愤怒，你说得越多，他们就越感觉到你试图控制他们。或者他们会认为你想与他们争论，虽然那可能不是你的本意，但他们却抱定了那样的想法。因此，在他们说话时不要打断并妄加评论，他们就像上了发条一样，在放出怒气之后，他们的对抗性就会逐渐减弱。

2. 抓住冲突焦点与核心

对抗性沟通者的力量非常强，以至于很容易让人卷入其中受到控制或者被他们的行为分散注意力。因此要与这类人进行有效沟通，需要仔细聆听以确定他们的想法究竟是什么。

3. 求同存异，回避对抗

在很多情况下，冲突的双方各有道理，但又各执一端，很难明确地判明谁是谁非。在这种时候，折中协调、息事宁人是很好的解决办法。

例如，在企业人力资源制度改革的问题上，企业内部分为激进派和稳健派。激进派指责稳健派保守，稳健派指责激进派莽撞。双方的观点都有道理，但又都各有偏颇。身为管理者既不能拉一派打一派，也不能二者皆处罚，因为无论激进的观点也好，保守的观点也好，在企业的发展中均有它们存在的价值。

以求同存异方式解决冲突具有以下优点：首先，既揭出了双方观点的偏颇之处，又没有打击对方的积极性；其次，使双方都看到了对方观点的合理之处和存在的合理性，消除了非要打倒对方才痛快的局面。

4. 调节气氛，缓和紧张

在发生冲突之后，冲突双方之间均抱有成见和敌意，所以在进行调节时，首先要缓和气氛。在气氛比较轻松的场合中，冲突双方比较容易倾听彼此的意见和调节者的意见，也比较容易互相谅解。作为管理者，也不应板着像法官一样的面孔，用一副公事公办的口气说话，适当的幽默，在某些场合有利无弊。

5. 冷处理

冲突发生之初，冲突双方都会很激动，立即调解往往收效甚微，搞不好还会弄巧成拙。在这种情况下，明智的办法是冷处理，即待双方头脑清醒之后，再进行调节。其实有些感情冲突不需要调节，随着时间推移，当事人头脑清醒后，冲突会自然缓和甚至消失。

在会议中，冲突双方往往均已知道自己的错误（或有一方意识到错误），但面子上不下来，只好死顶硬拼，互不让步。这时作为管理者要注意满足双方的虚荣心，给双方台阶下，让双方都能接受，以免造成僵局。

说服的技巧

说服别人是管理人遇到的常见难题。一名称职的管理者必须学会用良好的态度说服，才能具有独特的个人魅力。否则，用恶劣的态度、语言批评员工，只能适得其反。作为管理者，不能一味地批评员工，而应用自己诚恳的态度说服员工，使之信服，这才是高手。

希望对方接受某种计划并施行时，要先替对方在脑海中描绘出施行计划的远景，这种说服方法确实很有效。若只是用枯燥无味的长篇大论或数字说服对方，则力量较微弱。

“请你先想一想，这个计划实现后，来我们店里的都是一些年轻的女性，如此一来，店里自然总是洋溢着青春的活力，反而给我们做了一个免费广告。我相信我们的销售额一定会提升到现在的五倍以上……”

“很好看！”“这样搭配很好。”“这套衣服很适合你。”活泼生动的表情与热心认真的态度，会留给对方鲜明而深刻的印象，同时也能产生一股感动人的力量。到女性服饰专柜看衣服的女性们，在她们选购的同时，总是会先想象自己穿上这些衣服的模样，以及别人的赞美之辞。被别人赞美的情景浮现在脑海里，使她们下定决心购买，即使售价稍贵了些，还是会买下。

心理学家认为，要争取别人赞同自己的观点，光是态度诚恳、观点正确还不够，还要掌握微妙的交往技巧。经过研究，有人提出了许多增强说服力的方法，其中最基本的有以下几种:

1. 利用环境优势

教育学家拉尔夫·泰勒等人曾经按支配能力把一群大学生分成三等，然后各取一等组成一个小组，让他们讨论大学 10 个预算削减计划中哪一个最好。实验开始了，一半的小组在支配能力高的学生寝室里，一半在支配能力低的学生寝室里。泰勒发现，讨论的结果总是按照寝室主人的意见行事，即使主人是低支配力的学生。泰勒由此得出一个结论：一个人在自己或自己熟悉的环境中比在陌生的环境中更有说服力。在日常生活中应充分利用环境优势，如果不能在自己家中或办公室里讨论事情，也应尽量争取在令人感觉良好的环境中进行，以此争取较大的环境优势。

2. 寻找与对方的共同点

你经过努力，刚想鼓动一伙青年去清扫某块地方，而他们却宁愿到别的地方去，你该怎样引起他们的兴趣呢？研究发现，如果你试图改变某人的个人爱好，你越是使自己与他有共同点，你就越具有说服力。例如，一个优秀的推销员总是使自己的声调、音量、节奏与顾客相称，甚至身体姿势、呼吸等也无意识地与顾客一致。这是因为人类具有相信“自己人”的倾向。

“一个酿酒厂的管理者可以告诉你，为什么一种啤酒比另一种好，但你的朋友，不管是知识渊博的，还是学识疏浅的，却可能对你选择哪一种啤酒具有更大的影响力。”

3. 将心比心

如果你准备拜访隔壁新搬来的一对夫妇，请他们为社区的某项工程募捐，用哪种方法最好呢？拙劣的劝说者是开门见山提出要求，结果发生争执，陷入僵局。而优秀的劝说者则会首先建立信任和共情的气氛。

如果主人为某事烦恼，你就说：“我理解你的心情，要是我，我也会这样。”这样就显示了对别人感情的尊重。以后谈话时，对方也会加以重视。当然，优秀的劝说者也不总是一帆风顺的。

他也会遭到别人的反对。这时老练的劝说者往往会重新陈述对方的意见，承认它具有优点，然后才指出自己的意见更好、更全面。

在下结论前，如果同时展示双方的观点，比只讲自己的观点更有效果。

4. 有力的证据

引用权威更能消除听众的先入之见。

你准备参加某次决策会议，为一项不为大家重视的事业争取更大的一笔资金，什么样的证据最有说服力呢?

如果向听众提供可靠的资料而不是个人的看法，就会增强你的说服力。但要记住，听众受到证据的影响，也相应地受到证据来源的影响。

5. 具体事例的运用

想要推销某种产品，是把产品的成分、功能、用法详细介绍一番好呢，还是介绍某个客户使用后如何受益的事例好呢?

实际生活中，优秀的劝说者都清楚地知道这样一点：个别具体化的事例和经验比概括的论证和一般原则更有说服力。因此，要多卖产品，你就应酌情使用后面一种方法。

要说服别人，你就应旁征博引，使用具体的例子，而不要一味空洞说教。说服别人、赢得赞同的能力并不是神秘的天赋，在保证自己观点正确的同时，通过学习一些社会交往技能，我们就可以增强自己的说服力。

使用对方熟悉的语言

管理大师德鲁克说：“当我们对木匠说话时，我们需要使用木匠的行话。”正如人不能听到一定频率以上的声音那样，人也不能感知到某些范围以外的事物。要想获得良好的沟通，就需要使用通俗的语言。

托尔斯泰说：“真正的艺术永远是十分朴素的，几乎可以用手触摸到似的。”演说语言要力求通俗化、口语化，如不考虑听者的接受能力，用那种文绉绉、酸溜溜的语言就既不亲切，又艰涩难懂，往往事与愿违，弄不好还会闹笑话。

通过简化语言并注意使用与对方一致的方式可以提高沟通效率。比如，医院的管理者在沟通时应尽量使用清晰易懂的词汇，且向医务人员传递信息时所用的语言应和与办公室工作人员沟通时不同。在所有的人都理解其意义的群体内，行话会使沟通十分便利，但在本群体之外使用行话则会造成沟通问题。因此管理者不仅需要简化语言，还要考虑到信息所指向的听众，以使所用的语言适合对方。

另外，还要有积极坦诚的沟通态度。开诚布公、坦率谈论的态度，能使双方倍感亲切、自然，易于接受各自的观点和看法。如果虚情假意、阳奉阴违，就会造成“话不投机半句多”的尴尬局面。所以，交谈中一定要注意，不要装腔作势、言不由衷，更不要在对方面前吹嘘自己或玩弄是非，这些都是有碍营造和谐谈话气氛的。

对于管理者而言，学会使用对方的语言，用对方熟悉的术语、习语和沟通方式进行沟通，极其有利于沟通。“你必须以对方的语言来说话。如果你对双方都有所了解，才会沟通顺利。”德国著名剧作家华格纳说，“除了留心你的声音听起来如何，还要注意你所使用的字眼。如果你是个大量使用词语的人，要当心并非每一个人都听得懂，而且可能很多人会觉得枯燥无味——即使他们同意你所说的主题。”

田中是一家日资企业的雇员，被派到中国分公司担任制造部门的经理。他一来就对制造部门进行改造。但很快他就发现，现场的数据很难及时反馈上来，于是决定从生产报表上整顿。借鉴日本母公司的经验，他设计了一份非常完美的生产报表。报表发下去后，每天早上，工人们将各项生产数据填好后汇总给田中。他很高兴，认为自己拿到了生产的第一手数据。但是没有过几天，出现了一次大的事故，而这次事故居然在报表上没有丝毫反映。经过调查，他发现报表的数据都是工人随意填上去的。

为了强化工人对报表的重视，田中多次开会强调认真填写报表的重要性，但每次开会的作用不大，开始几天可能还有一定的效果，但过不了几天又回到了原来的状态。田中怎么也想不通。后来，他的一位中国朋友让他换位思考一下：假如他是工人，他会认真填写吗？

田中的苦恼是很多企业管理者的一个普遍的烦恼。一线的操作工人，很难理解他这样做的目的，因为数据分析距离他们太遥远了。大多数工人只知道好好干活，拿工资养家糊口。不同的人，他们所站的角度不一样，单纯开会强调，是没有效果的。后来，田中将生产报表与业绩奖金挂钩，并要求干部经常检查，工人们才知道认真填写报表与切身利益有关系，这才重视起来。

同样一件事，只是做了一个小小的改变——与对方的利益联系起来，事情就得到了圆满解决。这就像我们在和别人沟通时使用别人的语言一样，当我们用对方不熟悉的语言进行交流，对方反应就迟缓；而当我们开始使用对方常用的术语时，对方立即就会对我们的观点进行回应。

拜访过罗斯福的人，没有一个不对他广博的见闻佩服得五体投地的。一位拜访过他的人曾说过："不论来访的是勇敢的骑兵队员，还是政治家、外交官，罗斯福都能谈起适合对方身份的话题，彼此的交谈都十分愉快。"他为什么能这样做呢？原因很简单，罗斯福知道有人来访时，就在前一天晚上查阅有关当事人的资料，所以不论来访者是大人物，还是小市民，会谈时双方都能找到共同的话题。

使用对方的语言进行沟通，容易与对方取得共识。在银行工作的艾伯森先生曾说过这样一件事："有个年轻的司机走进来要开个户头，我递给他几份表格让他填写，但他断然拒绝填写有些方面的资料。在我没有学习人际关系课程以前，我一定会告诉这个客户，假如他拒绝向银行提供一份完整的个人资料，我们是很难给他开户的。但今天早上，我突然想，我最好换一种能够改变他观点的沟通方式。于是我就对他说，‘就像是你行驶在高速公路上，你要是不交过路费，将不会被放行。’听完我的话，这位年轻人居然笑了，对我说，‘看来我需要补上过路费。’说完他就把资料补全了。”

这就是使用对方语言的魅力。任何人都不愿孤立自己，当管理者用他常用的语言进行沟通时，他自然会感到亲切，感受到管理者的真诚，更愿意将管理者看成是替自己考虑的人，从而将胸怀敞开，使沟通进入畅通阶段。相反，如果管理者对着木匠说泥工的话，也许一开口，就会遭到抵触。

顶尖沟通者都有方法“进入别人的频道”，让别人喜欢他，从而博得信任，表达的意见也易被对方采纳。人与人面对面沟通时的三大要素是文字、声音及肢体语言。一般人常强调对话的内容，却忽略了声音和肢体语言的重要性。其实，要想进入别人的频道，除了使用对方的语言，还要使你的声音和肢体语言与对方的习惯保持一致。这里介绍一种五步沟通法：

第一步，情绪同步，表情同步。如果对方很严肃，你也应跟着严肃；对方表情很放松，你也应表现得很轻松；对方开怀大笑，那你也没必要拘谨。完全跟对方同步，对方就会觉得你很易相处。

第二步，语调语速同步。如果对方讲话速度很快，你也应提高语速；对方讲话速度非常慢，你也应不急不躁；对方声调很高，你也很高；对方讲话声音很轻，你也非常轻。总之，与对方越接近越好。

第三步，肢体动作同步。模拟对方所有的习惯动作，比方说对方经常捋捋头发，你也可以做类似的动作。但是切记，千万不要和对方同时进行。任何人都不希望别人模仿自己的动作，你的模仿应该在不知不觉之中。

第四步，习惯用语同步。每个人讲话时都有一些口头禅，比如说，“那么那么”“真是的”等。这时候你要注意把对方的口头禅也融入你的语言中，这样会使对方感到很亲切，有熟悉感。

第五步，价值观同步。研究表明，人与人之间的冲突，95% 来源于价值观的冲突。假如你要真正地、全方位地进入对方的频道，就必须认同对方的价值观，这样才能实现深层次的沟通。

有效沟通要因人而异

在管理工作中，几种特殊人物，如和自己对立的人，很有才能的人，自己的下级、亲属，性格古怪的员工等，对自己关系网的建立和扩大影响甚大。管理者如果能正确处理同这几种特殊人物的关系，那么再处理与其他人的关系也就很容易了。

在对待下级问题上，要因人而异。

正确对待下级，首先要尊重下级。一般来说，尊重上级比较容易做到，可尊重下级并不是人人都能做到的。尊重下级，才能使之尽心尽力，才能调动起大家的积极性。正确对待下级，还必须注意，当工作上出现了问题，发生了失误时，管理者要首先承担责任。

当然，并非每一个员工都是十全十美的。性格上有问题的下属，是管理上较为棘手的一类。他们的工作习惯、态度和对人生的看法不只影响他们本身的工作绩效，而且很容易影响其他同事的士气和效率。因而，身为管理者，不应忽视下属性格上的问题。

下面就介绍几种不同的员工类型。

1. 易怒型

小刘在一家化学工厂修理部门担任机械修理工作，他技艺卓越却不太合群，容易为一点小事大动肝火。曾有一次，他再三以有人偷了他的工具为由，要求主管出面解决，否则他将如法炮制地拿走别人的工具作为补偿。

小刘不懂得克制自己的情绪，经常大发雷霆。这种人在感情上通常是不够成熟的，同时也有强烈的自卑感，公司的纪律虽然无法改掉一个人的坏脾气和蛮不讲理，但至少要让他知道公司并不姑息乱发脾气的行为。当一个人情绪激动的时候，你应该仔细聆听，而不要急于发言。

2. 脆弱型

假设你在公司的高级系统部门担任监督工作，下属是五个程序设计师。当下要将旧有的作业转换成电脑作业，但今天你才发现进度无法配合总经理的要求。他要求你和每个程序设计师私下会谈，就他们在进度上的落后提出批评。这时你面临的难题是一个叫李萌的下属，她感情脆弱，别人的批评很容易让她有受伤的感觉。上个星期她就曾因为你针对她的工作提出疑问而多次流泪，现在你该如何面对她？

与这类人交往时，你的措辞应力求小心、谨慎，尽量少以个人的立场发言，而要强调“我们”和“公司”。不要让对方有被轻视的感觉，更不可伤害对方的自尊心，而要把握机会称赞她在工作上的表现。

同时，对于感情上容易受伤害的下属，管理者必须再三地鼓励，并以他的某一项成就作为话题。同时你也应该让对方知道，执行公司决策而发生差错，和个人的能力不一定有关，不必因此而丧失自信。

3. 消极型

一名工程师在你掌管下的质检部门任职已有三年之久。他生性悲观，凡事总以悲观的态度看待，诸如举出各种理由来证明目标无法达到，新的构想无法开展，对于新观念又不抱希望。

他墨守成规，认为保持原状才是明智之举，因而很难让他对工作产生热情。你一方面很难确定他是否肯在整修故障和提高质量上面花心思，另外你又担心他凡事消极的态度会影响到其他同事，因而不愿意让旁人和他共事。

当他下次重弹消极悲观的论调时，你可以要求他不要一味地否定，应该提出积极且有建设性的意见。假如他表示某件事行不通时，你就让他找出可行的方法，这样做可以使他尊重那些在工作上有建设性意见的人。

想让这位工程师成为一个积极乐观的人并非易事，你不要奢望他会脱胎换骨，因为一个人的本性总是难以改变的。但是只要借适当的时机，让他了解凡事采取消极的看法不一定妥当，他就会变得比较能合作共处。当你面对他时，必须保持一贯乐观进取的态度，尤其是接受一项艰巨的任务时，更应该以肯定乐观的态度让他知道你充满信心。如果他一向尊重你，就会信心倍增。

4. 独立型

你的一名下属颇具创意，但独行的作风和传统的工作规范格格不入。他虽然能将自己分内的工作圆满完成，并创造出令人耳目一新的风格，但他迟到频繁，并经常以私事为由请事假。另外，你也讨厌他和客户接洽时的那种吊儿郎当的德行。其他的员工穿着公司规定的服饰，并照规章办事，但这位先生的穿着和举止却很随性。

对待这种人你应该慎重。从各方面看来，任何人都改变不了这位下属的处事态度。他的出身与背景造就了他目前的性格，而他显然对自己和所从事的工作都很满意，因而才会形成漫不经心的态度。假如他从事的工作在质和量两方面都不会因为不良的工作习惯而受到影响，而客户也没有不良的反应，那就另当别论。

身为主管的你，或许会为了这种特立独行的下属而感到左右为难，因为你很难衡量他的行为是否触犯了大忌，是否危害到公司的利益。大多数的情形下，你只须认清自己所面对的问题，善加处理即可。这种人颇具自我意识，独立性强，不易驾驭。像这样富有创意和才华的人，不适合用寻常的方式来管理。公司可正视他的才能和表现，针对他的个性制定出一套适合的管理方式，不可排斥。

才华横溢的人需要更多的个人自由，组织可设法提供更开阔的园地让他们孕育新的构想，施展自己的才华。他们的创造力会因为不断地挑战而日趋强大；反之，一成不变的工作只会扼杀他们的天赋。他们喜欢从事一种别人力所不能及的工作，并以突破性的成就自豪。等你对他们的作风司空见惯之后，就不会把他们当问题人物了。

此外，要学会正确对待亲者。一般来说，管理者都有与自己关系密切的朋友、同事和亲属，这就是所谓的“亲者”。亲者当然是与自己最“谈得拢”“合得来”、最信任的人。但作为组织的管理者，必须对亲者进行合适的心理调整，要与亲者保持一定的距离。对本组织人才的任用和选拔，不能受个人情感的影响，要任人唯贤，不可任人唯亲。

与自己对立的人往往就是自己的一面镜子。一般来说，与自己对立的人不会太多，但他们往往代表着一部分人的想法与观点，因此，能否慎重地处理好与他们之间的关系，往往关系到能否团结一批人的问题。多原谅对方的缺点和错误，是管理者应该坚持的原则。一方面，尽量避免与他们的冲突和纷争，在非原则性问题上可以多忍让；另一方面，应该把他们的反对意见看作是自己在事业上取胜的条件。

在当今时代，市场竞争归根结底是知识和人才的竞争。要使组织兴旺发达，管理者必须尊重人才，绝不可妒忌才能高于自己的人，要敢于任用有才能的人。这样一方面有利于提高整体效率，另一方面也有利于管理者建立和巩固自己广泛的关系网，为自己以后的事业奠定坚实的基础。

激发对方讲话的愿望

管理者要善于激发对方的谈话欲望。一方对另一方的讲述予以积极、适当的反馈，能使谈话更津津有味，从而使谈话愈加融洽、深入。因此，管理者在听对方讲述时，应注意自己的态度，充分利用一切手段——表情、姿态、插话和感叹词等——来表达自己对对方讲话内容的兴趣和对这次谈话的热情。在这种情况下，管理者微微的一笑，赞同的一点头，充满热情的一个“好”字，都是对对方谈话的最有力的鼓励。

真诚地赞扬对方是激发的好方法。漫不经心地对对方说上一千句赞扬的话，等于白说。缺乏真诚的空洞的称赞，不能使对方高兴，有时还可能由于你的敷衍引起对方的反感和不满。

因此，要更好地发挥赞美的效果，需要注意：

1. 实事求是，措辞恰当

当你准备要赞美时，首先要掂量一下，这种赞美，对方听了是否相信，第三者听了是否不以为然，一旦出现异议，你有无足够的理由证明自己的赞美是有根据的。所以，要当心，赞美只能在事实的基础上进行，不可浮夸。

2. 赞美要具体、深入、细致

抽象的东西往往难以给人留下深刻印象。若称赞一个初次见面的人说：“你给我们的感觉真好。”这句话一点作用都没有，说完便过去了，不能给人留下任何印象。但是，倘若你称赞某个好推销员，可以说：“有一点非常难得，就是无论给他多少货，只要他肯接，就绝不会延期。”挖掘对方不太显著的、处在萌芽状态的优点，增加对方的成就感，这样，赞美起的作用会更大。

3. 表现自己的善解人意

管理者该如何表现自己的善解人意与体恤下属呢？当然是要凭借自己对下属情感世界的细微体察，适时地表达领导式的赞赏与朋友式的关切，这样才能最大限度地打动下属，同时在彼此间建立起情感的纽带。

某单位举行宴会庆祝佳节。常言道，“每逢佳节倍思亲”，更何况是在这合家团圆之际。来自四川的刘斌面对美酒佳肴，思绪又飞回了父母身边。大家都是本地人，没有人注意到刘斌情绪的变化，但这逃不过王处长的眼睛。他看到置身于欢乐人群之中却欢乐不起来的小伙子，立即意识到年轻人是想家了。他随即高举酒杯，朗声说道：

“在这中秋之夜，大家像亲人一样聚在这里举行欢宴，我非常高兴。尤其是小刘同志，远离故乡亲人，怀着极大的热情来我们这里工作，取得了很大成绩。我在这里向刘斌同志表示感谢。希望大家关心刘斌，把他当作我们的亲人，使他在这里更加愉快地工作和生活！”

细心的王处长在这种特殊的气氛下，通过观察刘斌情绪的变化，推测出他此时的心理。王处长不是直接地去安慰他，而是通过称赞和关心，使他加入到欢乐的宴会中来。

让对方的嘴巴张开，这是完成沟通必须做好的工作。如果只顾自己滔滔不绝地讲，而使地位低于己者没有讲话的机会或无讲话的愿望，谈话就会陷入僵局，难以继续下去。

因此，管理者应具有细腻的感情和分寸感，注意说话的态度、方式以及语音、语调，激发部下的讲话愿望，给对方讲话的机会，使双方在感情交流的过程中完成信息交流。

上下级沟通之道

作为一个管理者，如能同下属相处得比较好，无论对管理者本身还是下属都是有益的。

1. 以礼相待

上班时，管理者对下属的一声亲切问候，正是赢得一天合作与友谊的开始。但管理者往往注意对陌生人表示礼貌，却很少想到对熟悉的下级施以礼貌。管理者一定不能忽视这一点。下属得到尊重，信心十足地走上岗位，才能保证一天工作取得更高的效益。

2. 予以表扬

没有不爱听好话的人，尤其是辛苦工作的下属，你应不吝用最好的词汇来形容和赞美他们。管理者必须看到下属的长处，多想想他们的优点。下属把事情办得很漂亮，管理者应该不吝惜赞美之词，因为大部分人都渴望得到表扬。人们不断受到鼓励，才能将工作干得更好。

3. 给予公平

公平是管理魅力的源泉，管理者待下属应该公平。管理者千万不能因为一些微不足道小事，影响众人的情绪，妨碍自己的工作。假如过分偏爱自己的亲信，员工便会认为你是个徇私情的人，他们的工作积极性便不会太高。

4. 随时指正

犯错误是难免的，关键在于怎样看待错误。当管理者遇见下属犯错误时，应及时纠正，而不能等下属的各项错误累积得很多时，才放在一起批评。这样，会使下属认为你一直不信任他，哪里还有干劲呢？批评人应单独进行，当然，极少数与法规及制度公开对抗的人，管理者可当众批评。

5. 一诺千金

声誉从某种意义上讲，是一个管理者的生命。管理者要想在下属面前树立起声誉，就必须守信用。管理者应周密地考虑实际情况，一旦许下诺言，就应确保实现。确实因客观原因无法兑现，管理者也应及时解释，否则下属是不会长期支持你的。

6. 兼听则明

管理者应多给下属机会表达他们的建议。尤其在制定一些与下属利益有关的规章时，管理者更应多听取他们的建议。如他们的建议得到讨论或采纳的话，他们会以愉快的心情接受你的决定。

7. 人无完人

生活之中，没有十全十美的人，别人有错误，管理者自己也有错误，不能总摆出一贯正确的样子，那样是会令人讨厌的。

8. 真诚关心

管理者必须经常关心下属，注重选拔、培养下属，激发他们做更多的事。在工作不顺利时，管理者不要过分指责，同时应帮助他们解决一些工作和生活中的实际困难；在顺利的时候，要提更严格的要求。

9. 不要争论

管理者不能私下随便评价一个人，更不能抱着高人一等的态度训斥别人。这样往往会激起争论，降低威信。一般而言，管理者和下属争论，是不能赢得下属的钦佩与信任的。

10. 巧处埋怨

只有适当地宣泄，才能保持一个人的心理平衡，因此，我们可以说发牢骚、诉埋怨是人的一种本性。作为管理者，可不必记在心上，而且还可以从牢骚话中了解到下属的困难，从而寻找到解决问题的方法。

第六章
团队管理：赢在团队，战斗力倍增

为员工创造良好的工作氛围

管理者应该能够包容不同的人，在团队内部营造好的工作氛围。好的工作氛围能够促进员工创造更大的经济效益，如果员工长期都在不快乐的状态下工作，他们的工作主动性，创造力和变革能力都会丧失。

一位失败的企业家在总结企业为什么失败时这样写道：员工是公司的命脉，不注重这个命脉，不使员工因为工作而感到快乐，员工就会使企业因为失败而感到不快乐。

微软就是特别注重工作氛围的企业。比尔·盖茨深知工作氛围的重要性，他将微软工作氛围的营造重点放在两个方面。首先是舒适的工作环境，这包括了自然环境和人文环境。微软的研究所被称为“campus”，这与“大学校园”的英文单词是一样的，也正是微软自然环境的真实写照。在微软的研究所内，不仅有大量长满鲜花、绿草的园区，还有美丽的比尔湖，篮球场、足球场更充满校园气息。舒适的自然环境，造就了微软优雅的工作环境，同时也成就了微软员工的高效率工作。

第二方面就体现在人与人之间的工作交流上。微软的做法很有特色。比尔·盖茨认为，交流是一切沟通的核心，是解决问题的有效途径以及团队精神的体现。在微软，最典型的沟通方式是“白板文化”。白板文化是指在微软的办公室、会议室，甚至休息室都有专门的可供书写的白板，以便随时记录某些思想火花或建议。这样一来，有任何问题都可及时沟通，及时解决。白板文化不仅使员工得到了充分尊重，而且使交流成为了一种令人赏心悦目的艺术。

看着美丽的风景，享受着舒适的环境，感受着轻松自在的工作氛围，员工自然心情愉悦，工作的效率也大大提高。比尔·盖茨曾说过：“我们有意营造一种校园般的感觉，这样会让员工产生亲切感和归属感，为他们创造一个舒适、亲切的工作氛围。”他甚至将微软的总部直接称呼为“微软校园”。

哈佛大学一项调查研究证实：员工满意度每提高三个百分点，顾客满意度就能提高五个百分点。人在客观上是不可能不受情绪影响的。当一个人的情绪处于“乐起来”的状态，就能充分调动他的主观能动性，以积极的姿态接受任务，以饱满的热情投入工作。优秀的管理者一定要学会如何使员工快乐起来。

好的工作氛围能够提升员工的工作效率。相反，坏的工作氛围将会扼杀掉员工的工作热情、积极性和创造力。管理者应充分认识工作氛围的重要性，尽可能地营造出一种利于工作、员工乐于接受、利于团队发展的工作氛围。

营造良好的工作氛围最好从企业文化出发。从企业文化建设着手，提高员工工作激情，营造一个相互帮助、相互理解、相互激励及相互关心的工作氛围，从而稳定工作情绪，激发工作热情，形成一个共同的工作价值观，进而产生合力，达成组织目标。

创建和谐的工作氛围，是利用大多数成员的方式将大家最大限度地统一起来。如果不能学会采用下属的方式，哪怕是只有一个下属，也难以建立起和谐的关系。只有使用成员最常用的方式，团队成员才乐于接受，从而保证团队的和谐。

另外，管理者需要注意的是，不能因为强调严格管理而排斥员工个性，不能因为强调集体利益而忽视员工正当权益。要把尊重个性、维护权益、促进员工全面发展作为领导的新理念。要营造包容个性、和谐发展的生动局面。这样，员工的创造智慧就会竞相迸发，单位的生机活力就能充分展现。

建立学习型团队，提升凝聚力

建立学习型团队非一日之功，需要进行五项训练，即自我超越，改善心智模式，建立共同愿景，团队学习与系统思考。只有将这五项训练综合运用，学习型团队才能塑造成功。

1. 自我超越

自我超越是指突破极限的自我实现和获得娴熟的技艺的过程。精熟于自我超越的人，能够不断地实现他内心深处最想实现的愿望，他们对生命的态度就如同艺术家之于其艺术作品一样，全身心地投入，忘掉自我，不断地创造和超越，这是真正活到老，学到老。整个团队的学习意愿和能力来源于团队中每个成员的学习意愿和能力。

自我超越的训练包括以下一些内容：建立个人愿景，即树立个人的远大理想和宏伟的奋斗目标；保持创造性张力，即不断地在个人愿景和现实之间的差距中，创造学习与工作的热情与动力；解决结构性冲突，即排除阻碍个人追求目标和迈向成功的结构性心理障碍；运用潜意识，即发展潜意识和意识之间的默契关系，以增强意志力。

2. 改善心智模式

改善心智模式就是团队成员和团队自身打破思维定式，解放思想，进行创造性思维的过程。改善心智模式的训练，主要包括以下一些内容：

（1）辨认跳跃式的推论，即认真分析自己是如何从粗浅的、直接的观察，跳到概括性的结论（这些结论通常是片面的、浅薄的，甚至是错误的）的。

（2）找出对事物的假设，即对自己所经历的事件以及处理方式，坦诚地写出内心深处的隐含假设，找出其中不合理的地方。

（3）探询与辩护，这是一种在多人之间开诚布公地探讨问题的技术。它一方面允许对未知的情况进行询问，另一方面允许对自己的观点进行辩护。

（4）对比拥护的理论和使用的理论，即对自己拥护的理论（通常是口头表示的）与实际使用的理论（反映在实际行动中的）之间的差距进行分析，并加以改进。

3. 建立共同愿景

通过建立共同愿景，可以把全体团队成员团结在一起。一旦共同愿景深入人心，每个团队成员都会受到共同愿景的感召和鼓舞。

建立共同愿景的训练，主要包括以下内容：鼓励个人愿景，即鼓励个人设计自己的未来；塑造整体图像，即培养团队成员的集体观念、全局观念，从全局利益出发分担自己应尽的责任；融入团队理念，即将共同愿景融入理念之中；学习双向沟通，协调个人愿景与共同愿景的关系。

4. 团队学习

不少实例显示，团队确实能够共同学习，团队的集体智慧高于团队成员个人智慧之和，团队拥有整体搭配的能力。当一个团队进行整体学习时，不仅整体会产生出色的成果，团队成员个人成长的速度也比在其他的学习方式下快。

5. 系统思考

系统思考这个工具对团队学习非常重要，因为管理团队的每一项主要工作，如发展策略，塑造共同愿景，设计政策与组织结构等，都需要克服复杂性。这个复杂性并不是静止不动的，而是在不断地变化着，必须化局部思考和有限思考为系统思考才能把握事物的本质，有效地解决问题。

学习型团队的五项训练交叉运用才能更加有效。每一项训练都有独特的优势，交叉运用则可发挥团队的作用——既能充分发挥各自的优势，又能通过整体搭配，发挥出高于个人优势之和的优势。

善于适时为团队减压

让一根木尺不断地弯曲，到了某种程度它自然就会断裂，团队也是一样，加压到某个程度就会撑不下去了。当然，每个团队成员都生活在压力之中，但要是压力太大，就会出现明显的焦虑症状，有时甚至会引发严重的疾病。不同的人有不同的临界点，超过这个容忍极限，后果将不堪设想。

英国作家维龙·可曼博士写了一本书《舒缓工作压力的技巧》，在书中提到了在英国公司里，平均每个团队成员每年因为压力过大而折损了价值 1000 英镑的生产力。也就是说，假如这个公司有 1000 人，每年就要平白损失 100 万英镑的收入。

为什么会这样？原因很简单，团队的管理者没有学会为自己的团队减压。

鉴于现在的员工都处于极高的工作压力之下，许多跨国公司都积极提倡开放的企业文化和轻松的工作氛围，这一点在微软尤为突出。软件业的从业人员显然处于更高的工作压力之下。为了减轻员工技术层面上的压力，微软在做任何一项软件开发的时候，每天都有一个检测点，让员工们以研讨会的方式在一起探讨问题。为了减轻业务人员的压力，经理们通过直接对话的方式定期与之交流，帮助减压。

有许多方法可以减轻压力，团队管理者可以采用下列几种方法在团队中营造出轻松的氛围。

1. 用培训减压

培训一方面可以提高团队成员的专业知识和技能，另一方面也会让他们学会如何应对工作压力。这将有利于他们掌握沟通的技巧，学会处理上下级、同事之间的关系，更合理地安排工作时间，从而做出更好的成绩。

2. 重新设计工作内容

为了改变工作和团队成员的不适应状况，除了进行人员调整外，还可以重新设计工作内容，使工作变得富有挑战性和刺激性。当然，通过工作再设计只能减轻而不会消除工作中固有的压力。许多工作在设计之初就应考虑到可能存在的压力，尽量使团队成员能够控制他们自己的工作进度，允许他们更多地运用自己的技术和能力。通过这种方式，将会提高团队成员的工作满意度，减少压力反应。

3. 把压力宣泄出来

实际上这就是为团队刻意创造一种情境，使员工紧张的情绪发泄出来，取得一种心理平衡的方法。精神发泄的方法可以有多种形式。日本有些企业专门设置了“情绪发泄控制室”，有压力的员工随时可以去室内，发泄自己的怨气和不满。美国某著名的培训中心也有类似的发泄室。让团队成员把压力宣泄到一个安全对象上，可以避免他们把不良情绪带到工作中，影响工作绩效。

保持并促进团队高效运行

在积极引导之下，高凝聚力的团队将创造出出色的工作绩效，高凝聚力可使团队完成个人无法完成的目标任务。共享知识资源、技术及领导能力，让团队变成重新构建企业面貌的一个基本出发点。因此，如何有效地保持并加强团队凝聚力，就成为提高企业整体绩效必须考虑的问题。

1. 让员工获得较高的工作满足感

在凝聚力较高的团队中，成员对工作的责任感通常都很强。共同的价值观使他们能够在达到目标之后获得一定的工作满足感。同样，在这样的团队中，成员之间彼此容易接纳、相容，因此增强了友谊和吸引力。

2. 提升领导魅力

领导者是组织的核心，一个富有魅力和威望的领导者，会自然成为团队的核心与灵魂，全体成员会不自觉地团结在其周围；反之，则会人心涣散。一个团队是否能取得高绩效，很大程度上取决于领导者自身的人格、知识、胆略、才干及经验，取决于他能否严于律己，能否敬业，能否与员工坦诚相待、荣辱与共等。

3. 科学地管理团队

建立一整套科学的制度，使管理工作和员工的行为制度化、规范化、程序化，是生产经营活动协调、有序、高效运行的重要保证。一个团队，如果缺乏有效的制度来规范，就会出现盲目和混乱，无法创出高绩效。

4. 促进团队成员间的交流

良好的沟通和协调可使团队成员通过信息和思想上的交流达成共识。有效的沟通和协调能及时消除领导者与团队成员以及团队成员彼此之间的分歧、误会和成见。会议、谈心和私下交流是领导者常用的几种形式。

5. 提供个人发展机会

在某公司担任物料部副主管的一位职员，刚为公司完成了库存管理电脑化的工作，如今有一个机会可以跳槽到另一家公司，待遇、福利各方面都比较好，但是现在的公司不肯放人，他不知道如何是好。

仔细探究原因之后，公司才知道他要跳槽的主要原因。原来，现在的公司属于家族企业，他未来顶多只能升到主管，无法再上一层楼，而他要跳槽过去的那家公司却为自己的工作团队设立了没有上限的晋升制度，前途一片光明。由此可知，如果一个团队无法让成员看到美好的前途，是不可能得到人心的。

所以马斯洛指出："团队要有畅通的升选管理、公平公正的晋升制度，让成员了解到只要努力，必定会有往上爬升的机会，这样才能有效激励团队成员，让他们安下心来在团队中努力工作。"

6. 重视对团队成员的培训教育

威尔玛·波特是通用电气公司旗下的器材厂的一名员工。在上完为期 12 周的数据过程控制课程之后，波特把所学应用到工作中。通过回收过去一直废弃掉的物品，波特为公司省下 10 万美元。由于这一贡献，分厂不但改善了生产环节，而且还令波特大受鼓舞，因为她受到公司的信任，并且使公司因为她的付出而获益匪浅。

只要是人，其需求的层次就会不断提升。团队成员，尤其是能力较强、有潜力的团队成员，都希望自己能够不断成长。要留住他们就必须提供机会给他们，最直接的方式就是重用他们，给他们教育及培训。倘若企业为团队成员提供的学习机会太少，甚至根本没有培训，团队成员很快就会失去工作的乐趣。

因此，领导者要尽可能地为他们创造学习和培训的机会。

7. 尊重每一位团队成员

尊重是人的较高层次的需要。在团队管理中，命令式的管理方式已经行不通了。人人都需要受到别人的尊重，所以，领导者要关心并尊重团队成员，重视他们的意见，采取人性管理的方式来管理团队。

许多团队的领导者都有一个通病，就是对成员不够关心。如果平时不关怀、尊重团队成员，处处以命令的方式叫他们做事，团队成员肯定会心有不甘，产生抵触情绪，甚至离开团队。反之，如果能够改变管理的方式，重视团队成员，平时多关心他们，重视他们的表现，听听他们的心声，采纳他们的好意见，他们就会自动、自觉地参与团队的各项工作，积极配合其他人来完成任务。

8. 表彰业绩突出的成员

在美国密歇根州迪尔伯恩市，每年都会举行多米诺比萨饼公司奥林匹克大赛，和往常一样，运动会以点燃三足鼎（鼎身为比萨饼状）开始。手持火炬的不是普通的运动员，而是多米诺比萨饼公司领导汤姆·莫纳根和一位双截肢员工安东尼·斯盖尔斯。

这个奥林匹克大赛对获得成功的员工进行大张旗鼓的表扬，领导者潜心评判和定期奖励表现突出、令顾客满意的行为，它所取得的效果可能比公司每月发放的奖金更令人难忘。这就是多米诺比萨饼公司的发展秘诀。

提升成员的默契感

培养团队成员整体配合的默契，是强化团队精神的另一个重要方法。作为团队的管理者，你固然要让每一位成员都拥有自我发挥的空间，但更重要的是，你要用心培养大家，破除个人主义，要有整体搭配、协调一致的团队默契，同时努力使彼此了解取长补短的重要性。

如果能真正做到这一点，自然就能凝聚出高于个人力量的团队智慧，随时也能造就出不可思议的团队表现和成绩来。在《第五项修炼》一书中，彼得·圣吉为团队整体搭配的好处做了非常贴切的注解：

“未能搭配的团队，许多个人的力量一定会被抵消、浪费掉。……当一个团体更能整体搭配时，就会调和个别力量，而使力量的抵消或浪费降至最小，发展出一种共鸣，就像凝聚成束的激光，而非分散的灯泡光，它具有目的一致性及共同愿景，并且了解如何取长补短。”

毕竟合作才会产生巨大无比的力量。因此，经常教导、灌输成员了解相互依存、依赖支持才能达成任务的观念，是管理者责无旁贷的重要职责。

唤醒团队成员整体搭配的观念时，你必须将焦点集中在他们同心协力的行动和甘苦荣辱的共同感受上。这时候你可以通过下列五种方法让大家一起体验团队合作的可贵之处：

看一场职业篮球赛；

观察蚂蚁、白鹳、海豚等动物，了解群策群力、扶持相助的习性；

联系志同道合的伙伴，一起到急流中泛舟；

选一本关于团队建设的书，让伙伴们分章阅读，并报告分享心得；

率领团队成员参观工厂，事前分配每个人看的部分，分工合作，回去后大家报告心得，相互沟通。

在自然界里，蚂蚁是极具团队合作精神的动物。根据研究发现，蚂蚁的种类多达万余种，但它们永远过着团体生活。它们各司其职、分工合作。蚁后的任务是繁殖、产卵，同时受到工蚁的服侍；工蚁则负责建造、觅食、运粮、育幼等工作；雄蚁负责和蚁后交配；兵蚁的主要任务是抵抗外敌，保护家园。

团队的默契源于成员之间的了解和熟悉。而彼此之间的了解、熟悉又以共同的生活为基础，是形成团队精神的必要条件。一个企业团队精神的形成需要特定的、物质的、精神的载体，诸如共同的工作生活环境、共同的利害关系、大体匹配的文化层次、共同的语言、共同的节目、共同的兴奋点、约定俗成的礼仪礼节等，这方面的共同点越多，团队成员之间就越容易产生共鸣。

职场是门技术活·管人要心计

WIN in the Workplace

阳光 编著

管人要心计

职场是门技术活

民主与建设出版社
·北京·

图书在版编目 (CIP) 数据

职场是门技术活 . 4, 管人要心计 / 阳光编著 . -- 北京 : 民主与建设出版社 , 2023.3
ISBN 978-7-5139-4199-0

Ⅰ . ①职… Ⅱ . ①阳… Ⅲ . ①成功心理—通俗读物 Ⅳ . ① B848.4-49

中国国家版本馆 CIP 数据核字（2023）第 087814 号

职场是门技术活 · 管人要心计
ZHICHANG SHI MEN JISHU HUO GUANREN YAO XINJI

编　　著　阳　光
责任编辑　郝　平
封面设计　书心瞬意
出版发行　民主与建设出版社有限责任公司
电　　话　（010）59417747　59419778
社　　址　北京市海淀区西三环中路 10 号望海楼 E 座 7 层
邮　　编　100142
印　　刷　唐山楠萍印务有限公司
版　　次　2023 年 3 月第 1 版
印　　次　2023 年 6 月第 1 次印刷
开　　本　880 毫米 ×1230 毫米　1/32
印　　张　4
字　　数　60 千字
书　　号　ISBN 978-7-5139-4199-0
定　　价　198.00 元（全 5 册）

目录

CONTENTS

第一章
以心为本：真心实意爱人才

管理从尊重员工开始

IBM公司提出的口号是“尊重个人”，如果员工不能在公司受到尊重，就谈不上期望员工能够尊重和认同公司的管理理念及企业文化。作为管理者，更应该身体力行，把尊重员工落到实处，而不只是停留在口头上。

尊重员工首先是尊重员工的言行。管理者应该最大限度地与员工进行平等的沟通，而不是对员工的言行不闻不问。让员工能够在上司面前自由地发表自己的意见和看法，这一点非常重要。

在IBM的种种措施中，良好的沟通机制是独具特色的。因为IBM公司深深懂得，只有良好的沟通，才能确保员工对公司的认同感和忠诚，使员工感受到自己是公司的一员，而不只是依令行事的雇工，这样才能发挥员工的积极性和自主意识。

IBM公司规定，上级一定要深入基层。自沃森起，IBM的领导人经常深入基层，以亲切的态度了解基层员工的愿望、不满和目标，从而提高士气；IBM的领导还要注意批评员工的方式，要确保批评正确，不可乱批评，更不可为了批评而批评。批评之后一定要提出解决办法，使员工能够改正，恢复自尊并重建信心。

对于下级而言，IBM公司鼓励员工及时向上级，甚至向公司总裁陈述。这样，在公司内就形成了良好的民主气氛，不仅解决了具体问题，而且增强了团结。公司还设立了意见箱，拓宽沟通渠道。员工对工作有意见和建议，可以通过意见箱与各部门主管直接联系。意见箱由专人负责，对于切实可行的建议，对提建议者予以重奖。这并不是一个形式，事实上，IBM每年可收到10万张意见卡。

通过沟通，使员工确认自己在公司的价值，是IBM成功的重要因素之一，因为对于企业来说，最可怕的事情就是员工缺乏工作热情。IBM通过帮助员工看重自己，从而为企业带来巨大利益。

“员工是我们最宝贵的财富”“我们要使员工与企业一起成长”，类似的话被太多的企业写进手册、宣传刊物、公司网站，但也仅仅是标榜一下而已。然而沃森却真正使“尊重员工”这个信念融入了IBM的血液当中。他强调管理要以人为中心，充分尊重员工的价值，重视人的需求的多样性，运用共同的价值观、信念、和谐的人际关系等，成功地激发了员工的工作热情，并持续地保持他们高昂的士气。

每个人都有自尊心，都希望被人尊重。身为企业的管理者，只有尊重员工，员工才能更好地尊重你，配合你的工作。

每个企业面临的最严重的问题就是人的问题，员工是企业最重要、最富有创造力的资源，他们的贡献维系着企业的成败。那么，如何尊重员工呢？这里有几个参考建议：

1. 不要对员工颐指气使

有些管理人员使用起员工来非常随意，对员工吆五喝六。“小王，给我倒杯水”“小张，给我去马经理那儿拿个文件”，在日常生活中，有不少管理者就是这样随意使唤自己的员工的。员工心里会怎么想呢？他们心中肯定充满了不满，对企业管理者有抵触情绪。那他们还怎么可能会把百分之百的精力投入到工作中呢？

2. 礼貌用语多多益善

当你将一项工作计划交给员工时，请不要用发号施令的口气。真诚恳切的口吻才是你的上上之选。员工的表现超过你对他的期望时，员工会得到最大的满足，当他真的做到这一点时，用上一句简单的“我真的非常感谢”就足够了。

3. 要感谢员工的建议

当你倾听员工的建议时，要专心致志，确定你真的了解他在说什么。让他觉得自己受到尊重与重视；千万不要立即拒绝员工的建议，即使你觉得这个建议一文不值；拒绝员工建议时，一定要将理由说清楚，措辞要委婉，并且要感谢他提出建议。

4. 对待员工要一视同仁

在管理中不要被个人感情和其他关系左右；不要在一个员工面前，把他与另一个员工比较；也不要在分配任务和利益时有远近亲疏之分。

5. 聆听员工的心声

在日常工作中，注意聆听员工的心声是尊重员工、团结员工、调动员工工作积极性最有效的方法，也是成功的管理者十分明智的做法。对于犯错误的员工，好的管理者同样会采用聆听的办法，不一味地去责怪他们，而是给他们解释的机会，他们就会认为你很尊重他，这样，处理起问题来就方便得多，员工也会乐于接受。

真心实意尊重人才

尊重员工不仅是提高企业整体竞争力上最为重要的一环，也是保证企业实现可持续发展的动力之源。因为只有尊重员工，才能充分调动员工的创造性和主人翁精神，从而使企业积聚巨大的竞争能量。在促进员工实现企业内部绩效优化的同时，在外部市场上实现经济效益最大化在微软这个计算机软件帝国里，对人的尊重被放在了首要位置。每一个细节都体现着对员工的重视。为了给员工提供自由表达的机会，微软设立了个性化的办公室，设立了弹性工作时间，虽然他们没有任何的口号和标语，也没有像英特尔那样印在每一位员工的工牌上，但是他们的价值观已经深入到企业生活的点滴之中。

每一位员工都对自己的本职工作有着强烈的兴趣，他们各司其职又高度合作。他们通过不断创新来体现个人价值，也对企业发展形成推动力量。所以在微软，每一位员工都在为实现个人价值、追求顾客满意和承担社会责任而不懈努力着。尊重员工，创造“和”的氛围，为微软带来了强大的软实力。

真诚地关心人才，尊重人才，与人才结下深厚的感情是留住人才的关键手段。

留住人才并不是一件十分困难的事。只要经常在工作中、生活上营造公正平等、愉悦融洽的环境与氛围，有福同享、有难同当，使他们能在你的领导下有一种实现自我价值的满足感，人才便会忠心地在你手下勤奋地工作，回报于你。

惠普公司对员工的关怀一直有着很好的口碑。惠普公司不仅使全体员工团结起来共患难，而且尽一切努力与员工有福同享。

野餐会是让员工有福同享最具代表意义的形式。惠普公司创始人休斯特和帕卡德都认为，野餐会是“惠普之道”的重要内容之一。20世纪50年代初，惠普公司在离帕洛阿尔托开车大约1个小时路程的乡间购买了一块土地，把其中的一部分改建成娱乐区，可供2000多人举行野餐，这个地方还可以接待惠普的员工及家属来此露宿，并将它命名为“小盆地”。

每年野餐会时，惠普公司为员工们提供纽约牛排、汉堡包、墨西哥豇豆、生菜沙拉、法国蒜味面包和啤酒等。公司购买食品和啤酒，员工自助餐厅的师傅们烤牛排和汉堡包肉饼，其他需要的物品则由员工自备。休斯特、帕卡德以及惠普的许多行政人员都尽量参加进去，并与员工进行交流。

这项活动很受员工欢迎，因此惠普公司决定在世界上所有惠普人聚居的地区实施。在科罗拉多，惠普在埃切特斯公司旁边买了一些地；在马萨诸塞州的海边也买了地；在苏格兰，惠普公司买了一个小湖泊——公司员工垂钓的好去处；在马来西亚，惠普公司拥有一幢海滨别墅；而在德国南部，惠普公司则购买了适于滑雪的山地。

后来，惠普公司游乐区已经扩大到全世界20多个地区。全球各地的惠普员工如想前往其中任何一个地区，都可以预先约定，在一定日期内，以极少的花费遍览湖光山色。

尊重员工并不是要求管理者放弃所有的规则和制度，相反，应该保持必要的原则性。

美国玫琳凯化妆品公司的成功曾经被世人认为是个奇迹。在谈到自己的成功经验时，公司总裁玫琳凯说：“我管理的金科玉律是，你们希望别人怎样对待你，你们就怎样对待别人。”

她认为最重要的是要让员工感受到公司尊重他们，不过，在如何尊重这一点上，玫琳凯却有自己的理解。她认为尊重人绝不应该是无原则的，对一个表现出明显缺点的员工，一味迁就和让步就等于毁了他，这时候，严厉和原则倒往往是一剂良药。

在实施尊重管理过程中，企业管理者要强调员工的重要性，并尽可能弱化自己，采用柔性的管理方式，把每一位员工都放在十分重要的位置上；管理者既要“少管理”，又要“管得住”；既要让员工感受到充分的尊重，又要促进企业的长远发展。尊重是赢得人才忠诚的重要管理手段，只有充分尊重人才，人才才会以忠诚的态度回报企业。

维护员工的个人尊严

很多国际上的知名企业非常注重对员工的人文关怀，加强与员工之间的情感交流，可激发员工的工作热情及对企业的忠诚。

摩托罗拉公司的创始人高尔文有一句名言：“对每个人都要保持不变的尊重。”公司总裁每周无论工作有多繁忙都会抽空给员工写一封信，把自己这一周的工作及生活状况告诉员工，包括会见的客户、做了什么事情，甚至他这周陪孩子去游乐园也会在信中写到。

总裁不是以高高在上的口气与员工对话，而是以一个普通朋友的身份，把自身的经历、经验告诉员工，在信中还经常叮嘱员工要关心自己的家庭等。为了推动维护个人尊严的活动，每个季度，员工的直接主管都会与员工进行单独面谈，交流思想与感受。

摩托罗拉天津分公司有一份人力资源部主办的人人皆知的《大家庭》报，该报的主旨就是服务员工，信息相当丰富且与员工息息相关。报上有内部招聘信息、培训机会、就餐时间调整、对食堂饭菜的意见、有关部门员工问题的解决情况反馈、医疗报销通知、体检结果公布、班车时间调整、员工文体活动、各项福利的规定和具体数量、薪资调整问与答。

报上的事情琐碎得不能再琐碎，但却是员工最关心的问题，报纸的义务就是提供公司和员工交流、员工和员工交流的平台，处处反映公司以人为本的理念。例如报纸上经常刊登消息：班车上设了孕妇专座；有员工反映食堂肉食类太多，希望多加小点心和水果等小吃；还有员工问为什么某楼的一楼卫生间不放卫生纸，等等。员工担心的问题一定会有人来管，而且会将处理结果公布在报纸上。

要想真正获得员工的心，管理者首先要了解员工的所思所想，进而满足他们内心的需求。从某种程度上来说，员工的心是“驿动的心”。员工的需求也随着人力资源市场情况的涨落和自身条件的改变而不断变化。

日本的日立公司针对公司员工年轻化的现状，在公司内成立了“婚姻介绍所”。

善于把公司看作大家庭的日本，很重视员工的婚姻大事。日立公司就设立了一个专门为员工架设鹊桥的“婚姻介绍所”。当新员工进入公司后，可以把自己的学历、爱好及家庭背景等基本情况输入电脑网络。当某个员工递上求偶申请书时，其他人便有权调阅电脑资料，申请者可以利用休息时间坐在沙发上仔细翻阅这些资料，直到寻找到满意的对象为止。

一旦他被选中，联系人会将挑选方的资料传送给被选方，被选方同意见面，公司就为两方安排约会。约会后双方都必须向联系人汇报对对方的看法。日立公司人力资源部门的管理人员说，由于日本人工作紧张，职员几乎没有时间寻找合适的生活伴侣；他们很乐意帮这个忙。这样做能起到稳定员工、增强企业凝聚力的作用。

如果是公司内元老级员工的婚礼，“月老”会一手操办，而来宾中70%都是新婚夫妇的同事。员工感受到了家庭的温暖，自然能一心一意地扑在工作上。由于这个家是公司促成的，员工对公司就不仅是感恩，还会产生特殊的感情。毫无疑问，这样的管理成效是一般意义上的奖金、晋升所无法比拟的。

目前，很多国际知名的大企业都以以人为本的理念激励员工，除了从尊重、信任员工等方面着手，还尽量为员工营造宽松自由的工作环境。微软公司不限制工作场所，员工可以在家里或在公司上班，也不强制工作时间的长短，即使在公司也允许员工听摇滚、穿拖鞋、喝可乐，只要能高效地完成任务就行。

一个毕业于斯坦福大学的年轻人，一直想找一个既可以赚钱，又不耽误他白天打高尔夫球的工作。微软公司的某位管理人员在了解到他真的很有才华和能力以后，决定满足他的要求。于是，这个年轻人白天打高尔夫球，晚上工作，而且工作质量和效率很高。

公司和这个年轻人都感到很满意。微软公司给员工充分的自由空间，不仅没降低工作效率，还极大地激发了员工的创造性和工作热情。

管理者一定要有双赢意识，将员工的收益与企业利益紧紧联系起来。针对员工的所需给予激励，以此来激发员工的内在热情，使其发挥出最大的潜能，提高工作效率，为企业创造出更多的利益。

让员工觉得自己很重要

美国玫琳凯化妆品公司是具有多年销售经历的玫琳凯女士在她退休的那年创办的。

很多人把玫琳凯的成功当作一个谜。事实上，玫琳凯的成功并不是什么神秘之事，正是她的“每个人都是重要的”“使他感到他重要”的激励艺术的感染力所缔造的。

在玫琳凯看来，一般人只发挥了能力的10%，能不能令人把另外90%的潜能发挥出来，是一个企业能否成功的关键。而要发挥这90%的潜能，就要“使他感到他重要”。玫琳凯说：“你若能使一个人感到他重要，他就会欣喜若狂，就会有冲天干劲，小猫就会变成大老虎。”

许多时候，领导者并不一定需要长篇大论，只要注意一下员工感情上的细节，就会产生惊人的效果。对此，玫琳凯认为是早期事业生涯中不愉快的经验教给了她待人之道。玫琳凯自己曾有这样的叙述：

“记得有一次，我和另外57个推销员为了得到一个奖赏——到总裁家做客，做了一次为期10天、极其艰难的推销旅行。我们以车为家，日夜推销，途中还有几辆车出了问题。但是那个奖赏的诱惑足以抵消这些艰难困苦。我们心中渴望得到总裁的接见。当我们最后被邀请到总裁家时，却只被允许在花园中走走，根本没有机会和他见面！在回去的路上，大家都很少说话，非常沮丧。

“还有一次，我参加了一个讲座，最后非常想和那位刚做了一场激励士气演讲的经理握握手。我们在队伍中站了三个小时，最后好不容易轮到我了，但是经理竟没拿正眼看我，甚至也许没有察觉和他握手的是什么样子的人。他的眼睛从我的肩膀上望过去，他在看队伍还有多长，我明白他很累。但是，我们在拥挤的队伍中等待了三个小时，也一样很累！我感到受到了伤害，甚至侮辱。

“后来，我也有很多次站在长长的队伍前，和上百人做长达数小时的握手。一旦感到自己很疲倦了，我总是想起自己以前排队和那位经理握手的情形，就令自己立即打起精神，直视握手者的眼睛，说些比较亲切的话，哪怕只是句简单的闲谈。”

玫琳凯的成功经验告诉我们，每一位领导都应该知道，领导的重要工作之一，就是让下属觉得自己重要，这会鼓舞他们有更出色的表现，为组织的目标全力以赴。

体贴入微，收获员工的心

“女为悦己者容，士为知己者死”，无一不是“感情效应”的结果。上司大都深知其中的奥妙，不失时机地进行情感投资，是很有必要的。

有许多身居高位的大人物，会记得只见过一两次面的员工的名字，在电梯中或门口遇见时，点头微笑之余，叫出员工的名字，会令员工感到愉悦。富有人情味的上司必能获得员工的衷心拥戴。

吴起是战国时期著名的军事家，他在担任魏军统帅时，与士卒同甘共苦，深受下层士兵的拥戴。当然，吴起这样做的目的是要让士兵在战场上为他卖命，多打胜仗。他的战功大了，爵禄自然也就高了！

有一次，一个士兵身上长了个脓疮，作为一军统帅的吴起，竟然亲自用嘴为士兵吸吮脓血，全军上下无不感动，而这个士兵的母亲得知这个消息时却哭了。有人奇怪地问道："你的儿子不过是小小的兵卒，将军亲自为他吸脓疮，你为什么哭呢？你儿子能得到将军的厚爱，这是你家的福气哪！"

这位母亲哭诉道："这哪里是在爱我的儿子呀，分明是让我儿子为他卖命。想当初吴将军也曾为孩子的父亲吸脓血，结果打仗时，他父亲格外卖力，冲锋在前，最终战死沙场；现在他又这样对待我的儿子，看来这孩子也活不长了！"

人非草木，孰能无情，有了这样爱兵如子的统帅，部下能不尽心竭力、效命疆场吗？作为上司，只有和员工搞好关系，赢得员工的拥戴，才能调动起员工的积极性，从而促使他们尽心尽力地工作。俗话说"将心比心"，你想要别人怎样对待自己，那么自己就要先怎样对待别人。只有先付出爱和真情，才能收到一呼百应的效果。

日本著名的企业家松下幸之助就是一个注重情感投资的人。他曾说过："最失败的领导，就是那种员工一看见你，就像鱼一样没命地逃开的领导。"他每次看见辛勤工作的员工，都要亲自上前为其沏上一杯茶，并感激地说：“太感谢了，你辛苦了，请喝杯茶吧！”正因为在这些小事上，松下幸之助都不忘记表达对员工的爱和关怀，所以他获得了员工们一致的拥戴，他们都心甘情愿地为他效力。

上司对员工体贴入微的态度，能给员工最大的满足，会使他们更加忠心耿耿地为其效劳。有些人只是一味地向欲拉拢的一方施以恩惠，特别是对那些自己以为将要用到的人，更是如此。其实，最重要的是要针对对方的心理，给地位卑贱者以尊重，给贫穷者以财物，给落难者以援助，等等，这才是最有效的方式。

比如，现代人都习惯庆祝生日，生日这一天，一般都是家人或知心朋友在一起庆祝，聪明的上司则会使自己成为庆祝的一员。有些上司惯用此招，每次都能给员工留下难忘的印象。或许员工当时体味不出来，而一旦换了上司有了差异，他自然而然地会想到你的好处。给员工庆祝生日，可以发点奖金、买个蛋糕，甚至送一束花，效果都很好，乘机献上几句赞扬和助兴的话，更能起到锦上添花的效果。

如果一位普普通通的员工住院了，上司亲自去探望时，说道：“平时你在的时候感觉不出来你做了多少贡献，现在没有你在岗位上，就感觉工作没了头绪，慌了手脚。安心把病养好！”那员工肯定会对领导的关怀感激涕零。

体贴入微是上司发挥影响力的重要手段，有时几句动情的话语比高官厚禄更能打动员工的心。

第二章
会用制度：管人事半功倍

重视制度是基础

企业制度是企业赖以生存的基础，是企业行为准则和有序化运行的体制框架，是企业员工的行为规范和企业高效发展的活力源泉。一个适合的制度能够给企业带来成功，而一个粗糙的制度会给企业带来失败和痛苦。

很久以前有五个和尚住在一起，他们每天都分食一大桶米汤。但是因为贫穷，他们每天的米汤都是不够喝的。一开始，五个人抓阄来决定谁分米汤，每天都是这样。于是每星期，他们每个人都只有在自己分米汤的那天才能吃饱。

后来经过研究，他们推选出了一位德高望重的人出来分。然而好日子没过几天，在强权下，腐败产生了，其余四个人都学会想尽办法去讨好和贿赂分汤的人，最后几个人不仅还是饥一顿饱一顿，而且关系也变得很差。然后大家决定改变策略，每天都要监督分汤者，把汤一定要分得公平合理。这样纠缠下来，所有人的汤喝到嘴里全是凉的。

因为都是聪明人，最后大家想出来一个方法：轮流分汤。不过分汤的人一定要等其他人都挑完后，喝剩下的一碗。这个方法非常好，为了不让自己吃到最少的，每人都尽量分得平均。在这个好方法执行后，大家变得快快乐乐、和和气气，日子也越过越好。

同样的五个人，不同的分配制度，就会产生不同的效果。所以一个单位如果没有好的工作效率，那一定存在机制问题。如何制定这样一个制度，是每个领导需要考虑的问题。

著名的施乐公司老板曾自豪地说："施乐的新产品根本不用试生产，只要推出，就有大批订单。"这是为什么呢？原来，他们开发出的任何新产品都运用了一种统一的管理模式。这种模式以用户需求为核心，共有产品定位、评估、设计、销售四个方面共三百个环节。通过反馈信息以及对大量数据的不断调整，使产品一经面市就能满足用户的需求。正是凭着一整套行之有效、科学严密的管理程序，百余年来，施乐公司始终是世界文件处理方面的领头羊。

如果企业缺乏明确的规章制度和流程，那么工作就很容易产生混乱。很多企业都会遇到由于制度、管理安排不合理等方面造成的损失。有的工作好像两个部门都管，但其实谁又都没有真正负责，因为公司并没有明确的规定，结果两个部门彼此都在观望，原来的小问题就被拖成了大问题，最终给公司造成了极大浪费。更可怕的是，缺乏制度会使企业无法形成凝聚力，缺乏协调精神、团队意识，导致工作效率的低下。

制度对于企业来说，其根本意义在于为每个员工创造一个求赢争胜的公平环境。所有员工在制度面前一律平等，他们会按照制度的要求进行工作，会在制度允许的范围内努力促进企业效益和个人利益最大化，从而使各个团队在良好的竞争氛围中实现绩效的突飞猛进。制度为员工的行为画出了规矩方圆，使员工知道哪些行为是被允许的、哪些是被禁止的。

英国前首相丘吉尔曾说，“制度不是最好的，但制度却是最不坏的”。远大空调董事长张跃说：“有没有完善的制度，对一个企业来说，不是好和坏之分，而是成与败之别。没有制度是一定要败的。”

在今日竞争日益加剧的商业社会，制度才是克敌制胜的根本之道。对于任何企业管理者而言，要创一番大业，一定要多琢磨一下那句老话“无规矩不成方圆”，一定要完善制度和标准，锻造企业制胜的秘密武器。

但需要提醒管理者的是，企业制度制定后，并不是一成不变的。任何制度的确定都很难一次做到完美，在执行的过程中还应根据市场的需要和商业环境的变化，不断进行调整。如果在执行过程中发现问题，要及时对制度进行修订，使制度更加完善。如果不能随着环境的变化而有所改变，制度不仅会失效，甚至会起到反作用，企业也将会被淘汰。

管理学大师德鲁克说："一个不重视公司制度建设的管理者，不可能是一个好管理者。"制度甚至比资金、技术乃至人才更为重要，企业要想做大做强，就必须用完善的制度来护航。

在制度中融入柔软的情感

孙子说："上下同欲者胜。"意思是说，只有上下一致、同心协力，才能获胜。如何做才能达到上下同欲的境界？这就需要在注重制度管理的同时，强调感性管理的运用，需要管理者在制度中融入柔软的情感。

中国大酒店创业之初，发生了一件体现中外管理文化差异的小事，但小事中潜藏着大问题——一个关于纪律和情理的问题。

一位外方部门经理检查客房，他不仅用眼睛检查地面、窗帘、浴室，还伸手四处摸摸，发现一切都打扫得干干净净，没有任何灰尘，床也铺得很整齐。正当他满意地点头之际，却发现了一个严重的问题：茶几上的茶杯朝向错了。

这里说朝向错，不是说茶杯放得不够整齐，而是茶杯上酒店品牌的字不见了，就是“中国大酒店”这五个字朝向错了。按规定，杯子上的“中国大酒店”应当向着门口，让客人一进门就看得见，以便传达酒店的品牌形象。

另外，那盒小小的火柴，也没有放在烟灰缸后面，而是放在了烟灰缸旁边。这使外方经理大为恼火，他当众斥责服务员小温，说她工作粗心大意、不负责任、不懂规矩。

小温刚入职不久，她受不了被人当众斥责，便与经理顶撞起来。她说：“这仅仅是一点小事，并不影响酒店的服务质量，客人也不会计较，你这分明是鸡蛋里挑骨头，小题大做，欺人太甚。”

当天，受了顶撞的外方经理很难过。他反思了一夜，第二天，出现在小温正在清洁的客房。小温有点愕然，他们不约而同地望向茶几上的茶杯，这回，茶杯摆对了。那一瞬间，他们相视而笑，仿佛昨天的“恩怨”已一笔勾销。他是来向小温道歉的，他说：“我昨天在众人面前大声斥责你，伤了你的自尊心，这是我的不对。但是，杯子的摆法非讲究不可。”

从品牌管理的角度看，将“中国大酒店”五个字摆在显眼位置，不是一件小事，而是通过细节传达酒店品牌形象的大事。品牌既是管理的起点，也是终点，酒店提供的一切优质服务过程都在品牌中凝结。

中国有句古话："通情才能达理。"外方经理寓理于情的态度令小温感动，在短短的几分钟里，这位外方经理又赢得了下属的尊敬。从此，小温格外注意这样的细节，认真中又多了一种自觉。

后来，酒店针对上级批评下级的态度和方式，以及如何做好督导、如何有效解决冲突等，设立了专门的培训课程。酒店自身的企业文化就在差异和冲突的调解中得到提炼，逐渐积淀下来。

一年多之后，小温被评为酒店的服务大使，她在介绍经验的时候讲到了这件事对她的启迪。不久，她升职当上了主管，这下轮到她给新来的员工讲茶杯的故事了。

在工作中，管理也要兼顾情理，因为在两者之中，细小的环节也可能引发大问题。管理不细可能导致企业形象的损坏，情理不通则会引发不满，从而影响管理的实施。所以，无论管理还是情理都要从细处着眼，这样才能提升团队的凝聚力。

美国国际农机商用公司的老板西洛斯·梅考克是一个坚持原则的人，如果有人违反了公司的制度，他会毫不犹豫地按章处罚，但他同样能够体贴员工，设身处地地为员工着想。

有一次，一位跟梅考克干了10年的老员工违反了公司的制度，上班时间酗酒闹事，并且近一段时间里经常迟到早退，还因此跟领班大吵了一场。在公司的规章制度中，这是最不能容忍的事情，不管是谁违反了这一条，都会被开除。所以当工厂的领班把这位老员工闹事的材料报上来后，梅考克迟疑了一下，但仍提笔写了“立即开除”四个字。

梅考克毕竟与这位老员工有过患难之交的感情，他本想下班后到这位老员工家去了解一下情况。不料这位老员工接到公司开除的决定后，立即火冒三丈。他找到梅考克，气呼呼地说：“当年公司债务累累时，我与你患难与共，即使三个月不拿工资也毫无怨言，而今犯这点错误就把我开除，你真是一点情分也不讲！”

听完老员工的抱怨，梅考克平静地说：“你是老员工了，公司制度你不是不知道，应该带头遵守才对……再说，这不是你我两个人的私事，我只能按公司规矩办事，不能有一点例外。”

接着梅考克又仔细地询问了老员工闹事的原因，通过交谈了解到，原来这位老员工的妻子刚刚去世，留下两个孩子，不巧一个孩子跌断了一条腿，住进了医院；还有一个孩子因吃不到妈妈的奶水而饿得直哭。老员工是在极度的痛苦中借酒消愁，结果耽误了上班。

了解到事情的真相，梅考克为之震惊：“你怎么不早说呢？我们不了解你的情况，对你关心不够啊！”梅考克接着安慰老员工说，“现在你什么都不用想，快点回家去，料理你夫人的后事，照顾好孩子。你不是把我当成朋友吗？所以你放心，我不会让你走上绝路的。”接着，梅考克从包里掏出一沓钞票塞到老员工手里。

老员工被老板的慷慨解囊感动得流下了热泪，他哽咽着说：“我想不到你会对我这样好。”

梅考克又再次嘱咐老员工：“你先回去安心照顾家吧，不必担心自己的工作。”

听了老板的话，老员工转悲为喜说：“你是想撤销开除我的命令吗？”

“你希望我这样做吗？”梅考克亲切地反问。

“不！我不希望你为我破坏公司的规矩。”

“对，这才是我的好朋友，你放心地回去吧，我会作出适当安排的。”

事后，梅考克把这位老员工安排到自己的一个牧场去当管家，让老员工以后的生计有了着落。对这一安排，这位老员工十分满意。

企业领导要做到纪律严明，才能保障企业内部良性发展。规章制度是无情的，但人是有情的。企业领导应从人情的角度对违规员工进行“情感关注”，只有做到以人为本，注重人本关怀，在制度管理中浸润情感，才能获得员工的追随，才能真正达到“上下同欲”。

用制度鼓励不同意见

员工希望领导者不只是对其个人生活关心，还希望领导者能广开言路，倾听和接纳自己的意见与建议。如果一个企业的员工有“领导从不让我们讲话，我们只有干活的义务，没有说话的权利”这样的反映，那就糟了。

所以应当注意，在制定计划、布置工作时，不要只是领导者单方面发号施令，而应当让大家充分讨论，发表意见。在平时，要创造一些条件，开辟一些渠道。久而久之，他们就会感到受到重视，工作也会更有热情，提高自己的主观能动性。

领导者不仅要通过各种方式征求意见，而且还要在制度和措施上鼓励大家献计献策，正确的及时采纳，突出的给予奖励。如果下属煞费苦心提出的宝贵建议，领导者根本不认真对待，就会严重挫伤大家的积极性，以后也就不会再有人那样热心了。

有些人把“人和”定义为不吵不闹、没有反对意见、开会一致通过等表面现象。领导者一般不愿看到下属之间发生任何争端，同样也不喜欢下属反对他的意见。如果有四五种意见提出来的话，他会感到不知所措，而后也不过说：“今天很多很好的意见被提出来了，因为时间关系，会议暂时到此结束，以后有机会再慢慢讨论。”想尽办法去追求“人和”，却恰恰忘了很重要的一件事：一致通过的意见不见得是最好的。

身为领导者，抚慰、礼遇下属就必须舍得花时间听一听他们的怨声，不满并不意味着不忠。一般人认为，对某一事情不满的人一定对公司、管理部门充满怨恨，这是极为荒谬的。

实际上，只有这种抱怨，才会使领导者意识到公司里可能还有其他人在默默忍受着同样的不满。表面上一团和气，但却会严重影响工作的效率，进而会危及企业的生存和发展。不要认为如果对员工的抱怨不加理睬，它就会自行消失；不要以为对员工奉承几句，他就会忘却不满，会过得快快乐乐。事情绝不可能如此简单，没有得到解决的不满将在员工心中不断升温，直至沸腾，这就是忽视小问题的结果。

用友公司的 BBS（论坛）和许多公司的 BBS 一样，刚开始大家在 BBS 上畅所欲言，后来就有点变样了，也曾出现过许多消极的信息。据了解，很多企业关闭了 BBS，而用友公司仍正常开放着，按他们的话讲：“这可能是一种考验，看看企业的管理者有没有勇气面对这份大字报，并认真听取不同的意见，努力去改进。”用友也曾想用真名制的方式来管理 BBS，但是考虑到大家的心理因素而没有采用。

看来，用 BBS 传递信息是一种非常便利的方式，但是总有些让管理者害怕的东西在上面，对于这种形式的大字报，企业领导者要有勇气去面对，在员工的言论中找出管理工作中的不足，并与员工进行交流。

交流与沟通对于企业提高员工的忠诚度具有重要意义。第一，沟通能对员工起到激励作用。例如管理层通过对员工的业绩反馈，可以强化员工的积极行为，起到强化激励的作用。第二，沟通有利于员工的情绪表达。对于员工来讲，工作场所是表达自己的挫折感和满足感的主要社交场所，满足了员工的社交需要。同时，通过交流与沟通，还可以共享知识、交流信息，有利于员工互相学习、共同提高。第三，交流与沟通可以促进企业的改革与发展。通过交流与沟通，可以向员工传递企业的远大战略和宏伟目标，有利于增强员工的主人翁观念，使员工畅所欲言，提出工作中的意见、建议，并努力地工作，不断创造新的业绩，促进企业的改革与发展。

听取意见是为了摸清下属的需求，对这位员工来说，晋升的机会可能最重要，而对另一位来说，工作保障可能才是最重要的。有人看重物质待遇，有人看重精神激励，不同的员工对工作的期望有所不同。管理者应认识到这些差异，采取针对性措施。

要管头管脚，但不要从头管到脚

管理学大师德鲁克说，注重管理行为的结果而不是监控行为，让管理进入一个自我控制的状态。为了进入这种状态，管理者应该管好“头”和“脚”。管“头”最重要的是要解决“做什么”和“谁来做”的分配问题；管“脚”则是检查任务完成的结果，而不必从头管到脚，做事必躬亲的管家婆。

有句话说：“管得少，才能管得好。”很明显，管理者过多地指点对工作毫无益处，反而让下属无所适从。太多的细节会掩盖真正的工作重点。每个人都有自己的工作方式，管理者从头到尾地啰嗦，会让下属既不能完全地理解管理者的指点，又无法按照自己的行为方式去发挥。一旦执行中遇到什么挫折，他就会想到管理者，而不是自己想办法处理。同时，这也加大了管理者自身的工作量。

事实上，管理者只须把握好两个关键因素，就能高效地完成任务。

（1）搭好平台，让合适的人到合适的地方去做事。管理者只须在选“谁来做”的问题上养成对事不对人的习惯，重能力，重结果；对“做什么”的问题有自己透彻的认识，明确战略路线，为下属指明清晰的方向。当合适的人到合适的位置上做事，潜能自然就能激发出来。一旦不良结果开始出现，即使是跟组织刚成立时就开始一同打拼的元老，也得坚决调换。

（2）让工作结果成为衡量成败的标准。就如同越野比赛，只要把起点、终点、比赛路径、比赛规则等确定下来，每个人都可以按自己的方式去拼搏。至于谁快、谁慢、谁动作优美、谁动作不到位，观众自然会看得明明白白、清清楚楚。所谓管“脚”，也就是检查下属完成任务的结果，而不必规定下属上午干什么，下午干什么。对于特定的任务，只要给一个完成日期，具体的过程由其自行安排。如此，把实现结果的过程交给下属，又用过程的结果来衡量下属，不失为一种有效的管理方法。

要尽可能地达到完美结果，管理者在管头管脚的过程中还有另外两个要点应该注意：

（1）资源要到位。要想得到高效率，自然得给小组成员配置充分的资金、人员和工具等。正所谓“巧妇难为无米之炊”，身为管理者，必须给下属创造一个宽松、彼此信任并能获得强有力支持的工作环境。

（2）教练指导。教练是不能上场的，只能在场下指导。管理者的角色就像教练一样，应该多一些组织、辅导、制衡，而不是指手画脚、亲力亲为。在日常工作当中，碰到紧急棘手的问题，管理者往往不敢放手让下属去干，而是使自己陷入烦琐的事务中去，甚至把事情搞得更糟。殊不知，人才是锻炼出来的，越是看似难办的事情越应当让下属突破自己的思维定式，去体会去感悟。

管理者是制定规章以及监督员工完成工作的人，英明的管理者只要成功地驾驭员工就能管理好企业。如果一片一片地去扯树叶，即使累到筋疲力尽也难以达成目标；如果打击树干，大部分的叶子便会自己掉下来。捕鱼也是如此，只要牵引网索，鱼群就会掉入网中；如果一个一个地握住网孔，鱼儿便都跑了。

下属是用来完成不同的任务的。管理者只有在管头管脚的基础上，大胆放权，才能让自己举重若轻，并且调动下属的积极性，使之自觉地去做本来就该做，甚至本来不会做的事情。

但在管头管脚、明确授权之后，还有一件事情必须贯穿始终,那就是管理的有效监督。要牢牢地掌握总目标,放手不撒手,对下属进行有效的控制。

管理者授权的全部目的,就在于激励下属为实现组织的总目标而分担更多的责任。组织多是一个多因素、多层次的有机整体,整体和局部、局部和局部之间都有着密切的联系,任何局部出现一点点偏差都会妨碍组织目标的实现。管理者的根本任务是保证组织总目标的实现。因此,授权以后的管理者,不要过于频繁地过问下属分内的事,比如计划如何制定、工作如何安排、任务如何完成、找谁帮忙完成等,管理者要过问的是下属的目标能否如期实现或需要些什么帮助。作为管理者,要把精力放在议大事、控全局上,时时掌握全局的各个过程,及时掌握新情况,发现管理执行中出现的偏差、矛盾和问题,并对可能出现的偏离目标的问题进行纠正。

管理者的授权,是让下属分担工作,要让其对职权范围内的事进行决策和处理,只有当下属之间不协调或发生矛盾时,管理者才出面解决。但授权不是让权,授权以后,管理者的责任还是和下属绑在一起的,不能放任自流,不管不问。如果管理者只是图省事、享清闲,自己当甩手掌柜,那就大错特错了。对于那些把权力都集中在自己手里的管理者也应如此,无所为而又无所不为,在管头管脚中给下属充分展示的空间,在有效监督中牢牢把握工作的发展态势。

再大的权力也不能超越制度

要想管理好员工，就必须有一个好的制度，这是每个管理者都知道的道理。制定制度本身并不困难，关键在于执行，在于制度面前是否人人平等。公司的制度，对任何人都没有例外。

管理者手中握有权力是实行有效管理的必要保障。要管理好下属，一方面要依靠手中的权，以权管理，名正言顺；然而另一方面，即便是管理者手中的权力再大，也不能超越制度。

据说，挪威时任首相邦德维克曾专门从德国宝马公司订购了一辆高级防弹轿车。令人始料不及的是，轿车运到后，首相却被当头泼了一盆冷水：国内公路管理部门不允许首相的车上路，理由是“轿车比规定的标准超重90磅，公路路面承受不起”。不得已，挪威首相只好让有关部门对车进行大改造，令车身变轻后才上路。听到这样的新闻后，人们不由得对挪威公路管理部门铁面无私、不给首相半点面子的做法生出敬意：只认规则，不认权势。

中国历史上的开国皇帝大都喜欢把重要的制度刻在石碑上，以警醒世人。宋太祖就曾在大殿上立有这样的石碑：此殿不得以南人为相。明太祖则在宫门立有铁碑，上书：“内臣不得干预政事，预者斩。”按理说，既然开国皇帝立下了这个石碑制度，后来的继位者就必须严格遵循，这样的制度应当是能靠得住的。可实际情况却大相径庭，就宋朝的情况看，南人为相的不止一位，政声较好的也不都是北人。我们或许可以说宋太祖这个制度本身就有极大的缺陷，后来的掌权者废除其实是情理之中的事情，但明太祖的“内臣不得干预政事”则是对皇家政治得失的总结，应该说，这项制度完全抓住了封建王朝灭亡的重要原因。

皇帝从来都是一言九鼎、说一不二的。可是制度即便立石刻碑了也靠不住，这表明制度只是制度，制定制度靠权力，没有权力的绝对没有资格制定制度，而制度的作废也是靠权力，权力若能够超越制度，则制度最终必成废纸。

在企业不断加强制度建设的今天，管理者一定要知道，一项好的制度能不能靠得住，关键要看管理者是否身体力行，是否用手中的权力去保护制度而不是超越制度。如果权力大于制度，那么再多的制度也不过是空制度，要想用这样的制度管好员工绝对是不可能的。因此管理者绝不能因为手中有权就轻视自己制定的制度，或利用权力更改制度甚至超越制度。

第三章
刚柔并济：管人得心应手

有赏有罚铸就铁的纪律

《孙子兵法》有云："赏罚孰明？"在孙子眼里，赏罚更为公正严明的一方必然是胜利的一方。对于军队而言，赏罚分明可以提升军队战斗力；对于企业而言，赏罚分明可以提升市场竞争力。如果赏罚不明，一切制度都成了虚设。只有赏罚分明，制度才能得到巩固和完善。

美国有一家以极少解雇而著称的公司，但是有一次却发生了例外。一天，资深车工杰瑞为了赶在中午休息之前完成零件切割，在切割台上工作了一会儿之后，就把切割刀前的防护挡板卸下放在一旁，没有防护挡板会使操作更方便、更快捷。

大约过了一个小时，杰瑞的举动被无意间走进车间巡视的主管逮了个正着。主管雷霆大发，除了让杰瑞立即将防护挡板装上之外，又站在那里控制不住地大声训斥了半天，并声称要扣除杰瑞一整天的工作量。

事到此时，杰瑞以为结束了，没想到，第二天一上班，有人通知杰瑞去见老板。在那间杰瑞受过好多次鼓励和表彰的总裁室里，杰瑞听到了要将他辞退的处罚通知。

总裁说："身为老员工，你应该比任何人都明白安全对于公司意味着什么。你今天少完成几个零件，少实现了利润，公司可以换个人、换个时间把它们补起来，可你一旦发生事故失去健康，乃至生命，那是公司永远都补偿不起的……"

杰瑞离开公司那天，流泪了，工作了几年，杰瑞有过风光，也有过不尽如人意的地方，但公司从没有人对他说不行。可这一次不同，杰瑞知道，他这次触碰的是公司灵魂的东西。

惩罚错误并不是惩罚错误本身，而是通过惩罚这种方式将隐患消灭在萌芽状态。许多人都会认为，对于一些小过错不必大张旗鼓地去处理，事实上，千里之堤就恰恰溃于蚁穴。一些对公司影响深远的小过错就应该得到及时的处理，只有赶快修好"第一块被打碎的窗户玻璃"，才是企业管理的明智之举。

在现代企业管理中，有奖有罚、恩威并施，这也是对员工很重要的一个激励手段。形象一点来说，就是要管理者用好手中的棒棒糖和狼牙棒，要使员工明白，努力工作就能尝到棒棒糖的甜，犯了错误也会感受到狼牙棒的痛。

在企业里，管理者只有赏罚分明才能不断强化正确的行为、抵制错误的行为。

赏是对员工正确行为的一种肯定，能帮助管理者旗帜鲜明地表明，员工哪种行为是自己所赞同的；罚是对员工错误行为的否定，表明哪种行为是被管理者禁止的。

企业管理者在赏罚分明方面要注意四个问题：

（1）有功必有赏。下属有功劳而不能获得奖赏，他就会心生怨气，陷入懈怠。

（2）有过必有罚。有过不罚，等于企业管理者自动放弃了惩罚机制。

（3）赏罚一定要双管齐下。有赏有罚，赏才能起到激励作用，罚才能发挥警示功能。

（4）赏罚一定要公平，否则会引起员工的抵触心理。

奖罚都要说明原因

有个孩子画了一幅画，父母看见以后很高兴，大大表扬了他，但是却没有告诉他表扬他是因为画的颜色很丰富。那么孩子不明其中原因，以后就会不停地画画，只重数量不重质量，只是希望再次得到父母的表扬。很多领导者经常会犯事例中父母那样的错误。他们本来想鼓励员工做正确的事，但却无意间纵容了错误的行为，忽视甚至惩罚了正确的行为。

在企业里，管理者就好像员工的家长，他要对员工的行为负责。对员工的激励应该像写文章一样，中心思想要明确，表扬员工的时候，一定要说明表扬他的原因，这样才能有的放矢，取得良好的效果。假如只是模糊地称赞，说："你做得不错！"那样对员工的意义就很小，企业管理者应该明确指出，员工哪些工作做得很好，好在哪里，让他们知道，公司希望他们能保持良好的表现。

老约翰家有只特别聪明的牧羊犬。有一天牧羊犬叼回一只野兔，约翰大大地表扬了它，给了它一条兔腿作为奖赏。牧羊犬吃着兔腿，尾巴得意地摇了起来。第二天，牧羊犬又叼了一只野兔回来了。

约翰非常高兴，心想："我的牧羊犬真是太了不起了！"于是就又给了它一条兔腿作为奖赏。但是，奇怪的事情发生了，等晚上羊群回来的时候，约翰数来数去，发现少了一只羊。他心里非常纳闷，想："牧羊犬聪明伶俐，怎么会守不住这几只羊呢？"

于是第二天早上他就跟踪了牧羊犬。到了牧场，约翰大吃一惊，他发现牧羊犬压根就不守羊群了，而是直奔森林里去抓野兔。没有牧羊犬的看守，狼轻而易举地就叼走了几只羊。约翰火冒三丈，当天晚上就严厉地惩罚了牧羊犬。

牧羊犬捉住野兔，获得了奖励，这使得牧羊犬意识到，捉野兔比守羊更有利可图，它自然就不会全心全意地守羊了。但是约翰奖励牧羊犬是认为它在守羊的同时还能给自己捉到野味，而不是因为它捕捉野兔却放弃了本职。如果约翰在奖励牧羊犬的同时，让它明白它的主要责任是守羊而不是捉野兔，只有羊守好了才会有奖赏，那它肯定就不会舍本逐末了。

一个农民正在地里除草，忽然发现前方有一条小蛇在扭动。原来这条小蛇咬住了一只青蛙，正在努力把青蛙吞下去。农民非常同情这只青蛙，于是慢慢走了过去，抓住青蛙的后腿，把它从蛇口中拉了出来。虽然青蛙得救了，但是农民又觉得蛇很可怜，少了一顿美餐，可能会挨饿。

但是他身边又没有可以让蛇吃的东西，只好将自己的午餐——一枚鸡蛋送入了蛇的口中，吃了鸡蛋后，蛇心满意足地游走了。农夫觉得非常高兴，因为自己既救了一只无辜的青蛙，又使得蛇没有挨饿。可是过了两个时辰，农民又看见蛇一扭一扭地向他游来。待蛇游近后，农民一看顿时目瞪口呆，原来蛇的嘴里叼着两只青蛙，正信心十足地等着农民喂它鸡蛋呢！

从这两个寓言里我们看到，领导者奖励员工，如果不明确应该奖励什么，就会产生负面效应。很多领导者在奖励员工的时候，都没有把奖励的内容明确化，这就容易给员工造成误导，最后出现领导者不希望出现的行为。

惩罚要比奖励更慎重

惩罚一般分为批评、处分、处罚和法律制裁等几种。与奖励一样，惩罚也是激励的一种方法，其目的是限制、制止或纠正某些不正确的行为。奖功必须罚过，奖勤必须罚懒，奖能必须罚庸。只奖不罚，就不能达到是非分明、功过两清、调动积极性的目的。与奖励相比，惩罚是一种更难运用的管理艺术，掌握得好，会起到与表扬同等甚至更大的作用；掌握得不好，就可能会伤害人的感情，影响下属的积极性。

惩罚的目的是教育人、帮助人，因此，一定要从关心爱护的愿望出发，开诚布公，坚持“惩前毖后，治病救人”的方针，达到既弄清思想又团结下属的目的。

惩罚要及时准确，公正合理。一旦发现有违法乱纪者应当立即处罚，毫不含糊。这样，能收到立竿见影之效，能使违法之人和未违法之人立刻看到，不遵纪守法的害处和损失，起到警戒的作用。否则，松松垮垮，时过境迁，就难以奏效。

由于惩罚是一件非常严肃的事情，领导者在作出惩罚决定之前，必须以负责的态度，弄清被惩罚者的错误事实、原因、结果，甚至每一个细节，然后再根据有无犯错误的动机、错误带来的后果、改正错误的态度等客观情况，决定惩罚的方式。管理者绝不能道听途说，捕风捉影。

很重要的一点是，管理者要做到对下属一视同仁，纪律面前人人平等，不能搞亲疏有别那一套。“王子犯法，与庶民同罪”，如果不分是非，一味庇护自己的人，管理者就会失去威信。另外，要在惩之有据的前提下做到罚之有度。根据犯错误的情节和后果，该批评的批评，该处理的处理。一般来说，只要错误不太严重，就不宜给重罚。

在处罚过程中，要做到情重于罚。管理者对有过失的下属，也要尊重、理解、关心，要关心他们的实际生活，为其排忧解难，让其充分体会到组织的温暖。但这不能以丧失原则为代价，也就是说，既要讲人情，又不能失去原则。人情要讲，原则更要讲。讲人情必须是在坚持原则的前提下。

进行惩罚时，应把教育与惩罚紧密结合起来，一定要坚持思想教育在先，惩罚在后；要坚持以思想教育为主，以惩罚为辅。实施惩罚时，要“重重举起，轻轻打下”，平时教育从严，处罚从宽；思想批判从严，组织处理从宽。惩罚前，如果不预告警示，势必使下属产生无过受罚之感。所以，管理者要先教后罚，多教少罚，这样不仅能使犯错误的人减少，而且还能使人心服口服，真正调动下属的工作积极性。

进行惩罚，要以少为宜，只有在必须惩罚时，才使用这一把利剑。如果一个人在一个单位第一次受到批评、处分，那么管理者应慎重对待，因为首次惩罚的情况对其今后的情绪、工作都会有较大影响。一般来说，首次惩罚要个别进行，不宜公开点名；处分要轻不要重；语言要温和，不要尖刻。总之，作为管理者，惩罚下属时必须具体谨慎，不可不分对象。

一旦决定惩罚就不要手软

管理者对下属进行惩罚时，不能姑息手软，要诀就是稳、准、狠，这样才能给他留下深刻印象，达到惩罚的目的。

1. 稳

采取强硬手段惩罚一个人，有时要冒很大风险。这主要在于，被惩罚者有时有良好的人际关系，有时掌握着关键技术，有时有着很硬的后台。但管理者不能因为有这些担心就不敢果断采取行动，事实上，只要谨慎行事，就可以既达到惩罚目的，又不会出现不利的后果。惩罚不当终会带来抑制和报复，因此在惩罚之前首先应想到后果，拿出应对一切情况发生的可行办法。

2. 准

批评、惩罚都要直接干脆，一针见血。

3. 狠

一旦认准时机，下定决心，便要出手利落，坚决果断，毫不容情。切忌犹疑不定，反复无常，拖沓推诿。

一些杰出的管理者的经验是：一旦采取坚决措施，就要变得冷酷无情。即使当他们不得不解雇某人时，也并不因强烈的内疚而变得犹豫不决。这样做，也是在向众人显示，我这一做法是完全正确、适宜的，这是最好的选择。

要加强对员工的约束，有强化纪律的书面制度，保证下属受到公平的对待，避免一时冲动给他们严厉的惩罚。

如果是第一次犯错，可口头警告，让他们知道哪里错了，指出应该如何改正。同时，记下这一次错误发生的具体情况，让他们认真起来，明白对于任何错误，领导者都是不会熟视无睹的。

第二次犯错，可书面通知他们，并警告说下次犯错误就要受罚、扣工资。如果屡教不改，根据公司规定和员工所犯错误的性质及程度，给予长短不同的停工时间，停发一切报酬。这是给予的真正惩罚，丝毫不能手软。

第三次犯错，便可降职、降级，或者调换工作、开除。可根据具体情况，作出上述惩罚之一。其中调换工作是最常见的，因为这样既可减少解雇给员工造成的打击，又可以使自己减少一个问题下属。

领导者在惩罚下属时往往也是迫不得已，但一旦作出决定，就不能心慈手软，否则只会降低自己的威信，反而导致下属的放任自流，无法形成严明的纪律。

挖掘优点并加以赞赏

赞美是最有效的激励手段之一，运用在管理中，同样可以达到激励的最佳效果。心理学家威廉姆·杰尔士说：“人性最深切的需求就是渴望别人的欣赏。”优秀的管理者要巧妙运用赞美激励员工。管理者希望下属具有怎样的优点，就要怎样去赞美他。美国化妆品皇后玫琳凯的成功之道就在于善于用赞美来激励自己的员工。

玫琳凯认为，人天性喜欢被人赞美而不喜欢被人批评。她在自己的公司中倡导一种重要的管理理念——赞美。为了赞美员工，从玫琳凯这位最高领导到下层的主管，都努力地去发现每一个员工的优点，不放过任何一个赞美员工的机会。

有一次，业务督导海伦新招进一位美容顾问，这位顾问由于经验不足，因此两次展销会上都没有卖出一样化妆品。在第三次展销会上，她终于卖出了35美元的产品。尽管这35美元的产品与其他人一次卖出一两百美元的美容产品相比，数目少得可怜，但玫琳凯却大加赞赏："你卖出了35美元，比前两次强多了！你很有前途的。"老板诚恳的赞扬，令这位推销员很受鼓舞，她努力一直做了下去，后来被提升为业务督导。

玫琳凯认为赞美可以激励员工发挥他们的潜能，实现他们的理想，建立他们的信心，并使他们更快地成长。为此她甚至出版了一本专门的月刊《喝彩》杂志。杂志主要是对销售新人、团队领导方面有突出表现的员工给予书面表彰。因而在公司内形成了你追我赶的局面，公司事业蒸蒸日上。基于此，玫琳凯化妆品公司的销售网络不断得到扩展，成为美国乃至世界上最具影响力的化妆品公司之一。

玫琳凯认为，赞美是一种有效而又不可思议的力量。的确如此，赞美能够使员工树立自信、提高工作热情，并且可以进一步提高工作的效率。作为管理者，对于这种不需要成本而效果明显的激励武器，为什么不经常使用呢?

每个人在得到来自他人的认可及赞美时，都会感到自尊心和荣誉感得到了满足。而听到别人对自己的赞赏，并感到愉悦和鼓舞时，不免会对说话者产生亲切感，从而使彼此之间的心理距离缩短。人与人之间的融洽关系就是从这里开始的。

很多时候，如果没有赞美，我们便很少会主动为自己设太高的目标，而有了赞美，有了鼓励，为了不辜负别人的欣赏与肯定，我们会更加严格地要求自己，全力以赴地做好眼前的工作。由此可见，赞美也是一门艺术，管理者要理解员工的动机和需求，给予员工恰到好处的赞美是企业付酬最低却能换来最佳回报的方式之一。

管理者要学会多对自己的员工表达认可和欣赏。但赞美方式不恰当就成了变相批评，甚至有时候比批评还让人难受。赞美也是有技巧的。

首先，赞美要及时。一旦发现员工的优点或员工取得了成绩，应立即赞美他，为他打气，过时的赞美无效。宝马前首席执行官赫尔穆特·庞克每次与管理人员谈话时都会问："今天，你表扬员工了没有？"他说，表扬应该"现在进行，不要因为有急事而改为明天"，并且要结合具体事情赞美员工；表扬时要有感情，语气要诚恳，可以拍拍员工的肩膀或者给他一个加油的手势。管理者可以在每天下班前，抽出几分钟时间写个便条，对表现好的员工表示赞美。

其次，要公开赞美。要尽量以公开的方式对优秀的员工进行表扬。一位企业家说："如果我看到一位员工的杰出工作，我会特别兴奋，马上冲进大厅，告诉所有其他员工这个人很优秀且取得了成果。"其实他的用意不仅仅在于告诉大家如何把工作做好，更重要的是想说明要想获得赞美只有把工作做好，从而更好地引导大家努力工作。一些企业专门开表彰会，正是为了起到这种导向作用。

优秀的管理者总是善于在表扬中一箭双雕：既鼓励了先进，又鞭策了落后。因为对先进者的表扬，也就意味着对落后者的批评。由于这种批评间接地起到了一种引导与鞭策的作用，往往比直接的批评更有说服力，更有利于激发落后者的内在动力。

最后，赞美要注意真诚和客观。表扬要实事求是、客观公正，管理者要发自内心地赞美，语言、表情要严肃认真，不能给人造成虚假做作、漫不经心的感觉。如果一边看报、喝茶，一边说几句赞美的话，即使再动听的语言，员工听着也不舒服，只会以为是讽刺或敷衍他。

赞美本身虽是好意，但不着边际、无关痛痒的赞美不仅不会产生积极的效果，反而容易让员工产生反感。赞美员工要在一个适当的场合，诚恳而严肃地给予表扬，只有这样员工心中才会感到无限的喜悦。

批评千万不要出口伤人

由于管理者指责员工方式不当而造成双方不愉快的情况是有的，因此，千万不要使用令对方下不了台的话。

哪些是不可使用的话语呢？根据员工的性格和环境而各有不同。至少身为领导者，须设身处地、将心比心，站在对方的立场上多想一下，千万不要说出伤人的话。指责可纠正员工所犯的错误并给予其希望和勇气，但也会削减当事人的锐气。以下列举一些禁忌：

1. 不指责人的弱点

人与人之间是有差别的。被别人指责弱点时，当事人必定犹如短刀插心般痛苦。例如，在个子矮的女性面前说“你是矮冬瓜”，对学历低的人说“学历太低的人没有用”，这些都是不适当的话，就算是事实也要避免触及他人的短处。

2. 不要人身攻击

“你是骗子”“你太没有信用”等话也会刺伤对方。只要评论事实即可，即使对方确实没有信用也不能如此当面斥责。

3. 不要否定员工的将来

“你这人以后不会有多大出息”“你实在不行”等，领导者是不该说出这样的话的。须以事实为根据，就事说事，就员工目前情形而论，不要否定员工的将来。

4. 不要干涉私人事情

公司生活和个人生活有很大关联，但是个人生活必定有不愿为人所知之事。“你只知打麻将，当然会发生那种错误！”“晚上玩得太过分了吧！”“你和那个女孩子做朋友不好吧！”“你的家庭名声不佳，首先要从家庭整顿做起，怎么样？”等私人问题应该避免介入，因为那只会引起“那是我家的事，和公司无关”的反感，公司并没有连家庭一起雇用。特别是年轻的员工，他们的私生活一旦被人干涉、大都会生出强烈的反感。

5. 不翻旧账

对于今天该指责的事情，引用过去的事例是不适当的。如果牵扯了人的问题、感情的问题，那么“都已经是过去的事了，现在追根问底真是过分”之类的心情就会产生。例如，“你以前也犯过同样的错误，不是发誓不再犯了吗”，这种话是多余的。揭人疮疤只能勾起别人一段不愉快的回忆，于事无补。有些记忆力很好的领导者，连下属初入公司时发生的事都记得清清楚楚，甚至大家都已忘掉的事都牢记着，这实在没必要。

6. 不使用戏谑言语

对接受批评的员工来说，批评或多或少会使其自尊心受损伤。管理人员以庄重严肃的态度所做的批评较容易为员工所接受，因为这种态度被员工视为对他尊重的表示。若管理人员以戏谑的口吻进行批评，则不论其动机如何友善，终将引起员工的不满，因为戏谑口吻会被员工视为对他讽刺的表示。世上真正具有幽默感的人并不多，因此在批评时切忌使用戏谑的言辞。

7. 不夸大其词

管理人员在批评员工时应避免使用夸张的字眼。例如“您老是本末倒置”中的“老是”，“您从未站在公司的立场去看问题”中的“从未”等。含夸张字眼的批评通常都是过度严厉的批评，这对被批评者来说是不公平的。

8. 不吹毛求疵

对员工的批评主要应针对妨碍工作、损害公司利益方面的问题，对与此无关的事项不要过多干涉。不能以个人的好恶为标准，对不合自己心意的行为横加指责，对一些琐事喋喋不休，只会使员工谨小慎微，只注意小事，忽视大目标，这对于完成总体任务是十分不利的。

表扬员工要有方法

很多领导都可能会犯这样一些错误：明知员工有成绩却很少表扬；该表扬员工时却批评，以为这样更能激励员工。古人指出“求将之道，在有良心、有血性、有勇气、有智略”，对于那些忠心的员工，一定要大胆表扬施恩，以鼓励他们。

但表扬员工时，一定要注意以下几点：

1. 要具体，切忌含糊其词

表扬本来是激发热情的一种有效方法，但有时运用不当则可能会使员工反感。因此，领导者在谈话中表扬员工时应斟酌词句，要明确具体。比如，有些领导者赞扬下级时使用含糊的评价，如“你是一名优秀工人”“你工作得很好”之类。其实，以这种方式表扬是毫无用处的，因为他们没有明确赞扬的原因。有时员工甚至因此而产生误解。

一般认为，用词越是具体，表扬的有效性就越高，因为员工会因此而认为领导者对他很了解，对他的长处和成就很尊重。

克莱斯勒公司为罗斯福总统制造了一辆汽车，因为他下肢瘫痪，不能使用普通的小汽车。工程师钱柏林先生把汽车送到了白宫，总统立刻对它表示了极大的兴趣。他说：“我觉得不可思议，你只要按按钮，车子就开起来，驾驶毫不费力，真妙。”

他的朋友和同事们也在一旁欣赏汽车，总统当着大家的面夸奖：“钱柏林先生，我真感谢你们花费时间和精力研制了这辆车，这是件了不起的事。”总统接着欣赏了散热器、特制后视镜、钟、车灯等，换句话说，他注意并提到了每一个细节，他知道工人为这些细节花费了不少心思，总统坚持让他的夫人、劳工部长和他的秘书注意这些装备。

2. 抓住时机

在与员工的谈话中能把握住有利时机去表扬对方，其效果可能事半功倍；失掉有利时机，其效果则可能事倍功半。一般说来，员工开始为领导者办某件有意义的事情，就应在开头予以表扬，这是一种鼓励；在这种行为的进行过程中，领导者也应该抓紧时机再次表扬，最好选在他刚刚取得一点成就的时候约谈一次，这样有助于员工趁热打铁，再接再厉。

另外，请不要忘记，当他的工作告一段落并取得一定的成绩时，他期望得到总结性的公开表扬。当然，在与员工的交谈中，表扬也是要有度的，适度表扬将会使员工心情舒畅，反之，则可能使他感到难堪、反感。

因此，领导者在讲话中必须从内容、方式等诸方面把握好这个度。在语言艺术中，表扬总是点石成金之术，但它仍需根据不同情况巧妙运用，只有恰当适宜的表扬，才能在交谈中架起“心桥”，使上下级关系更加和谐。

3. 多表扬对方的才华

“使人幸福的不是体力，也不是金钱，而是正义和多才。”才能，是一个人区别于他人的最明显的标志，是他幸福的源泉之一。表扬一个人，就要深深地打动他，而最能打动他人的表扬，莫过于对其才能的认可和高度评价。

社会中不乏才华横溢之人，有的人能言善辩，有的人妙笔生花，有的人善发明，有的人演技高超……诸如此类的才华都是有价值的表扬对象。

4. 放下架子

放下“架子”表扬员工可以用谦虚、真诚的姿态来表现。

秦穆公得知百里奚是个人才，就想方设法用五张羊皮把他从楚国的囚牢里赎了出来。此时的百里奚已是年逾七十的长者。当把他带到秦穆公面前时，秦穆公亲自为他打开镣铐，尊之以上座，并向他求教治国之策。

秦穆公的行为使百里奚受宠若惊，推辞道："下臣乃亡国之臣，还有什么值得您垂问的。"缺乏信心的百里奚语气里透着伤感和自卑。秦穆公恳切地说："虞君不信任您，所以才招致亡国之祸。这并不是您的罪过呀！"

秦穆公通过剖析虞君之过，巧妙地表扬了百里奚的政治才能，鼓励了他的信心，而秦穆公诚恳、谦虚的求教态度，更是对百里奚治国之才干的无声表扬。真挚的表扬使百里奚鼓起了信心，大为感动，并与秦穆公连续三天交流了自己的治国施政主张。

5. 少说"我"，多说"你"

少说"我"，多说"你"的表扬原则，主要是指要使对方始终成为谈话的重心，可通过表示欣赏、求教等方式来显示对对方的由衷赞叹。要善于分享他的欢乐，肯定他的成功，为他所骄傲的事情喝彩。总之，要使他得到在别人那里得不到或未被满足的某种心理需求。要使对方感到被关怀，自我价值得到某种实现。

第四章
巧妙激励：一个员工也能创造百万价值

激励要恰到好处

子曰："放于利而行，多怨。"孔子的意思是说：做事以私利为依据，必招来许多怨恨。孔子的这句话言简意赅，质朴而深刻，发人深省，说出了人生行事的常理。虽然孔子并没有彻底地否定"利"，但却道出了过分强调"利"的坏处。

虽然物质激励是现代管理的基本手段，但是有一些企业在对员工进行激励时，过分相信"重赏之下必有勇夫"的定律，一味地利用物质刺激激发员工的工作热情，提高工作效率。但长此以往，员工不仅没有了高涨的热情，反而会埋怨企业不够人性化，把人当作机器使用。

工程师张大佑是公司里的技术骨干，工资与公司的高管不相上下，公司还专门给他购置了一套房。按说，张大佑应该努力工作回报公司。可他却因年终奖少而愤愤不平，到处向同事说公司制度的不合理，不重视人才；工作时闹情绪，煽动其他人罢工。

老板无法忍受他这种无法满足的欲望，就把他辞掉了。可是老板对这件事也进行了反省，按说公司对他不薄，只要是他提出的要求，总是尽量满足。

老板想起四年前的一天，张大佑刚调来时，由于公司处于低谷，而张大佑是一个不可多得的技术人才，于是就给了他比别的技术人员多 20% 的工资。张大佑也确实努力了一阵，取得了技术上的突破。老板一高兴，又给他加了 10% 的工资。在又一次完成某项技术革新后，老板又承诺给他提成 20%。

就这样，张大佑年终奖比别人高了一倍，工资比其他技术人员高了两倍。但让老板感到意外的是，张大佑的工作热情却在消退。由于经济危机的影响，公司经营困难，年终奖减半发放。但是考虑到技术人员的重要性，公司还是尽量给张大佑等人发了全额年终奖，只是数目与之前相比并没有增加。

因此，张大佑对公司心存不满，出现一系列的过激反应。想到此刻，老板才明白，原来自己太注重物质激励了，总是以为重赏之下必有勇夫，也就养成了员工“唯利是图”的心理，一旦奖金不能满足员工的心理期待，问题和矛盾就会接踵而来。

这个案例中的张大佑就是一个强调自身利益的人，所有的付出都需要金钱作动力。事实上，张大佑这一心理习惯也是管理者一次又一次物质刺激而导致的结果。物质激励是管理的基本手段之一，但是一定要注意度，只有物质激励不能带来长期的激励效果。

过度的物质奖励是一种没有激励性的、拙劣的激励方式。如果员工得到了现金红利的奖励，他可能会过分依赖金钱，想方设法通过降低工作质量来提高数量，表面看起来效率是提高了，可是质量问题却多了。工作中也会形成一个误区——不管管理者让他做什么事，都要先讲好价钱，没有钱就不干活。

因此管理者在进行物质激励时一定要谨慎，不可因一时的兴奋就随口承诺，完全把金钱当作激励的工具。物质激励对于被激励的人能够起到作用；但对于与此无关之人往往会降低激励效用，会在团队中形成一切向钱看这种不良氛围，降低团队的凝聚力。

尽管孔子说“君子喻于义，小人喻于利”，但不能否认“利”是我们赖以生存的基础，只有运用物质的手段使被激励者得到物质上的满足，才能进一步调动其积极性、主动性和创造性。物质激励的动机是使其努力工作，出发点是关心员工的切身利益。如果缺乏物质激励这种手段，激励就会成无本之木，成为空谈。

丁硕是某软件公司的一名开发员，然而待遇却同仓管人员不相上下，一家三口还住在那间小平房里。对此，他心中时常有些不平。丁硕最难忘的是来报到的那天，办公室门口用红纸写的“热烈欢迎丁硕加入公司”几个大字，那时丁硕颇感得意，工作很卖力。

两年前，公司内部申报工程师，丁硕的名额却让给了一个工作平平的老同志。去年，他想反映一下工资的事情，但几次想开口，都没有勇气讲出来。因为领导总是在会上夸他。最近，厂里新建好了一批职工宿舍，丁硕想要反映一下住房问题，谁知这次领导又笑着拍拍他的肩膀:“丁硕，厂里有意培养你入党，我当你的介绍人。”

他又没张开口，结果家也没搬成。深夜，丁硕对着一张报纸的招聘栏出神。第二天一大早他就在领导的办公桌上留下一张纸条。纸条上写着：您是一个很懂得精神激励的人，但我需要养家糊口，需要对老婆孩子有个交代，我只好选择离开。

显然，丁硕的上司是个叶公好龙式的伯乐，识才，也爱才，却不懂得惜才。准确地说，作为管理者，他忽视了员工的基本物质需求，口惠而实不至，挫伤了员工积极性，逼得丁硕只能另谋高就。企业里常见的现象是，员工付出努力并取得出色的业绩后，不仅没有引起领导的重视，也没有得到期望的特别奖励，久而久之，业绩优秀的员工就会失去工作热情。

因此，管理者在激励时既不能没有物质激励这种手段，又不能将物质激励极端化。物质激励不到位及过度使用物质激励都是无效的激励。物质激励应与相应制度结合起来。制度是目标实现的保障，企业要充分重视薪酬制度的合理性，以充分发挥薪酬制度对员工的激励作用。工作是经济行为，员工是理性的经济人，根据员工的表现和公司财务情况，进行适合的物质奖励，是最为明智的管理方式。

以晋升激励精英人才

管理者在人员使用方面，常常会为如何令精英人才最大限度地发挥作用而烦恼。解决这个问题的最好办法，就是将表现优异的精英人才提拔上来，把他安排到重要的工作岗位上，这不仅使员工的自尊心得到满足，最大限度地调动他的工作积极性，企业也会因为人才的合理安置而获得更大的收益。

人才是企业的资本，善于利用员工对工作的热情，并且适时给予训练和晋升，即使是庸碌之才也能够被造就成才。在日本就有不少企业家是因为被领导者适时提拔而跃居重要岗位，然后使自己的才华充分施展出来，把企业推向新的高峰的。

一般来说，获得晋升的人没有不欣喜的。但也有许多人常因难以适应突如其来的晋升，感受到无法承受的重大压力。所以，管理者也应先了解被晋升者是否有能力承受压力。

为了确认被晋升者的心态，某位心理学家制定了一项心理测验。首先，让两个人共同办理一件事情，在事情完成后，给予其中一个大幅度晋升，而仅给另一个少许的报酬，尽管做同样的工作，却故意出现待遇的差别。

最初的实验显示，得到晋升的人不但自觉“不踏实、有罪恶感”，而且对于管理者有不良的评价。但是，进一步的实验结果却显示，得到晋升的人，不仅没有罪恶感，反而有强烈意识愿效力于管理者。

总之，人们虽然在心理上对获得晋升有不平衡的感觉，但是，实际上却为自己能受到上司较高的肯定而有满足感，甚至对管理者抱有良好的评价。也就是说，给员工一个晋升的机会，不仅能够满足其自尊心，同时也能获得其尊重和爱戴。

所以，管理者应经常提拔人才，得到利益的人由于找到依靠之处和肯定自我，就会逐渐发挥潜力，努力效命于知遇者。

世界著名的施乐公司每年都保持很高的销售业绩，除了以质取胜之外，很大程度都依赖于他们给员工注入的最佳动力——晋升。

施乐公司将员工分为三类：一类是工作模范，一类是能胜任工作，一类是需要别人监督工作。凡是被提升到公司最高层前 50 个领导岗位上的人都必须完全是工作的典范，积极投入到质量管理中去。而要想成为较低层次的经理，则起码能胜任工作。至于需要别人督促工作的那一类员工则根本不可能被提升。这样，表现良好的员工就会感到自己能得到迅速的提拔，于是他们会以更高的热情投入到工作中。

谢尔比·卡特就是这样一名员工。他是施乐公司的销售人员，最初是一名推销人员，工作积极肯干并善于动脑筋。他每天不停地在外面奔波，他的妻子总是在他的车里放上一大罐柠檬，这样他可以吃上一整天，而不必吃午饭。

卡特以自己的聪明和勤奋为公司销售了大量的产品，于是他得到了逐步提拔，最终被提升为全国销售经理。事实证明，他的确是个称职的管理者。卡特最喜欢做的事情之一就是将镶在饰板上的长猎刀奖给那些真正表现杰出的员工。这些猎刀代表着一种晋升神话，得到它比得到奖金更有意义。得到奖励的员工会把猎刀挂在办公室的墙上，所以在施乐公司的办公室里常常会看到这些猎刀。

由于晋升的机会把握在自己的手中，所以施乐的员工充满着热情和干劲。即使是在街道上散步，他们也会观察两旁的建筑群，思考如何使每一幢建筑里的单位都成为施乐复印机的用户。

就是这样充满趣味的竞争使每一个员工都竭尽全力去为公司打拼，公正的晋升制度使他们看到自己的辛勤付出是值得的，他们认为在这里确实可以实现自己的梦想。

千万不能总让员工原地踏步，对那些能干的员工，应更信任他们，适时提拔。如果对他们总是半信半疑，他们就会觉得你不信任他，怀疑他的能力，那么他还能尽心竭力地工作吗？

每个人在岗位上，都有一个最佳状态时期。有的学者提出了人的能力饱和曲线问题，作为管理者，要经常加强“台阶”考察，研究员工在能力饱和曲线上已经发展到哪个位置了。

一方面，对在现有“台阶”上已经锻炼成熟的员工，要让他们承担难度更大的工作或及时提拔到上一级“台阶”上来，为他们提供新的用武之地；对一些特别优秀的员工，要采取“小步快跑”和破格提拔的形式使他们施展才干。

另一方面，经过一段时间的实践后，不适应现有“台阶”的员工要及时调整到下一级“台阶”去“补课”。如果我们在“台阶”问题上，总是分不清谁优秀谁不称职，不能及时提升那些出色的员工，必然埋没人才。如果该提升的没有提升，不该提升的却提升了，那将给企业带来很大的损失。

对于提拔自己的人，几乎没有谁会不怀感激之心，因此，管理者若是能够将一个出色的员工提拔到重要的岗位上，他在自己的自尊心得到满足，体会到自己的重要性的同时，也必会对赏识他的人心存好感，积极地配合工作。这样，人力资源管理必然会进行得很顺利。

因此，管理者一定要关心员工的成长，对他们的工作多鼓励、多支持，并及时给予肯定，使能力突出的人能到更合适的位置上大胆发挥自己的长处，从而大大提升人才的使用价值。

制定充满激励性的薪酬机制

在知识经济时代，薪酬管理越来越成为人力资源管理的重要部分，它对激励员工、提高企业的竞争力有着不容忽视的作用。薪酬不仅是员工满足各种需要的前提，还能使员工提升自我价值感。因此，薪酬在很大程度上影响着一个人的情绪、积极性和能力的发挥。

心理学研究表明，当一名岗位工资较低的员工通过积极表现、努力工作，提高自己的岗位绩效争取到更高的岗位级别时，他会体验到晋升和加薪带来的价值感和被尊重的喜悦，从而更加努力地工作。这一点是任何管理者都应重视的事实。

管理者必须认识到薪酬对于激励员工以及增强组织竞争力的重要意义。在人们的普遍想法中，高薪不仅说明企业的效益好，有发展潜力，还说明员工受到企业的重视。在员工的心目中，薪酬绝对不仅仅是口袋中的一定数目的钞票，它还代表了身份、地位，以及在公司中的工作绩效，甚至代表了个人的能力、品行和发展前景。即使在企业内部，员工之间也会互相攀比。不同的部门之间，同一部门的不同岗位之间，都普遍存在着这种攀比心理。从单纯薪资相差的数字来看，几十元钱不算什么。但是，在员工的心目中，比别人少拿几十元钱是工作业绩、能力不如别人的象征。

薪酬激励不单单是金钱的激励，它实质上是一种很复杂的激励方式，隐含着成就的激励、地位的激励等。巧妙地运用薪酬激励，不但能调动企业员工的高昂士气和工作热情，还可以吸引优秀人才，极大地丰富企业的人力资源。

把握员工的微妙心理，发挥薪酬这根指挥棒的作用进行员工激励，是一个优秀的管理者所应具备的能力。

毋庸置疑，薪酬的力量是巨大的，一个透明、公平的薪酬体系不仅可以提高员工对工作的满意度，还有助于他们发挥潜能以达成部门的使命。当今企业竞争的焦点是人才。只有采用有效的激励措施，尤其是适合企业各方面条件的薪酬激励，才能留住人才，让他们大展身手，企业效益才会不断提高。

因此，管理者要制定出激励性薪酬体系。激励性薪酬体系的基本构成包括：基本薪资、奖金、津贴、福利、保险。激励性薪酬体系的设计，就是将上述五个组成部分合理地组合起来，使其能够恰到好处地对员工产生激励作用。这里有三种模式可供选择。

1. 高弹性模式

这种模式的薪酬主要是根据员工近期的绩效决定的。在一般情况下，奖金在薪酬中所占的比重比较大，而福利比重较小；在基本薪资部分，实行绩效工资（如计件工资）、销售提成工资等工资形式。在不同时期，员工的薪酬起伏比较大。这种模式有较强的激励功能，但员工缺乏安全感。

2. 高稳定模式

这种模式下，薪酬与员工个人的绩效关系不太大。它主要取决于企业的经营状况，因此，个人收入相对比较稳定。这种模式有比较强的安全感，但缺乏激励功能，而且人工成本增长过快，企业负担加大。在这种模式中，基本工资占主要部分，福利水平一般比较高。奖金主要是根据企业经营状况及员工个人工资的一定比例或平均发放的。

3. 折中模式

这种模式，既具有激励员工提高绩效的功能，又能给员工一种安全感，使其注意向长远目标努力。现在，很多企业在制定激励性的薪酬体系时采用这种折中模式，事实证明，它确实能给企业带来良好的收益。

肯定员工所做的

心理学家赫茨伯格认为，当一个人完成某件事，而另一个人以一些方式来表扬这个人的成就时，“肯定”便发生了。赫茨伯格告诉我们，“受肯定”是影响工作绩效最强烈的动机，是最有效的激励方式之一。

管理者要提高部门和员工工作绩效、增加生产力的有效方式是在工作中提供更多产生成就感和肯定员工的机会。人们都希望自己受到上级和同事的承认与肯定。一位管理学家说过，肯定你所希望的行为比惩罚你所不希望的行为投入的资源少，而且能取得更好的效果。虽然这种观点在很大程度上是从“经济人”角度出发的，得出的结论也单纯是一种投入—效益比例关系，但也从某种意义上说明了肯定员工行为的价值所在。

一个成功的管理者，懂得激励员工的关键是肯定他们所做的，即使是少犯一点错也应该得到肯定。比如在检查汤姆过去两个月来的出勤记录后，你发现每个星期一，他都会迟到15～20分钟。你在星期五的时候跟他谈及这件事，并要求他准时上班。下个星期一，当他迟到两分钟的时候，你就要对他说：“嗨！汤姆，我看到你为改正迟到所做的努力了，今天已经有90%的改进了，继续保持，你将会达到一个月只迟到一天的标准。”

不难想象，当你试着使用肯定激励时，员工内心改进工作绩效的决心有多大。石油大王洛克菲勒的创业老臣、高级行政副总裁贝特·福特，就因为曾亲自领教了肯定激励的妙用，成为肯定激励的高手。

贝特·福特在一次惨败中非常沮丧，本以为会面临责难，但洛克菲勒并没有向他询问失败的详细情形，而是充满鼓励地说：“好极了，贝特，我们刚刚听说了你在南美的事情。”贝特心想他一定会责怪自己，就说：“实在是一次极大的损失，设法才保护了60%的投资。”

“这已经很不错了，要不是你处置有方，哪能保全这么多呢？你干得出色，已经在我的意料之外了。”从此，贝特明白了，身为主管，如果在一个本该指责的地方一反常态，找出一些值得赞美但也十分诚恳的话来说，效果就可想而知了。

“这看起来是做得非常好的工作。”

“我感谢你对这工作所做的所有努力。”

“谢谢你如此辛苦地工作，让我得以在最短的时间内看到成果。”

“连我都无法把它做得这么好。”

其实，部分管理者吝于肯定员工是因为他们对成就的曲解。大部分行政主管在知道员工有杰出的成就时，会很快地肯定它。这就需要注意，他们随时准备好去肯定那些有目共睹的成就，但是对于那些犯错率减少的人呢？

他们认为对改正错误作肯定，等于是赦免了这项错误。首先，主管没有能力把错误的改正当作是一个成就；其次，当主管试着要去对少犯错误的人进行称赞时，他们不知道该如何讲，才能够避免讽刺、误解或尴尬。他们也怀疑，当一个好的员工听到一个失败的员工因为错误而被肯定时，会有什么想法。解决的方法是不要因为错误而肯定，要肯定他们改正很多，往后还会更多。

增强肯定效果的方法有：提出正面的建议，谈成功率，而不是失败率；明确地指出受称赞的行为；员工有所成就时，立即给予肯定；赞扬。

许多管理者发现，批评要比赞扬更容易，他们因此失掉了表达赏识和激励员工的机会。

每个对工作尽心尽力的人都需要得到别人的肯定。报酬固然重要，但多数员工认为获得报酬只是一种权利，是他们工作付出的交换。正如某管理学者所言："报酬是一种权利，给予肯定则是一件礼物。"

很多研究表明，最能激发员工全力以赴、高水平发挥的是给予他们赞扬与肯定。除应得的薪水之外，人们更需要感到他们在工作中作出了一份贡献，他们的努力有成果并得到了企业赏识。

一声真诚的感谢，既表达了对员工某种行为或价值的欣赏，如坦诚、正直等，也能大大鼓舞员工继续表现出领导者所看重的行为，使这种行为蔚然成风。它所反映出来的不仅是领导者的工作能力，更反映出了掌握全局、着眼整个工作环境的能力。

简单而有节制的表彰能展现出如此的力量，部分是因为领导者能花时间关注员工所取得的成就，找出有功之士，并亲自及时给予赞扬。

肯定的方法有很多，比如举行庆祝活动，向那些为成功作出贡献的人表示感谢和肯定，或在公司简报中宣扬此类成功故事等。无论如何要记住，如果想鼓励员工的某种行为，那么看到这一行为时就作出肯定吧，这是对每个员工都屡试不爽的。

付给使员工满意的薪酬

员工对薪酬管理的满意程度是衡量薪酬管理水平高低的最主要标准。企业进行薪酬管理的根本目的是让员工对薪酬满意，使其能更好地工作。员工对薪酬管理的满意程度越高，薪酬的激励效果就越明显，员工的工作绩效也就越高，这是一种正向循环。

如果员工对薪酬的满意度较低，则会陷入负向循环，长此以往，会造成员工的流失，严重影响企业的效益。员工对薪酬管理的满意度，除了取决于社会平均比较和公平度之外，还取决于管理者如何做薪酬的合理调整。

员工的薪酬需要不断进行调整，否则其激励的功能会大大退化。薪酬的调整大致有如下几个类型：

1. 根据绩效调整

这是指根据员工绩效考评的结果对薪酬所做的调整。它主要从两个方面影响员工的薪酬增长。一方面，员工在绩效考评中得到的评定等级越高，其薪酬提高的幅度就越大；反之，其薪酬提高的幅度越小。通常情况下，企业一般在年末根据员工一年中各次绩效考评的结果进行一次薪酬调整。

另一方面，从长期来看，对于两个处于相同工资水平的员工，在绩效考评中经常得到较高评定等级的员工要比其他员工更快地达到该级别工资的上限。所以，绩效考评的结果不仅影响员工工资增长的幅度，也会影响员工薪酬水平的增长速度。

2. 根据生活指数调整

当通货膨胀情况严重时，会导致员工实际收入相对减少，这就需要为补偿员工的损失而作出相应的调整。这种调整通常有两种方式。

第一，等比式调整，即所有员工都在原有工资基础上调升同一百分比。这种调整虽使代表企业工资政策的工资曲线的斜率有变化，但按同一规律变化，可以保持工资结构内在的相对级差。但是，由于不同级别的工资调升的绝对值幅度也不同，整体上看似乎进一步扩大了级差，易使工资偏低的多数员工产生不公平感。

第二，等额式调整，即所有员工不论原有工资高低，一律给予相同幅度的调升。这种调整表面上看似公平，却会导致工资级差的缩小，造成薪酬管理的混乱，动摇原工资结构设计的依据。

3. 根据企业效益调整

当企业经营效益良好、有较多盈利时，可对全体员工的薪酬进行普遍调高。这种调整可能是浮动式的、非永久性的，当效益欠佳时也可能重新调回。

4. 根据工龄调整

工龄长的员工多数具有丰富的工作经验，有着较高的绩效潜能。

因此，工龄工资具有一定的按绩效与贡献分配的性质。现在通行的工资调整办法是实行等额逐年递增。

具体的调薪方案，应掌握以下几个原则。

起草调薪方案并获通过。

将调薪方案的目的、原则、内容、原因及注意事项告知所有员工。

做好员工的思想工作，并对容易产生歧义的内容作说明解释。

在条件允许的情况下，加薪方案中最好不要有减薪方案，在减薪方案中也尽量不要有加薪方案；应对所有员工平等对待，一律以百分比加减薪，或者按具体的岗位调整。

在调薪方案出台前要做好民意调查及薪资行情调查（同行业、同职位），强行推行副作用太大，甚至会造成员工集体辞职。

调薪要与公司的有关内容相互配合。

此外，管理者还应注意薪酬的增长是取决于员工个人的绩效还是取决于员工所在集体的绩效；薪酬的增长是一次性的还是永久性的。如果是永久性的，那么以后的薪酬增长将以不断增加的薪酬作为基础来计算；如果是一次性的，那么员工在各个时期获得的薪酬增长是分别计算的，当期的薪酬增长不影响以后的薪酬增长。

巧用精神激励策略

企业的激励机制是否对员工产生影响，取决于激励政策是否能满足员工的需要。精神激励是十分重要的激励手段，它通过满足员工的自尊、自我发展和自我实现的需要，在较高层次上调动员工的工作积极性。可以说，精神激励是管理者提高绩效必不可少的手段。

1. 员工的内在需要

渴望能力被肯定。每个人都需要得到别人的肯定，一句肯定的鼓励所起到的作用比一百句批评还要大。精神激励会使员工认识到整个组织的行为方针，认识到上司关注着他们的工作，心里会有被承认的满足和被重视的激励感，并进而保持高昂的工作热情和责任心。这种激励方法对于维持整个组织系统的高水平运作是非常重要的。

渴望被尊重。作为管理者，倘若你能经常聆听员工的声音，了解他们的真实想法，表示对他们的理解和支持，那么你将得到意想不到的收获。

伊利诺伊州林肯希尔的休氏合伙公司是一家资助福利公司。该公司把员工放在首要地位。有位叫斯蒂夫·彼得森的员工在一年秋天，经历了一场大难。他三岁的儿子做了心脏手术，而他的妻子正值临产期，情况很不好，最终早产生了个女儿。

那阵子，彼得森真是忙得团团转。正巧公司安排他负责一位重要的客户。在他急得没办法的情况下，只好向公司讲明情况。没想到公司非常体谅他，准许他三个月内每天只上半天班，并且还为他在家里装了一台电脑。这样彼得森就可以在家上班，好尽可能地照顾妻子和孩子。

另外，公司庆祝成立50周年时，特地雇了两名临时人员以替代公司服务台员工的正常接待工作，使得她们也可以参加庆祝大会。一位叫苏·凯奇诺维兹的接待员说："这真让我感动，公司没有忘掉我们这些不起眼的员工。"

2. 给员工真实的情感

怎样才能令一大群人朝一个共同的目标干劲十足地共同努力？除了物质激励，这只有在精神激励的作用下才能实现。随着时间的推移，令人们能共同工作所需的不仅是技巧，还有情感。

商业生活中最有力的感情即是"我关心所有成员"。这种感情令员工全力以赴，在需要时互相帮助，因为他们知道公司和同事会倾力回报他们。

在每个成功的企业中都可以看到这种盎然生机。这种情感在工作环境中是可以真切感受到的，它并非产生于真空，而是企业文化令其蓬勃发展。

要令员工努力工作，就必须让员工信任上级，上级也必须信任员工。培养相互信任的最佳途径是始终和员工站在一起。

当员工遇到困难时，仅仅给员工发封信或者发表演说表示慰问是不够的。管理者必须亲临现场，问一问员工："你们有什么问题吗？取得了哪些成功？我怎么才能帮助你们？"然后尽可能地为员工办些实事。

美国国家罐头食品有限公司的年销售额达几十亿美元。他们成功的主要原因在于采取了以人为中心、凡事从员工角度出发的管理方法。公司的总裁弗兰克·康塞汀不愿意看到员工不愉快，尤其是在工作的时候。

康塞汀说："我总是努力地使下级为自己所做的工作感到自豪——甚至当这工作是擦地板时。如果你使他们对自己的工作有自豪感，这比给他们更多的报酬要好得多。你事实上是在给他们地位、被认可感和满足感。"

3. 物质激励与精神激励相结合

精神激励是一种深入细致、影响极大的工作，它是管理者有效地统一集体与个人的目标，激发员工的团结协作和整体积极性，提高工作效率的有效手段。

它能促使员工的感觉、知觉敏锐准确，注意力集中，提高操作能力；能缓和人际矛盾，增强集体荣誉感。企业的精神激励，要求管理者善于启发员工的奋发进取精神，在给予他们鼓励的同时，帮助他们从各方面消除消极影响，使其积极性得到最大的发挥，为企业创出最好的效益。

物质激励体现人们追求生活的需要，是人生存的本能。员工在不同的时候、不同的地点有不同的需要，而不同的员工又有不同的需要，因此管理者应综合分析，适当适度地运用物质激励和精神激励。

二者应有所偏重，但不能过分依赖于某一种方法。如果企业员工物质生活水平还不是很高，那么物质激励就可以用作主要激励手段；而当企业员工的物质生活水平相当高时，管理者若仍一味坚持物质激励为主的原则，就难以实现提高员工绩效的目的。

求全责备是激励的大忌

古人云："水至清则无鱼，人至察则无徒。"从道德上来讲，为人必须清正廉洁。

但人无完人，金无足赤。古往今来，大凡有见识、有能力，成就一番事业的人，往往有着与众不同的个性和特点。他们不仅优点突出，而且缺点也明显。管理者如果在用人方面过于求全责备，就会显得不通情理。一个令员工乐意追随的领导往往都有容人之量。俗话说："宰相肚里能行船。"如果吹毛求疵，就让人觉得难以相处，愿意跟随你、与你共事的人会越来越少，最终也难成大事。

看人要深，处人要浅；看人要清楚，处人要糊涂。这就要求管理者把握住大的原则，不要纠缠于小节，对小缺点要宽容，对个人性格的独特方面要给予理解。

特别是那些有独特才能的人，其性格特点也比较明显，要用这样的人，宽容、理解就是非常必要的。无宽容之心、理解之情，自然无法赢得这些人的追随，让他们尽情发挥作用，就很困难了。

为什么有些领导在看待自己下属的时候，经常横挑鼻子竖挑眼呢？其中的原因很复杂，但主要在于不能辩证地看待人的优点和缺点、长处和短处，往往求全责备。

美国管理学大师德鲁克在《有效的管理者》中有一段精彩的评述："倘要所用的人没有短处，其结果至多只是一个平平凡凡的组织者。所谓样样皆是，必然一无是处。才干越高的人，其缺点往往越明显。有高峰就有低谷，谁也不可能是十项全能。一位领导者仅能见人短处，而不能用人之所长，刻意挑其短而非着眼于展其长，这样的领导者本身就是一位弱者。"

对待别人苛刻，最终会落个孤家寡人、众叛亲离的下场。不仅不能用好手上的人才，也没有人愿意与之共事、为其效力。春秋五霸之一的齐桓公就说："金属过于刚硬就容易脆折，皮革过于刚硬则容易断裂，为人主的过于刚硬会导致国家灭亡，为人臣过于刚强则会没有朋友。过于强硬就不容易和谐，不和谐就不能用人，人亦不为其所用。"

综观历史上那些深得人心的管理者，哪个不是深抱宽容之心，广纳天下之度，用人该糊涂处糊涂，该清醒处清醒。曹操用人不拘品行，唐太宗用人只注意大节，都可说把用人的这一原则发挥得淋漓尽致。而隋文帝以为只有依靠法律条文才能治天下，所以他以法律条文为依据考察部下，有小过失就加以重罚，结果弄得众叛亲离。

因此，管理者要想赢得员工的追随和效忠，就应当有容人之量，不以完美要求员工。这样不仅有助于取长补短，更能有效发挥出员工的优点。

第五章
赢在团队：让内部有竞争无斗争

从遏制扯皮开始

推诿扯皮是管理效率的天敌。企业管理得好坏，最为关键的指标就是企业的整体协调配合能力。整体协调能力的高低，与企业员工的水平和素质有关。在那些员工素质不高的企业里，时常出现的情况是：一旦出现了问题，每个人都开始推卸责任，从别人身上找原因，努力证明别人怎样做得不好，仿佛这些问题和错误与自己没有任何关系一样。

推诿扯皮是不敢承担责任的表现。无论是企业或者个人，如果具备了强烈的责任感，一定会目标明确、生机勃勃，面对任何艰难困苦的挑战绝不会犹豫退缩。相反，如果失去了责任感，则会遇事推诿，消极懈怠，不敢决策，任凭组织滑行到错误的深渊。

在今天，更多的人对沃尔玛感到熟悉，而对凯马特逐渐忘却。其实，直至20世纪90年代，凯马特一直是美国最大的打折零售商之一。凯马特的失败，就是团队成员在问题面前推诿扯皮，最终导致失败的典型例证。

关于凯马特的失败，有一个故事广为流传。在某一年的年度总结会上，一位高级经理认为自己在工作中出现了一个失误，他向坐在身边的上司请示如何改正和修补。这位上司不知道该作何回答，便向上级请示。

上司对上级说："我不知道该怎么办，我需要听从您的指示。"而这位上级怕承担责任，便又转过身来向自己的上司请示。据传，这样一个小小的问题，一直推到了公司总裁那里。

总裁后来回忆说："真是不可思议，居然没有人愿意为这件小事情承担责任，而宁愿将问题一直推到我这里。"凯马特为什么会陨落，由此可见端倪。

推诿扯皮是一种不良风气，是影响企业健康的毒瘤。企业管理者需要致力于创造一种企业文化，使员工既能建立勇于承担风险的自信心，又能承受上级管理者制定的战略方案，让员工在团队中实现自己潜能的最大释放。

著名企业西安杨森，就十分重视部门之间的合作，在团队问题上十分注意培养员工的"雁阵意识"。任何一个销售区域、办事处、培训团或某一产品小组都是一个团队。公司在工作、活动、绩效考核和奖励方面，都很注意以团队为单位，目的是使员工学会在团队内求得个人的最佳发展。

总裁庄祥兴认为：“雁文化”的实质就是团队的合作精神；雁阵当中的每只雁展翅高飞时都获得了来自同伴的“向上之风”；只有团队成员齐心协力，互相帮助，才能实现团队的目标。一支优秀的团队应该包容不同的观点，拥有相同的价值观。如果企业中出现部门之间相互扯皮的现象，如何“化干戈为玉帛”呢？

遇事不推诿、不扯皮，主动寻求解决办法的人是企业最为欢迎的人，富有责任感的人最受敬重。不推诿、不扯皮的人必定富有合作精神，并乐于与别人分享成绩。提升管理效率需要从加强合作开始。

加强合作需要从管理扯皮开始。一个处处扯皮的团队是不可能富有合作精神的。为了避免部门间、员工间的扯皮现象对工作造成的影响，除了要不断完善企业内部的组织结构、明确职责之外，更重要的是要培养员工的责任意识，强化其责任心，做到事有人管，减少踢皮球的现象，顺利、快速、有效地完成公司布置的工作。

莫让晋升引发恶性竞争

微软公司在市场竞争中一直处于领先地位，公司管理者以高额的物质福利与高度的满足感来激励员工，表现优异的员工会得到破格晋升。为得到高职高薪，微软内部晋升的竞争非常激烈，公司扩张得异常迅速，每隔几个月就得重新组合一次。

这意味着在微软获得晋升的可能性随时都有，经常有职位空缺，最适合的人立即被提升，这样便使得更高职位之争永无休止。微软始终存在晋升机会，但机会只给最适合它的人。

在微软，工作做得好就能获得最直接的报答。如果某人要获得一个职位，他就需要创造出比同部门其他人更出色的业绩。然而，随着管理台阶的一步步提高，竞争也就变得越来越残酷。

因为晋升主要基于业绩，这一选择机制使人们全神贯注于做好工作，这样既增加了晋升可能性，又保护了现有的工作岗位。员工在公司中层次越高，就越能够创造出高的劳动生产率。对于极有竞争力的管理者，这样的环境比平静的、生产率较低的环境更有价值。

微软的管理者对外部市场的争夺也非常起劲，因为这一样关系到内部晋升。这一点就是注重论资排辈的老式企业的管理者永远也无法获胜的原因。在这种竞争的环境里，老式管理的企业无法让每个员工都有如此强烈的竞争欲望。

为了能像微软公司一样，越来越多的企业开始模仿他们的管理方法，当然也包括用晋升来调动员工的工作激情。但是，很多企业的管理者往往忽略了一个问题，即管理不当的晋升也容易造成员工之间的恶性竞争。

竞争有良性和恶性之分。良性竞争会给企业带来不尽的生命力和极好的效益，所有的员工都积极向上，对未来充满信心，员工之间友善和睦，像大家庭一般。而恶性竞争带来的结果正好相反，员工彼此嫉恨、猜疑，为晋升不择手段，这不仅对个人成长不利，更会使企业的整体利益蒙受可怕的损失。管理者的职责就是要遏制恶性竞争，引导他们之间进行良性竞争，形成良性的晋升机制。

在良性竞争机制下，羡慕别人长处的员工，会鞭策自己，努力工作、刻苦学习，争取赶超对方。这种人会把羡慕渴求的心理转化为学习、工作的动力，通过与同事的竞争来缩短彼此间能力的差距。这种良性竞争对人员的充分利用、员工能力的充分发挥有着很大的好处，它能促使部门内的员工都积极思索如何提高自己的能力，掌握更多的技能，从而取得更大的成就。

但并不是所有的人都能这样做。有些人由羡慕转为嫉妒，甚至是嫉恨。这种人不但自己不思进取，还会想出各种花招打击比他们强的人，通过使绊、诬蔑等手段来拖优秀者的后腿，以此来掩饰自己的无能。这种恶性竞争只会影响先进者的积极性，致使员工之间戒备心变强。

如果整个部门长时间摆脱不了这样的气氛，那么员工的大部分时间与精力都会消耗在处理人际关系上，哪里还有机会谈什么绩效管理呢？作为管理者，一定要留心部门的气氛，积极引导良性竞争，采取措施防止恶性竞争的出现。

赋予团队合作精神

艾弗森开车行驶在山间小路上时迷了路，慌乱之中，汽车陷入了路边的壕沟里，他自己一个人的力量没有办法把车弄出来。他看到半山腰有户人家，于是便走过去找人帮忙。

他以为这家农户会有大马力的拖拉机，结果走进院子后才发现这家什么都没有。倒是牲口圈里拴着唯一的一匹年老体衰的马。看来只有指望它了。他以为农夫会因为马太瘦弱而拒绝他，可出乎他的意料，农夫说："约翰完全可以帮您的忙！"

他看着这匹瘦弱不堪的马，觉得很担心，于是问农夫："您附近有没有其他人家？您的马太瘦弱了，恐怕不行吧？"农夫自信地说："附近只有我一家，您放心好了，约翰绝对没有问题的。"

没有别的办法，也只好这样了。他看着农夫把绳子一端固定在汽车上，另一端固定在马脖子上。农夫一边在空中挥舞着鞭子，一边大声吆喝："使劲，约翰！使劲，汤姆！使劲，琼斯！"声音高亢有力，没多大一会儿，约翰就把汽车从壕沟里给拉了出来。

艾弗森觉得很吃惊，但又感到不解："这匹马有三个名字吗？"农夫拍了拍马，笑着说："约翰的眼睛瞎了，汤姆和琼斯是它以前的伙伴。只要让约翰感觉到不是在单打独斗，而是在一个团队里，它就有种不服气的劲儿，年轻力壮的马都比不上它。”

老马的故事告诉我们，一个人在团队中的力量可能远远胜于他单打独斗的力量，而赋予他这种力量的就是他所拥有的团队精神。

为了考察应聘人员的团队合作意识，考官将最终进入复试的六个人分成两组，分别把他们关进两间一样的房子里——房子宽敞舒适，生活用品一应俱全；内有一口装满绿豆粥的大锅，每人只发一只长柄的勺子。

12个小时过去后，考官先把其中的一组放了出来，他们出来的第一句话就是“快饿死了”。考官感到很奇怪：“锅里有足够多的粥，你们为何不吃？”这组人员对这个问题感到十分不满：“你给我们的勺子的把太长了，我们没有办法把粥吃到嘴里啊！”

考官很无奈，接着又把另外一组也放了出来，只见他们一个个红光满面，神采奕奕，他们感谢招聘单位给他们提供如此可口的粥。第一组的人感到大惑不解，问他们是怎么用这么长的勺子吃到东西的。第二组的人齐声说道：“我们是相互喂着吃到的。”

可见，团队精神可以创造出一种无形的向心力、凝聚力和创造力。只要大家心往一处想、劲往一块使，有困难就可以靠集体的力量克服，没有的东西也会创造出来，缺少的东西也会心甘情愿地去补上，这样的企业就会战无不胜，攻无不克。

团队精神的培养并不是一朝一夕能完成的，需要一点一滴地铸造。

领导者是培养团队精神的主角。要扮演好这个角色要做到以下几个方面：

第一，需要团队领导者具有出众的人格魅力、吸引力和感召力。在巨人集团面临巨大困难、举步维艰的时候，很多员工仍不离不弃，即使不发工资也跟随老板史玉柱努力拼搏。就是因为史玉柱身上所散发出的吸引力和感召力令人折服，让员工有工作的热情和冲劲。

第二，需要团队领导者具有出众的协调能力。唐僧就是一个突出的代表人物，他虽然没有徒弟们的各种降妖除魔的本领，但却能用一种坚定的信念把有不同性格、不同才能的三个徒弟凝聚在一起，形成一个高效的团队，最终到达西天取得真经。

第三，需要团队领导具有出众的沟通能力。既要进行横向沟通，又要进行纵向沟通，重要的是要保证沟通的平等性和双向性，让员工能畅所欲言，说出真实的想法。沟通的好处在于能让员工达成一致的观点和行动，形成团队的共同价值观。

第四，需要团队领导设定共同愿景和目标。所有的人都有了相同的愿望和目标，就能同心协力。目标不要不切实际，过于高远的理想或目标会让员工觉得不切实际而产生不了工作的激情，一个切实际的目标才会让整个团队产生征服它的心理。

第五，需要团队领导掌握激励艺术。团队领导既要重视精神激励又要重视物质激励。激励的方式要创新，更要激励那些有创新的员工。为了使激励机制更好地发挥作用，还要引入竞争机制。竞争能发现自己的长处和不足，同时也容易发现别人的优势和劣势，相互之间取长补短，从而使整个团队更具凝聚力。

正确处理团队冲突

我们建立了团队，并不意味着就能顺利达到目的，因为有许多因素可能会妨碍团队的正常工作。其中，最常见的就是团队冲突。正确地处理团队冲突是成功进行团队管理的重要保证。处理冲突有下列几种方法：

1.“冷却”制怒

在激化了的矛盾面前，冲突双方要理智地控制自己，冷静地思考；作为主要管理者要设法“冷却降温”，而后再“釜底抽薪”。运用这种方法的核心是制怒。

2. 协商解决法

主要由双方派出代表通过协商解决冲突，双方的意图是求同存异，谋求共同的解决方法。在以下情形运用这种方法较为有效：卷入冲突的双方都受过解决问题的技巧培训，冲突双方有着共同的目标，冲突原因是双方缺乏交流或仅仅是因为有误解。这种方法的缺点是，对价值观不同或目标各异的人无效。

3. 双方适度退让

管理者个人发现自己在冲突中处于理亏情况时，应该有正视错误的勇气。然而在冲突中主动退让是很难的，特别是在职务相当的管理者之间。这时就需要管理层或威望高的管理者出面调解，迫使冲突双方各自退让一步，以达成彼此可以接受的协议。

4. 竞争决胜

这种处理手法适合以下情形：需要迅速行动当机立断，冲突双方均认可强权关系。采取这一策略的弊端：真正的问题得不到解决；需考虑输者的情感，他们一有时机就可能报复。

5. 黄牌警告

对冲突不止且日趋加剧的双方，在批评教育的基础上，采取一定的行政手段和组织措施，如责令检查和“最后通牒”等出示黄牌警告的方法。

6. 自我补偿

管理者个人意见被管理层否定后，管理者个人为了缓和心理冲突，可以改变原有的意见和主张，提出新的认识、新的可能被大家接受的意见或主张来补偿。管理层则应慎重考虑这种新的意见和主张，尽可能使管理者与管理层取得一致性意见。

7. 回避矛盾

这种方法的有效范围是，冲突起因不过是些琐碎小事，冲突双方缺乏双赢协商技巧，没有足够的时间。这种方法的不足之处是，只能暂缓直接的冲突，而无法主动化解。

8. 设置更高目标

提出一个新的高层次的共同目标，该目标不经冲突双方的协作努力是不可能达到的，这样，可通过双方的共同努力来逐步缓解对立情绪。这种方法知易行难，因为首先要冲突双方互相信任，充分合作；其次，若目标定得太大，只是一种理想，未必切合实际。人总是比较现实的，往往只顾及眼前的利益，所以目标究竟该定多高，对每一个管理者来说都是一个不小的考验。

应当说明的是，这八种处理冲突的方式对个人来说，各有各的好处，在特定情况下，无好坏之分。也就是说，当面对冲突情境时，有些人希望不惜一切代价获胜，有些人希望发现一种最佳的解决方式，有些人希望逃避，有些人希望施惠于人，还有一些人则希望共同分担。

无论采取何种方式，管理者需要始终坚持的原则是，必须将冲突转化为团队追求成就感的动力。

具体冲突具体解决

组织中下属成员之间的冲突既已发生，作为管理者来讲，就要根据具体情况采取具体的办法予以解决。冲突的性质、原因不同，解决的方法也不同。一般来讲包括以下几点：

1. 调查法

下属之间的矛盾冲突往往是事出有因的，因此作为管理者在处理此类问题时，必须遵循唯物辩证法的原则，既不能出于个人的好恶，也不能偏听偏信，更不能单凭想象或经验，自以为是，随便决断。

正确的做法是，先做好调查研究，通过对事实的了解，弄清冲突的内在原因、双方应负的责任，然后作出正确的决定。这样才可能做到公正合理。

2. 劝导法

下属之间发生矛盾冲突，管理者进行适当的劝导是很必要的。发生冲突后，下属内心一定很苦闷，也积存了很多话，甚至有许多思想疙瘩没有解开。在这种情况下，管理者如果能及时地找他们谈谈，即使有些问题一时难以解决，也可以起到缓解矛盾、减轻郁闷的作用。当然，劝导也不是一件容易的事，有很高的艺术性。

首先，要增加真挚感。不要有应付差事的思想，不能为表示关心而去劝导。管理者的劝导内容要真实可靠，给人以真挚可信感。为此，劝导者的神态、信心及技巧等都会成为能否具有真挚感的因素。比如，劝导者口气坚定，语言流利，目光集中，外貌端庄，举止文雅，会使自己增加可靠性。

其次，要使对方重新组织认知结构。下属之间由于价值观的不同、信息沟通渠道的不同以及心理行为习惯的差异等，可能对信息作歪曲性和选择性的接受，可能对对方已形成一种错误的偏见，或者对某事已经有固执的见解等。这时，要说服他改变对立的情绪往往是很难的。

要使其改变态度，就得使其无法找到足够的理由来维持其观点。所以，关键性的问题是劝导者必须找到足以改变其对冲突一方的不良印象或造成误会的证据和事实，才有可能达到缓和矛盾冲突的效果。

再次，寻求共同点，强化“自己人效应”。一般说来，冲突双方尽管在某件事上差距、分歧、矛盾比较大，但总是有些相似之处的。这种相似之处的表现是多方面的。而且冲突双方过去还可能有过来往或合作。为此，作为管理者在劝导中要寻求共同点，避开差异点，才可以打开交流或融合的大门，建立起信息沟通的渠道，也有利于矛盾双方接受你的建议。

那么如何求得共同点呢?

当冲突双方涉及一些实质性的分歧时，一时会难以找到共同点，此时不如先找一些双方无法拒绝的客观事实入手，以此作为进一步提出自己观点或解决办法的基础。

有时也可先找些与劝导无关紧要的话题，但这些话题双方又都有一致的观点，以此引起双方共鸣。

3. 公正法

公正而不偏袒，对解决下属之间的矛盾冲突很有必要。如果上级处理此类问题不公正而有意偏袒一方，不但原有的矛盾冲突解决不了，还可能会制造新的更大的矛盾冲突，甚至有可能发生恶性事件。

4. 警醒法

管理者在处理下属冲突时，要根据冲突的性质、发展程度等，适当地运用警醒法。管理者对下属固然主要应采用晓之以理、动之以情、导之以行的办法，进行说服，但这仅是一方面；另一方面则应晓以利害，以达到应有的效果。

我们知道，人人都有自尊需要、社交需要、发展需要等，如果能够根据人所具有的这些需要巧妙地利用警醒法，讲清矛盾冲突对双方利益的损害、对工作的损失、对自己前途的影响等，会起到有益的作用。

5. 示范法

当下属之间在一些非原则性问题上发生矛盾时，管理者可以采取机敏、巧妙的方式，使本来很尖锐的、一触即发的事态趋于缓解，遏制其发展，以达到减少摩擦的目的。

第六章

唯才是用：让每个人的特长都能派上用场

绝不能搞个人英雄主义

现代化企业之中，制度建设完善，部门分工明确，多数工作都需要相互协作才能完成。如果员工不能融入团队，往往以个性主导团队运行规则，这样的员工即使再优秀、再有能力，也不足以委以重任。

因为现代企业更注重团队协作精神，拒绝崇尚个人英雄主义。企业管理者更应该注意的是，因为地位的特殊性，企业的领导者更容易成为企业的“个人英雄”。切记不能为逞英雄而给企业的长期发展埋下隐患。

惠普公司的格里格·梅坦曾说：“企业的领导者不能成为团队的主宰者，尽管企业的领导者具有超强的能力，是团队中的英雄人物。”

他还说：“作为领导者，我对该组织的构想当然重要，但是仅仅有我的构想还不够。我的观点是我最重要的领导资产，同时也给我带来了最大限度的限制。我认为，老板是轮毂，员工是轮辐，员工之间的谈话以及人际关系的质量是轮边。如果因为同事之间不能解决相关问题，所有的决策都需要通过轮毂，那么这个组织创造价值的能力就会受到老板个人明智程度以及时间的限制。这显然不能造就高效运营的团队。为了创造一种‘轮边’会谈，老板就必须有意识地说明什么事情应该由轮毂来解决，什么事情应该由轮辐来解决。”

他还举例说明，那些来自世界各地的员工在伦敦相聚，作为老板的他并不参与，因为他们正在寻找一个复杂并且有争议的问题的解决方法，他已经为他们创造了这一个“轮边”会谈的条件，他不希望因为自己的出现而使会谈没有结果。后来，果不其然，他们的会谈很成功。

所有的老板都不应该让个人英雄主义主导团队，不应该过分强调个人的效能，应该极其重视个人与个人合作所产生的效能。现代社会现代组织，仅凭一个人的能力和经验已经不能应对所有工作了。在任何一个成功的团队里，即使你不是一个受大家敬重的英雄，也是一个成功者。而假如团队失败了，也不会有英雄存在。

有效控制人才流失

近年来，世界各国的大企业都在完善聘用机制，以求吸引更多人才。但即便如此，仍有许多人才悄然而去。许多企业发现吸引人才越来越难，因为人才的流动已成为当今时代的一大潮流，进入企业的人数似乎永远也比不上流出企业的人数。

许多企业一边不断地翻新招聘花样来引起求职者注意，一边却听任人才大量流失。持续不断地大量招聘人才，常使企业疲于奔命，甚至出现效益的下滑。管理者们估计，考虑所有因素，包括因为人才离开企业而失去的关系，新员工在接受培训期间的低效率等，替换新员工的成本甚至高达辞职者工资的150%。而且，替换新员工的成本还不仅于此，知识也是一种资产，知识型人才的流失对企业造成的影响可能无法预计。企业用“留住人才”一词表明它们越来越重视有才干的人员。那么企业将如何奖励和评价优秀员工？该怎样调整企业文化，以留住真正的人才？

人才如果对工作失去了兴趣，单靠金钱是留不住他们的，只有增加其对工作的满意度、对集体的归属感和提供个人发展的机会才能令他们安心地干下去。因此，现在有很多企业都制定了相应的留住人才的战略，努力提高他们的工作积极性。

美国波士顿 SHL 集团总裁斯特恩说：“此刻，公司回过头来对员工们说，我们将作出让步，向你们提供发展和进步的途径。我们将就地开办课程，使你们能够更加容易地跟上时代的步伐，我们还将提供一些顾问和一系列资料。”

道康宁公司和联信公司正在努力迎合自主型雇员。近年来，这两家公司跳槽的员工多为任职三个月至两年的员工。针对这种情况，公司制定了一项“职业适应”计划，以帮助员工在公司内部寻找机会。道康宁公司总经理贝弗利说：“我们的想法是，教会那些甚至是刚进公司的员工如何找到不同的工作职责，这样，他们不必离开公司就能找到更合适的岗位。”

其实，安定人心，让员工爱上自己的企业并不是件困难的事，只要管理者能够采取一些措施，在工作中和生活上营造出公正平等与和谐的环境，使员工能够有一种自我价值得以实现的成就感，他们便会忠于企业，勤奋地工作。

1. 提供更好的待遇

这一点微软做得非常成功。对微软公司而言，不论你的经验与资历如何，只要有足够的能力，你就有机会升职加薪。因此，微软公司能网罗到全世界的精英。微软公司的理念就是：网罗天下精英，共创大业。在微软公司工作的压力虽然很大，但是福利优厚，这也是留住人才的方法之一。在相同的条件下，微软公司通过内在激励机制，提供更好的待遇与工作环境，吸引了大批优秀的人才。

2. 让人才扮演主角

美国有一家顾问公司，其业务主要是信息咨询和规划设计等。因为公司效益不错，三位创始人决定高薪引进人才，以扩大公司规模。因为高薪和该公司令人喜悦的发展速度，许多人才被吸引了过来，其中有两位高级咨询顾问都希望在该公司一展身手。

可是，三位创始人对高级咨询顾问并没有作出太多的安排，他们把全部精力放在营销工作上，去追求新合同。刚刚进入公司的高级咨询顾问明显地感觉到被冷落了。

这种情况持续了好几个月，人们开始对工作不抱什么热情了。接着有一些人才开始离去，也带走了一些客户。接着这种情况逐渐多起来了。有一天清晨，该公司三位创始人忽然发现他们那美丽的梦破灭了，他们没有中标，当他们回过头来注意的时候，发现公司也只剩下了一个空壳，最大的客户也跟着咨询顾问走了。

人既是感性的又是理性的。员工既希望能够受到关怀，又希望发挥自己的能力为企业创造点什么，如果这些愿望得不到满足，那么员工便会感觉到失望。或许企业能够发很高的薪水，但在有些时候，高薪也留不住人，给他们一个可以尽情施展才华的舞台才是明智的解决办法。

每个人都是平等的，即便有高下之分，也是因为能力，而非职位，如果管理者能有平等意识，真诚地对待每一个人，那么员工必定会受其感动，全身心地投入到工作中去。

出色的员工总会在工作过程中产生很多的看法，其中有很大一部分都是对企业有益的建议。因此，作为管理者，要多和企业中的员工交流，了解他们的想法，然后对管理方法作出相应的调整。

3. 提拔要统筹考虑

当管理者发现一个非常出色的人才时，一定要对如何提拔他的问题进行统筹考虑，因为如果这个问题处理不好，不仅会失去这个人才，还会招致企业其他人的不满。

4. 让不同层次的人才都得到学习的机会

不同层次的人才在职责和特长上存在很大差异，有的人适合做高级管理者，有的人适合做基层管理者，有的人是专业人员，但他们都需要不断地学习，给自己充电，掌握更多的技能，以满足他们的进取心，为企业创造更好的效益。因此，为不同的人才开设不同的培训项目也是留住人才的一条途径，学在这里、用在这里，配以合理的薪酬和职位，人才当然舍不得离开。

让员工有归属感

员工的归属感是一种主人翁精神，是一种个人能动性的体现。有了归属感，员工就会感受到自己的理想能在企业中得以实现，有跟企业共同拼搏的动力。

员工的归属感对企业的发展尤为重要，能否使员工产生归属感，是赢得员工忠诚、增强企业凝聚力和竞争力的根本所在。员工的归属感不仅仅是一种满意度，往深层里挖掘，它更是一种集体意识、团队协作精神、个人能动性的体现，是员工价值观和企业价值观的高度统一。

只有员工的个人价值观和企业的价值观得到了某种程度的统一，才能真正地融入大集体中，以企业的目标为自己的目标，企业的利益为自己行动的导向，这样的员工势必会在企业中发挥自己最大的能量。遇到困难的时候，有归属感的员工会与企业共进退。

微软特别注重员工归属感的培养。每一个新进入公司的员工，第一项任务就是要在人事部门的安排下接受为期一个月的封闭培训。培训的目的很明确，就是将这些新人真正转化为微软人。以如何接电话为例，微软有专门的手册指导，技术支持人员拿起电话，第一句话肯定是："你好，微软公司！"

关于接电话，在微软公司内部流传着一个经典案例。一次，微软全球技术中心举行庆祝会，员工们集中住在一家宾馆。深夜，因为某项活动安排临时发生变化，此次庆祝会的组织者只得一个一个房间打电话通知。第二天，她惊奇地告诉大家："你们知道吗？我打了60个电话，起码有50个电话的第一句是'你好，微软公司'。"

同样的事情也发生在中国海尔集团中。在海尔集团，当别人问海尔员工，"你是河南人吗"？他肯定会说："不，我是海尔人。"同时，他还会补充："你知道为什么我说我是海尔人吗？因为打从我进入海尔的那一天起，我就叫海尔。"

无论是微软，还是海尔，都让员工对公司有一种认同感、归属感。试想，这样的员工，把公司当作自己的家，把同事当作自己的家人，怎么会不努力工作？员工的归属感一旦形成，不仅仅能加深对企业的认同，而且会对企业产生强烈的责任感和信任感，形成一种主人翁精神，潜意识中就会把自己融入整体中，发挥自己的能量为企业创造最高的价值。

员工的归属感代表着企业的凝聚力和向心力。在企业当中，营造一个足以让员工依赖的合作氛围就尤为重要。给予员工归属感，使员工愿意留在团队当中，不仅是提升团队精神的需要，更是提升人才忠诚度的需要。

要注重人与人的搭配

搭配人才，也是管理者的必修课。将各种各样的人才合理搭配，既能让每个人才各施所长，又能让组织结构务实高效，还能让整个团队更具有战斗力。

有一个关于法国骑兵与马木留克骑兵作战的寓言。

骑术不精但纪律性很强的法国兵与善于格斗但纪律涣散的马木留克兵作战，若分散而战，三个法国骑兵战不过两个马木留克骑兵；若百人相对，则势均力敌；而1000名法国骑兵必能击败1500名马木留克骑兵。原因在于，法国骑兵在大规模协同作战时，发挥了协调作战的整体功能，说明系统的要素和结构状况对系统的整体功能起着决定性作用。

这个寓言说明的是领导者对于人才使用，要争取做到整个队伍的构成呈优化组合状态。所谓优化，绝不是最优秀人才的聚集，而是各类专门人才的汇总。通常来说，一个团队中要有这样一些人才：高瞻远瞩、多谋善断、具有组织和领导才能的指挥型的；善解人意、忠诚积极、埋头苦干的执行型的；公道正派、铁面无私、心系群众的监督型的；思想活跃、知识广博、善于分析的参谋型的……如果团队中全是同一种类型的人才，那肯定搞不好工作。只有合理地搭配人才队伍，才能做到人尽其才、各展所长，整个团队才更具战斗力。

一台发动机或者一辆汽车，甚至一架飞机，拆散了不过是一堆机械零件，没有计划、没有组合地堆积在一起，只能算作一堆废铁。对于每个下属在能力、性格、爱好等方面的不同特点，领导者也要心中有数，这样才能将各种各样的人才合理搭配，使得个人和队伍都能够发挥出最佳的能力。

唐太宗就很注意合理搭配使用人才。他将个性迥异、能力有别的人才一个个都放在了适合的位置上，从而使得人才队伍构成合理、组织结构务实高效。房玄龄处理国事总是孜孜不倦，知道了就没有不办的，于是唐太宗任用房玄龄为中书令。对于国家大事，房玄龄能提出许多精辟的见解和具体的办法来，但却不善于整理，很难决定颁布哪一条。杜如晦虽不善于想事，却善于对别人提出的意见作周密的分析，精于决断。于是唐太宗将他们俩搭配起来辅佐自己，便有了历史上著名的“房谋杜断”。

此外，唐太宗任用敢于犯颜直谏的魏徵为谏议大夫，任用文才武略兼备的李靖为刑部尚书兼检校中书令，都做到了人尽其才、才尽其用。房玄龄、魏徵、李靖等人的合理搭配，既各得其所，尽展风采，又让大唐初期的这个管理层在历史上有口皆碑。

一加一等于二，这是尽人皆知的，可是用在人才使用的组合上却不一定。如果搭配得恰当，一加一不但等于二，很可能等于三、等于四，甚至一千、一万。可是，如果调配不当，一加一不但可能等于零，还可能得出负数来。所以，领导者不但要考虑到下属的才智和能力，还要特别重视人才搭配。

信任你的下属

“不疑”是建立在自己用人之前的判定、考核基础上的。不用则罢，既用之则信任之。管理者只有充分信任下属，大胆放手让其工作，才能使下属产生强烈的责任感和自信心，从而激发下属的积极性、主动性和创造性。所以说，对于一个管理者来讲，一旦决定某人担任某一方面的负责人后，信任其在这一工作中的能力就成为一种有力的激励手段，其作用是非常大的。

试想一下，在一个公司里，如果下属得不到最起码的信任，其精神状态、工作干劲会怎样？又比如，公司职员情绪欠佳、精神沉郁、怨愤丛生，上下级关系怎么能融洽？这种彼此生疑生怨的状况，如果得不到很好的解决，常常是造成企业瘫痪的主要根源。

信任下属，实际上也是对下属的爱护和支持。古人云：“木秀于林，风必摧之。”特别是对于担当生产、销售、试验、拓展、探索者角色的下属而言，容易受人非议或蒙受一些流言飞语的攻击。那些敢于直面管理者错误，提建议、意见的，那些工作勤勉努力、犯了错误并努力改正的，管理者的信任是其最后的精神支柱，柱倒而屋倾，在此种状态下，管理者切不可轻易动摇对他们的信任。

作为管理者，不仅要对你的下属充分信任，还要对他们坦诚相待。如果出现变故及不利因素，有话要当面说，不要在背后议论下属的短处；对下属的误解应及时消除，以免积重难返。有了错误要指出来，是帮助式的而不是指责式的，相信你的下属不是傻子，好意歹意心中自明。总之，与下属经常保持思想交流非常重要。

说到信任问题，其实它是两个人相处时应该具有的一个基本要素。两个陌生人在一起，彼此防范，没有什么信任。而一旦人们通过某种渠道互相认识熟悉后，彼此渴望的就是一种信任。

互相看不惯的人很难有信任可言，嫌隙的存在是关系恶化的开端。和自己越近越亲的人，你应该给他更多的信任，对朋友应该推心置腹。在一个企业里，副经理、部门经理之于总经理，一般职员之于部门主管，可称为手足或臂膀，理应得到很多的信任。如果你不给他们信任或给他们的信任不够多，都会影响到他们的工作。这就好比在家庭生活中，夫妻关系应该说是再亲密不过的了，但是如果你不给对方最多的、最大限度的信任，家庭生活也不会和睦。

要谨慎对待各方面反映的情况，不因少数人的流言蜚语而左右摇摆，不因下属的小节而生疑，更不宜捕风捉影、无端地怀疑。给予下属更多的信任，更广泛的、更高质量的信任；因为他们非常需要，你一定要记住这一点。

日本松下电器创始人松下幸之助用人的原则之一就是用则不疑。松下电器在创业初期就以价廉物美的产品名扬四方，这一特点就是他在博采众家之长的基础上加以创新而成的。一般说来，在竞争激烈的情况下，发明者对技术都是守口如瓶、视为珍宝的，最多只透露给亲友或者家人。但是，他却十分坦率地将秘密技术教给有前途的下属。曾有人告诫他：“把这么重要的秘密技术都捅出去，当心砸了自己的锅。”但他却满不在乎地回答：“用人的关键在于信赖，这种事无关紧要。如果对同僚处处设防、半信半疑，反而会损害事业的发展。”

当然，松下公司也发生过本公司职工倒戈的事件，但是松下幸之助坚持认为：要得心应手地用人，促使事业的发展，就必须信任到底，委以全权，使其尽量施展才能。这是他根据亲身体验建立的人生观和经营哲学。

用而不疑，是一条重要的用人原则。当然，这条原则是与疑则不用联系在一起的。总之一句话：凡是经过考察、认真研究，觉得不可信任之人，一定不要用。如果失之斟酌、盲目错用，就会自食恶果。对于人才，一旦委以重任，就要充分信任、大胆放权。

管理者只有对下属信任，才能放手让下属独立自主地行使职权；下属只有有了独立自主的地位，方可充分发挥其各种才能；只有信任，才能使得下属忠心不渝地投身事业。

现在人们常说，企业竞争的制高点是人才，而用人不疑是发挥人才作用的重要原则。用则不疑起码要达到三个不疑：

（1）相信受任者能完成任务。对于任何任务，管理者在选人时要三思而后行，但一旦确定人选，就不要轻易地更换。千万不可一方面让其担当某项重任或参与某项工作，另一方面又怀疑其完成任务的能力。

管理者把某项工作任务交给有关人员后，就一定要相信他们能够完成任务。当然，对他们提出明确的目标要求，实行一定的监督检查，进行适当的指导帮助，都是应该的。而这一切都是为了帮助他们更好地完成任务，绝不是干扰、妨碍他们的工作，束缚他们的手脚。

首先，使下属处于超载的工作状况中，产生不适应感和奋力向上的紧迫感，才能为完成上司交给的任务最大限度地发挥其才能和潜力。这有利于下属的培养和事业的发展。其次，让下属早担重任，在实际工作中摔打、锻炼和成长，就能使其在实践中不断提高工作能力。

（2）相信成员对组织的忠诚。卡耐基常常告诉他的营销员，团体成员之间，既然大家走到一起来了，就应精诚团结，同心同德，为完成共同的目标而奋斗。管理者对待下属，更要以诚相待，切忌满腹狐疑、互相猜忌。

（3）给受挫者成功的机会。世间任何人的经历都不会一帆风顺，常胜将军是不多见的。人在孩提时学走路摔跤，在学游泳时呛几口水，都是常事。在完成任务的过程中，由于种种意想不到的原因，受任者任务完成得不好，或出现了失误，管理者一定不要大惊小怪。失误了，只要正确对待，帮助他认真总结经验教训，下属必然产生有负上司重托的自责感和将功补过的决心，势必为今后的工作开展打下良好的基础。

受挫的原因是多方面的，主观的、客观的，有时还有管理者决策指挥的原因。如果一出现失误，管理者就对受挫者一味地指责、埋怨、批评、训斥，不给丝毫的温暖和善意的帮助，就会冷了下属的心，甚至会激起敌对情绪和叛逆心理。

留人的关键在于留心

曹操曾说："吾任天下之智力，以道御之，无所不可。"而袁绍也踌躇满志："吾南据河，北阻燕代，兼沙漠之众，南向争天下，庶可以济乎？"

从二人的话中可以看出，在对于创业和企业发展的因素方面，曹操更强调用人留人。这是曹操能成就大事的基础。

现代中国企业的生存和发展受众多因素影响和制约，其中，人力资源成为最重要也是最根本的因素。人才的流失是中国企业面临的越来越严重的问题，尤其是一些非生产型企业，往往刚刚培养出来的新人，抬腿就走人，或者已经被企业委以重任的人，也说走就走，导致人力成本不断增加。因此，企业管理者陷入困惑，如何才能留住人才？

人才是企业所有资源中最宝贵的，因而必须对其进行有效管理。但是在实际操作中，企业经营者往往更关心企业的资金和市场问题，而忽视人力资源管理，这是导致人才流失的重要原因，直接阻碍了企业的进一步发展。

其实在企业管理的过程中，合理的人才流动是正常的，然而如果出现比较高的员工离职率，那就要引起企业管理者的重视和警觉。企业管理者要反思自己的管理体系、管理制度、管理方法以及为员工创造的企业环境是否能吸引员工，是否能激励员工，是否能留住员工。企业管理者应该注意给予员工适合的福利与待遇，为员工提供优良的工作环境、充分的发展空间和表现机会。据统计，福利始终是现阶段最主要的留人机制。

正泰集团始创于1984年，主要经营高低压电器、输配电设备、工业自动化、仪器仪表、建筑电器和汽车电器六大产业，年产值超百亿元，占近30%市场份额。现辖六大专业公司、50余家持股企业、800多家专业协作厂、2000多家销售公司和特约经销处，在国外设有五家分公司及30多家销售总代理，产品畅销世界70多个国家和地区。在留人方面，正泰是诸多中国企业的榜样。

正泰在人才的使用上“重学历，不唯学历，更重能力；重文凭，不唯文凭，更重水平”。通过严格的绩效考评对员工进行科学合理的评价，通过竞聘上岗和岗位技能竞赛，在公司内部塑造出一个公开、公正、公平的“赛马”机制，给予人才充分发展的空间，真正做到“人尽其才，才尽其用”。

正泰深谙“财散才聚，财聚才散”的辩证思维，因此以岗位年薪为基准设计薪酬制度，同时以绩效薪酬平衡经营管理队伍的贡献差异，分配向关键岗位和技能突出的人才倾斜，构建以经营业绩为核心的多元分配体系。

“让更多的员工成为百万富翁乃至千万富翁”的口号，落实在具体行动上，就是正泰每年拿出超额利润的10%奖励管理人员，拿出新产品一次性直接经济效益的5%～10%奖励技术人员。2001年，一位派驻控股公司的总经理，因其出色的工作业绩，领走了100多万元的绩效奖金。2002年，正泰的增长远远超过了目标，又一批百万富翁诞生了，此后，不断有新的百万富翁在正泰诞生。

正泰经历了从“家族企业”到“企业家族”的革命性转变，先后进行了四次股权稀释，董事长南存辉将个人的股份比例稀释到20%多，一大批优秀的管理人员和技术人员成为“老板”，正泰虽然“革了自己的命”，却大大增强了凝聚力，多年来实现了超常规的跳跃式发展。

正泰有两个上帝，一个是顾客，一个是员工，先有满意的员工，才有满意的顾客。正泰强调“沟通是最有力的武器”，对于员工，正泰设置有合理化建议奖，积极鼓励基层员工参与公司管理；每年都进行员工满意度调查，建立一个与员工沟通和对话的平台；在员工的每一发展阶段，上级总能及时给予下级必要的指导和帮助，主动进行工作交流和沟通。

培育温情的企业文化能使员工切实感受到生活的舒适与企业的关爱，从而主动融入企业中，使个人与企业共同发展。

可见，当企业将关注的重心放到员工身上，留人就不会成为难题。一方面企业为员工建立完善的绩效考核和管理机制，以及合理的福利奖励、职位提升等计划，这也是促使员工积极工作的主要条件之一，让员工看到自己的发展轨迹，是有效留住人才的关键。

另一方面，企业管理者要注重培养企业文化氛围，只有企业有了良好的文化氛围，为员工创造一个适宜、愉快、安全、和谐的工作环境，才会使员工产生归属感、认同感和忠诚心，从内心里毫无怨言地努力奉献，这才是从根本上留住了人才，稳住了人心。

第七章
管人有方：不同人用不同方法

搞定难缠的下属

管理者不得不正视一个现实，在下属之中，忠心而且努力工作的虽然是大多数,但是,总有那么一些人,成了最难管教的。用“调皮捣蛋”“令人头痛”这样一些词语来形容他们都不为过。他们花费了上司很大一部分精力，拖住了很大一部分人的工作效率，“搞定他们”是管理者必做的功课。

调皮捣蛋的虽然是个别人，但是如果处理不好，问题也会变得越来越严重，坏风气有可能腐蚀整个团队。因此，对捣蛋的下属有必要予以重视，切记不能放任自流。

王海是某物流公司的经理，下属有大学毕业、科班出身的员工，有中学还没有毕业的拉货司机，各色人物知识、阅历、性情各不相同。王海将这些人管理得服服帖帖，他总结自己的经验时，谈到了管理学上的“骆驼理论”。

人具有“骆驼的某种特性”。在骆驼的驼峰上压上重物，骆驼走起路来才平稳，才有节律，它们会顺着头驼一路安静地前进。遇到沙暴时，背负重物的骆驼也不会轻易随风而逃。而那些背上没有重物的骆驼，就成了最难以管教的家伙。它们四处张望，搜寻小草，追逐异性，把工作当作了休闲时光。

对个别人，使用高压手段，毫不手软，绝不姑息迁就。上司借助打击“个别人”达到“杀鸡给猴看”的目的，以警示一批他们身后的潜在效仿者。在打击之后，要采用怀柔政策。对那些被打得抬不起头来的人，也要安抚一下。对个别有好转的人要及时进行表扬。

对于难缠的下属，管理者又不能完全运用压服的办法。一般来说，对不同的员工存在的问题，上司要采取不同的做法。对那些故意窝工、怠工、工作效率低的员工，管理者可将工作定额、工作量与奖金挂钩；对偷工减料、贪小便宜、挖墙脚、揩油者，用监督与奖惩相结合的办法。如果管理者高效率地搞定几位难缠的员工，将有效地提高自己的管理水平，提高团队战斗力，达到目标。

与狂傲者和谐相处

有的下属仗着自己才高，就目空一切，恃才傲物，谁都看不起，包括自己的领导。但他有一手好技术或绝活，团队又离不开他，因此，领导者与这种下属和谐相处，是非常有必要的。

身为领导者必须拥有一颗宽容的心。时刻保持冷静，以宽容的态度对待那名不把你放在眼里的下属，这不仅仅是为了在他人眼中更进一步地树立自己成熟稳健的形象，也是对他的一种教育。

在美国前总统富兰克林·罗斯福还是个心高气傲的年轻人的时候，曾在海军的一个部门担任副官。而他的顶头上司是一位年长而和蔼的老人，他总是对罗斯福微笑着，尽管罗斯福常常对他显出傲慢无礼，甚至骂他“老古董”。上司几乎对罗斯福的每一个意见都仔细地考虑和研究，对其略加改动后立即采纳。这令罗斯福愈发自信，并且对工作投入了更大的热情。他们的合作渐入佳境，老人依旧和蔼如故，罗斯福却逐渐抛弃了激进傲慢的性格，他感到有种力量在改变他，但他却不知道那是什么。许多年之后，当他已不再是个毛头小子的时候，他总是不自觉地回忆起那段时光，老人的无私豁达让他时常为自己过去的行为自责。同时，罗斯福也逐渐明白了老上司的良苦用心。

一个人狂傲未尝不可，但狂妄就不好了。自命不凡，以为自己是旷世之才，前无古人后无来者，如果一个下属狂妄到了这种地步，那真是叫领导者头痛。如果领导者掌握了他们的心理后，就可以有的放矢，采取有效的方法来和他们相处。

1. 用其所长，切忌压制打击或排挤

恃才狂傲之人，大都有一技之长，否则，就没人买他的账了。因此，领导者在看到他不好的一面时，一定要耐心地与他相处，要视其所长而给予任用，绝不能因一时看不惯，就采取压制的办法，把他搁在一边不予以重用。

这样，只会让其产生一种越压越不服气的逆反心理，在需要用他的时候，他就可能故意拆你的台。因此，领导者碰到这种人，就要想想三顾茅庐的故事，毕竟你是为了整个集体的利益，而不是为你个人的利益，因此，在这种人面前即使屈尊一下也不算掉价。

2. 用其短挫其傲

狂傲之人虽然在某个领域才能出众，但他仍有不足和缺陷。因此，领导者也可让他看到自己的不足，以消除其傲气。譬如，领导者安排一两件做起来比较吃力的工作让他做，并事先鼓励他：好好做就行，失败也没关系。如果他在限定的时间内做不出，领导者也仍然安慰他，那么，他就一定会意识到自己先前的狂妄是错误的，并会从此改正。

3. 要敢担担子，以大度容傲才

这种人什么工作都不放在眼里，即使再重要、再紧迫的事情，也会表现得漫不经心。所以，他常常会因疏忽大意而误事。作为领导者切不可落井下石，一推了之，要勇敢站出来替下属担担子，使他感到大祸即将临头，领导却一言解危。日后，他在你的面前也就不会傲慢无礼了。

正确对待攻击型下属

在团队里有这样一种人，他们总是喜欢不遗余力地攻击指责别人，或散布流言蜚语，或造谣中伤，或出言不逊等。如果他们不怀好意地对领导者或其他成员进行攻击，领导者除了要勇于面对恶意的进攻之外，还应注意与这种人的相处方法与技巧：

1. 给对方发泄的机会

当对方情绪激动，一时无法控制场面时，管理者可以先给对方一点时间，让对方把火发出来。

2. 适时打断

当对方说到一定程度时，管理者可以打断对方的话，随便用哪种方式都行，不必客气。

3. 站着比坐着更易失控

一般说来，站着不易控制情绪变化，如果可能，设法让其坐下来，使他不那么好斗。

4. 表明自己的观点

管理者应适时地以明确的语言阐述自己的看法，让对方明白其实这是误解或者原本就是一场误会。

5. 避免正面冲突

管理者最好不要与对方发生针锋相对的正面争执，最好避免与对方抬杠或贬低对方。

6. 不在公开场合解决问题

越是在公开场合越不易解决问题，如果需要并且可能，休息一下，平息彼此的情绪，再和他私下解决问题。

7. 必要的友好

在强硬后作一点友好的表示，是很有必要的，可以缓和紧张的氛围。

管理者要想正确对待攻击型的下属，就要具体情况具体对待，其中最关键的一条，就是弄明白你所遇到是不是真正的攻击。然后再考虑和选择自己的行为方式，要不要针锋相对地予以回击。根据日常的表现，下面几种情况很容易被误认为是攻击，管理者必须充分认识清楚这些情况。

第一种情况：由于对某种事物持不同的看法，对方提出了比较强硬的质疑或反对意见。此时，如果你能够给予必要的解释和说明，矛盾很可能会很好解决。

第二种情况：由于自己对某事处理不当，对方在利益受损的情况下表示不满，提出抗议。如果的确是自己处理不当，确有不完善之处，而对方又言之有理。那么，尽管对方在态度和方式上有出格的地方，也不能看成是攻击。

第三种情况：由于某种误解，致使他人发脾气，或出言不逊。在这种情况下，只要耐心地、心平气和地把问题澄清，事情自然也会过去。如果领导者忽视了区分真假攻击的不同，往往会铸成大错。

以上三种情况都不是针对性的恶意攻击，即便管理者完全能够确定他人在对你进行恶意攻击，也不必统统地给予回击。在与下属的交往中，对付恶意攻击最好的方式莫过于不理睬他。如果你不理睬他，他仍不放松，那也不必对着干。不难发现，那些喜欢攻击他人的人，你和他对着干，他不仅奉陪，还会恋战，非把你拖垮不可。在这种时候，你应果断地甩袖而去。

《老子》中有这样一句话：“天下莫柔弱于水，而攻坚强者莫之能胜。”

关键时刻拉下属一把

德鲁克说：“之所以会拥有良好的人际关系，是因为他们强调自己对工作的贡献以及对别人的帮助。”马歇尔将军在20世纪30年代提拔了一大批优秀军官，其中包括巴顿和艾森豪威尔。“这个人可以干什么？”这是常挂在马歇尔嘴边的问题。德鲁克认为，知道某人能干些什么，那么他的不足就成为次要的了。

黄威因为工作业绩突出，被总公司派到下属一家汽车公司任副总经理。当时这家公司派系之争很严重，几个较大的派系明争暗斗，公司业绩直线下滑。黄威刚刚到任，就被下属们划归了某一派系。而对立派时常在工作上给他设置障碍，以此削弱他的威信。对立派中的首要人物是生产部的陈经理。

陈经理工作十分卖力，吃苦耐劳，对公司忠心耿耿。但他最大的缺点是喜欢拉帮结派，对不喜欢的人处处施绊。有一次陈经理犯了一个大错误，其他部门经理都倾向将其开除。陈经理自己也认识到了问题的严重性，做好了回家的准备。

在研究陈经理错误问题的会议上，这几位经理像是事先约好了似的，一致认为陈经理不可留，列举了他许多不可饶恕的罪状。由于陈经理所犯的错误给公司造成了巨大损失，一向和他有私交的另外两个经理也不好为他说话。陈经理本人也感觉有负公司期望，不作过多的辩解。

只有黄威还没有表态。黄威是主管人事的副总经理，他的意见将起到决定性作用。大家的目光都集中在他身上，只听他说："我认为看一个人不能老盯住人家的缺点，更多的时候要看人家的优点。人总是会有过错的，在座的这么多人，谁敢告诉我，你没有犯过错误？我们要公正地对待。我承认陈经理身上有许多缺点，但是大家也应该看到，他身上蕴藏着许多优点。

"陈经理的工作可以说是很出色的，他干工作的那股劲头，恐怕是在座的各位都不具备的。他对待工作的这种认真负责的精神，在一个团队中，能起到很好的示范作用。仅此一点，我们就没有必要炒掉他，这样的职员是不好找的。他并不是主观上犯错误，而是无意犯下的。有人说，他的这种过错非同小可，给公司带来了不小的损失。是的，他这次是给公司造成了一定损失。但我相信，给他一次机会，他会在以后的工作中加倍努力，把这次的损失补回来。”

黄威的话音一落，整个会场鸦雀无声，陈经理做梦也没想到黄威会替他说好话，感动得热泪盈眶。由于黄威的坚持，陈经理被公司留了下来。黄威在关键时刻拉了陈经理一把，不仅为自己赢得了良好的声誉，还赢得了陈经理的忠心。在以后的工作中，陈经理积极配合黄威的工作，成了黄威的一员得力干将。

德鲁克认为，帮助下属是管理者的重要职责。管理者的帮助是下属前进的动力。但需要提醒管理者的是，对下属的关心是最真诚的关怀，要体现出纯粹与无私。如果对下属的帮助怀有私心、渴望回报，就会给下属带来沉重的心理压力，反而不利于人际关系的维护和发展。

巧妙对付谄媚者

善于谄媚的人在社会各行各业中都可以找到，这类人有一个基本特征：永不反对或驳斥上司的指示。无论在什么场合（私人聚会或公开会议），谄媚的人只会做一种动作，点头同意上司说的每一句话。在他们心里，只相信一个真理：同意上司会令上司对他有好感，而反驳上司的人只会给自己造成麻烦。

爱谄媚的人总会有这样的念头：许多上司虽然口口声声表

示自己很民主开放，乐于听取各方面的批评或意见，其实最讨厌下属指出他们的不是，因为这无形中损伤了他们的权威。实际上，绝大多数上司都喜欢下属赞成自己的提议或想法。既然事实如此，那又何必下那么多无谓功夫，索性从一开始就点头到底好了。

爱谄媚的人只是不断找寻一位强有力的上司去保护他们，至于个人尊严，早已丢在九霄云外。他们最大的目标，就是使靠山高兴，其他一切都不管。除非上司头晕，否则他绝不会培植爱谄媚的人做自己的接班人。因为这类人除了懂得谄媚之外，一无可取。主管利用他们来替自己办些私人琐事倒是相当理想的，在这方面，他们定能办得妥妥帖帖。

这类人之所以能够在公司生存，乃是由于他们看透了人性的弱点，再加上他们奉承有术，才能风光一时。对付这类人，最适当的处置方法便是降他们的级或调他们到另一部门工作。

更可怕的是爱谄媚的人虚应场面的奉承，当你要求他们批评自己的行为时，他们往往会说些不痛不痒又不得罪长官的话应付了事。

某贸易公司的营业经理，在某个早上的员工会议上对他的下属说："不要等经理吩咐了才去做，这样太被动了，希望各位能在经理未交代之前，就主动把工作办好。"结果相关单位的主管有了不同的反应。

A 职员："不愧是将来重要负责人的候选人，太了不起了，真令我们年轻人感动，我们一定会好好干。”

B职员：“我认为说得很好。”

C职员：“刚开始的时候，被经理这么教训，觉得很不服气，因为我们一直都抱着自动自发的心态在做事。但是试着反省一下，似乎是不够主动。再仔细想一想经理的话，觉得应该更积极地努力工作。都是您的话让我有所醒悟，今后还是要请经理多指点。”

相比较而言，我们可以看出。A职员是一位典型的谄媚者，再看看反应冷淡的B职员，他就是在虚应场面。比较之下，还是C职员的话较能打动管理者的心。

但作为一个能干的管理者，他所希望的应该是另外一种令他感到满意的反应。以这家贸易公司为例，大部分职员的反应应该是：“经理说得有道理，应该提出一个更能发挥员工独立自主精神的改善方案。”

可是也有人说：“不知道能不能说得更具体一点。依我的看法，是不是等早会后补充说明一下。可能的话，下次早会再将这个问题提出来。不知道您觉得如何？”

尽管这些话令人讨厌可是每一个管理者都必须听从后者的建议，因为他们提出的都是忠实的建议，和那些爱谄媚的人不同。

剔除团队中的害群之马

如果把一汤匙酒倒进一桶污水中，你得到的是一桶污水；如果把一汤匙污水倒进一桶酒中，你得到的还是一桶污水。如果一个高效的部门里，混进一匹害群之马，会全盘破坏组织的健全功能，这就是有名的酒与污水定律。

几乎任何企业团队中，都会存在几个“刺头”员工，他们往往不会为团队增添多少成果，反而会拖团队的后腿，将事情弄得更加糟糕。这就是团队中的害群之马。

管理者不要忽视害群之马的破坏力，他们会使一个高效的部门变成一盘散沙。我们总说：破坏总比建设容易。一个能工巧匠花费时日精心制作的瓷器，一秒钟就会被破坏掉。如果一个团队中有一匹害群之马，即使拥有再多的能工巧匠，也不会有多少像样的工作成果。作为管理者，遇到这样的情况，若想保持团队的高效，只有一个选择——按下“Delete”键，将其清除掉。杰克·韦尔奇对待这类员工非常干脆：

每年，每一家GE公司的高管都被要求将他们团队的人员分类排序，其基本构想就是强迫公司的领导对他们的团队进行区分。

他们必须区分出在他们的组织中，哪些人是属于最好的20%，哪些人是属于中间的70%，哪些人是属于最差的10%。

如果他们的管理团队有 20 个人，那么公司就要求知道，最好的四个和最差的两个都是谁——包括姓名、职位和薪金待遇。表现最差的员工通常都必须走人。

韦尔奇把员工分为 A、B、C 三类，C 类是“烂苹果员工”，即害群之马。

A 类员工是指这样一些人：他们激情满怀、思想开阔、富有远见。他们不仅自身充满活力，而且有能力帮助并带动自己周围的人。他们能提高企业的生产效率，同时还使企业经营充满情趣。

B 类员工是公司的主体，也是业务经营成败的关键。我们投入了大量的精力来提高 B 类员工的水平。我们希望他们每天都能思考一下为什么他们没有成为 A 类员工。经理的工作就是帮助他们成为 A 类员工。

C 类员工是指那些不能胜任自己工作的人。他们更多的是打击别人，而不是激励；是使目标落空，而不是使目标实现。管理者不能在他们身上浪费时间，那对团队没有任何好处。

韦尔奇规定，区分出三类员工后，按照等级进行奖惩，A 类员工得到的奖励应当是 B 类的 2~3 倍，公司还会给予 A 类员工大量的股票期权。对 B 类员工，每年也要确认他们的贡献，并提高工资，大约 60% ~70% 的 B 类员工也会得到股票期权。至于 C 类员工，不但什么奖励也得不到，还要面临被淘汰的结局。

很多管理者会认为，剔除落后的10%的员工是残酷或者野蛮的行径。这是一种曲解，事实恰恰相反。容忍平庸的员工对于优秀的团队是一种伤害，而对于其本身也并没有什么好处，因为让一个人待在一个他不能成长和进步的环境里是假慈悲，对任何一方都没有好处。找出团队中的害群之马，毫不犹豫地清除掉，你会发现团队面貌会发生积极可喜的变化，当然，还有业绩的大幅提升。

削去员工的"刺"

有些下属，本事不大，牢骚不少，对自己的能力认识不清，总是觉得给别人做下属屈才。这样不仅影响了领导的工作，更重要的是对工作环境造成了影响。这样的人，给他出个难题，让他在众人面前"显示"自己的"才能"，就能够封住他的嘴巴。给他一些难题，使他有自知之明，再辅以教育，就会改变他的自以为了不起的心态。

某研究所有名副科长因为没有被提拔为某重要课题研究室的负责人而心生不满，但是他并不从自己身上找原因，而是归咎于领导有偏见，因此对研究所的领导看不顺眼，到处散布所谓收礼受贿之类的谣言，还屡屡向上级提出转业申请，严重影响了领导的正常工作。研究所领导对其进行了严肃的批评后，该副科长仗着自己的老资格，我行我素，成了有名的"刺头"。

为教育本人，领导决定指派他到研究室临时“帮助工作”，目的是让他找镜子照照自己。果然，干了一段时间后，该副科长自觉难以胜任，主动回到了原单位。于是，研究所的领导约见了他，告诉他：如果不思悔改，部队将考虑接受其转业申请，要不然就请他老老实实地做好自己的工作。至此，该副科长好像挨了当头一棒，头脑清醒过来，表示会彻底检讨自己的过错。

许多单位都有个别的“刺头”下属。对待这些下属，作为领导，应该因势利导，热情帮助，积极督促他们改掉毛病，向着好的方向转变。

对待这种人，还有一种更高明的办法，即“一物降一物”。所谓一物降一物，就是利用下属的缺点、毛病来制服下属，或者利用下属之间的矛盾，指使这一下属去制服那一下属。

这种方法，不仅可以省去管理者不少精力和时间，而且可以充分利用这些特殊下属为自己服务。常见的手段有：

1. 以严治“恶人”

某下属不服管教，谁也制服不了他。领导特意将他交给一个以严著称的管理者，没用多少时间，该下属就变老实了。

2. 以懒人治懒人

张三办事不勤快，爱动嘴，不动手；李四干活节奏慢，干一天，歇半天。领导干脆将他们搁在同一个科室里，给他们规定各项硬指标，并且指定由李四管张三。这样一来，他们谁也依靠不了谁，完不成任务都得受罚，没用领导多嘴，他们都变勤快了。

3. 以能人治能人

李四才华出众，傲气十足，经常顶撞领导；王五知识渊博，能力非凡，经常在领导面前发表不敬之词。于是，就不让他们直接和领导打交道，将他们交给精明强干、足智多谋的领导管理。

4. 以贪人治贪人

甲圆滑，待人处事爱占小便宜，从不愿吃亏；乙也是如此。领导故意将他俩安排在一起，指定甲管理乙；由于两人都有同样的毛病，谁也不愿意吃亏，但也很难再做到事事都占便宜。时间长了，两人便达成默契，双方利益均摊，谁也不沾谁的光。这种方法降低了甲和乙的“危害性”。

运用上述手段，只要适宜、对路，一般都能制服“刺头”下属。

职场是门技术活·权谋要智慧

WIN in the Workplace

阳光 编著

权谋要智慧

职场是门技术活

民主与建设出版社
·北京·

图书在版编目 (CIP) 数据

职场是门技术活 . 5, 权谋要智慧 / 阳光编著 . -- 北京 : 民主与建设出版社 , 2023.3
ISBN 978-7-5139-4199-0

Ⅰ . ①职… Ⅱ . ①阳… Ⅲ . ①成功心理—通俗读物 Ⅳ . ① B848.4-49

中国国家版本馆 CIP 数据核字（2023）第 087813 号

职场是门技术活 · 权谋要智慧
ZHICHANG SHI MEN JISHU HUO QUANMOU YAO ZHIHUI

编　　著　阳　光
责任编辑　郝　平
封面设计　书心瞬意
出版发行　民主与建设出版社有限责任公司
电　　话　（010）59417747　59419778
社　　址　北京市海淀区西三环中路 10 号望海楼 E 座 7 层
邮　　编　100142
印　　刷　唐山楠萍印务有限公司
版　　次　2023 年 3 月第 1 版
印　　次　2023 年 6 月第 1 次印刷
开　　本　880 毫米 ×1230 毫米　1/32
印　　张　4
字　　数　60 千字
书　　号　ISBN 978-7-5139-4199-0
定　　价　198.00 元（全 5 册）

注：如有印、装质量问题，请与出版社联系。

目录
CONTENTS

第一章
领导智慧：养成卓越领导力

领导者的气质特征

一个优秀的领导者，必然表现出极佳的气质特征，这种气质是领导者重要的无形资产。如果领导者具有外在的气质魅力，必然会带给人亲切的和有能力的感觉，也容易被认为具有优良的品行，因此，众人很容易支持他的意见，对他所提出的决策也会有较高的评价。这些气质特征表现在以下几个方面：

1. 了解追随者的需要

领导者必须了解与他共事的所有人员。

2. 足堪重任

不同阶层的领导者所需的知识显然也不同，最低阶层的领导者只须熟悉手边的工作，而高阶层领导者虽不必处理管辖范围以外的事，却必须了解管理的整个系统、整个系统的任务及其运作环境，而领导者由于所处的位置的特殊性，必须兼具决策能力和执行能力。

3. 强烈的承担责任的意愿

领导者应表现出较高的工作水平，拥有较高的成就，精力充沛，对自己所从事的工作坚持不懈，并具有高度的主动精神。

这个特质能让领导者在所处环境里发挥主动精神，担负决策重任，在别人不愿插手时奋勇向前。

4. 坦率、诚实与正直

领导者可以通过真诚无欺的交流以及言行高度一致的作风，在他与下属之间建立相互依赖的关系。

坦率如此有效的原因之一是它与众不同——只有少部分人是坦率的。

诚实会伤人，但它不会吓住富有领袖气质的领导者。富有领袖气质的领导者相当坦率，开诚布公。他们并不是不敏感，而是能非常清晰地表达出对形势的估计。

富有领袖气质的人在积极和消极两个方面都很坦率。他们能迅速而又准确地对人以及形势作出估计，并愿意与人分享这些见解。富有领袖气质的人直言不讳而不转弯抹角，其他人也能知道他们的立场。

5. 自信

领导者为了使下属相信他的目标和决策的正确性，必须表现出高度的自信。

乐观自信能够鼓舞人心。面对困难而依然镇定自若，这本身就是对他领导的集体的一大鼓舞，这样可以安定人心，让员工们齐心协力，共渡难关。

6. 智慧和付诸行动的判断力

领导者需要具备足够的智慧来收集、整理和解释大量信息，并能够确立目标、解决问题和作出正确的决策。

判断力是综合了艰难、可疑、直觉、猜测而获得正确结论的一种能力。付诸行动的判断力包括有效解决问题、规划策略、设立优先次序及以直觉和理性判断事情的能力，最重要的是，它能评估合作者和反对者的潜力。

7. 管理、决定、设立优先次序的能力

领导者必须当机立断，规划未来目标、设立优先次序、设计行动方针、挑选得力助手，以及指派代表等。

8. 热情、乐观和精力充沛

富有领袖气质的领导者的一个了不起的品质便是他们在整个工作时间和业余时间里，都保持高度的热情，而且始终精力充沛。

9. 人际关系和谐

人际关系和谐能让大家齐心协力地开展工作，处理问题时也能使人口服心服，并增强人们的信心。正确评估追随者愿不愿意朝既定方向迈进，知道冲突或困扰正在暗中破坏群体行动的意愿，有助于充分激发已有的动机，了解旁人的感受。

领导者的必备意识

领导者对企业的贡献是由行动来完成的，行动力正是领导者的魅力所在。

领导者要想充分发挥自身的行动力，须具备以下几个意识：

1. 经营意识

企业的组织更加扁平化，管理者的责任加重，决策范围更广，领导者须认识到，他必须具备经营者的经营意识。经营意识使管理者能站在企业整体的立场上决定该做出哪些行动。

2. 革新意识

领导者必须深切认识到环境在不断地改变，唯有革新意识才能适应环境的变化。

3. 客户导向意识

客户的满意度提升是领导者的最终目标。改善流程、提升效率固然重要，但更重要的是流程的设计必须以提高客户满意度为出发点。

4. 问题意识

领导者必须随时秉持问题意识。有问题意识才能有改善，改善是领导者永无止境的目标。

5. 效率、效能意识

效率的追求是领导者必备的。领导者除了追求效率外更应重视效能。效能就是做对的事情，把客户满足放在第一位。

6. 科学的意识

科学的意识是指领导者在检讨、判断事务时，一定要根据事实及数据，依据科学的方法及程序处理。

7. 人性尊重的意识

领导者追求的是卓越，他知道唯有尊重每一个下属的个性、能力、才能，尊重人的本性，才能提高下属主动的工作意愿，才能发挥每一个人的最大潜力。

秉持着上述的意识来管理所属的部门，领导者在未来必能有更大的成就。

领导者的基本技能

领导者只有具备一定的基本技能，方能胜任该职位和顺利开展本职工作。

1. 领导能力

关于领导能力存在这样的误区：有一些领导者，尤其是资深的领导者，习惯通过直接下命令的方式来实现其领导作用。实际上，领导能力是一种影响力，它的最高境界是使下属自觉自愿地为公司的目标去努力工作。

2. 组织、指挥和控制的能力

领导者应懂得组织设计的原则，如因事设职、职权一致、命令统一、管理幅度等，熟悉并善于运用各种组织形式，善于运用组织的力量协调人力、物力和财力，以期达到综合平衡，获得最佳效果。

控制能力要求。在实现企业预定目标的过程中，能够及时发现问题并采取措施予以克服，从而保证目标的顺利实现；在确认目标无法实现时，要能果断地调整目标。

3. 授权能力

有一些领导者可能会以为高层对他的授权范围很小，因而他无法或没有必要对下属授权。实际上，有调查表明，普通员工对于领导者在授权方面的要求比起中层对于高层在授权方面的要求更加强烈。由于管理一般要通过他人来达成工作目标，因而只有对下属进行有效的授权，才能调动他们为实现共同目标而努力的积极性。所以，授权能力对于领导者也是非常重要的。

4. 团队发展能力

实际上，一个企业的发展，30%依靠可以通过文字形式描述的管理制度，而70%则依靠团队协作。一个团队里，每个成员各有自己的角色，各有自己的长处和短处，成员间的互补能够实现团队的协作功能。领导者必须善于发掘下属的优点，以及在成员间发生冲突时，提出解决的办法。

5. 沟通、协调企业内外各种关系的能力

善于与人交往，倾听各方面的意见，领导者应是交换意见、沟通情况的能手。对上，要尊重，争取帮助和支持；对下，要谦虚，平等待人；对内，要有自知之明，知道自己的长处和短处；

对外，要热情、公平且客观。

6. 不断探索和创新的能力

优秀的领导者对做过的工作能及时认真总结经验，吸取教训，善于听取不同意见，从中吸取有用的东西。对新鲜事物要敏感，富有想象力，思路开阔，善于提出新的设想、新的方案。对工作能提出新的目标，鼓舞下属去完成任务。

7. 时间管理能力

高效的时间管理是领导者必备的能力。这包括是否列出了时间清单和工作清单，有没有对工作的效益高低和紧急程度进行分析，能否合理安排会见、会议等的时间，以及对待各种干扰因素。

8. 目标管理能力

目标管理就是实现大家一条心、共同为企业的目标努力。

下面是目标管理的六个基本特征：

（1）共同参与制定。目标应是在上司和下属的共同参与下制定出来的。

（2）与高层一致。下一级的目标必须与上一级的目标一致，必须根据上一级的目标分解而来。所有的下级目标合并起来应等于或略大于上一级的目标。

（3）可衡量。目标管理中，所设定的目标必须是符合SMART原则的，即具体的（Specific）、可衡量的（Measurable）、可实现的（Attainable）、相关联的（Relevant）、有时间限定的（Time-bound）。

（4）关注结果。不论对领导者自身，还是对于下属，目标管理关注的都是结果——目的达成了没有，而不是工作或活动的本身或过程。

（5）及时反馈和辅导。没有反馈和辅导就没有目标管理。反馈就是将下属的工作状况与设定的目标比较，并将比较的结果告诉下属，使下属自己纠正偏离的行为。这里，反馈是帮助下属纠偏，而纠偏最终是由下属主动实行的。辅导就是帮助下属提高工作能力。

（6）以事先设定的目标评价绩效。事先设定的目标是什么，绩效标准是什么，权重是多少，事后必须以此为考核和评价标准。

9. 激励能力

企业里的激励手段一般由高层提供，如提高薪酬、晋升、股票期权、显示地位等方式，而在领导者队伍中大部分人却没有这么多权力或者资源为其下属提供这些激励，所以，对于领导者的激励能力就有着更高的要求。激励不仅仅是一些制度或政策，它更广义的概念还包括工作环境，即组织气氛，人事关系，管理者与下属、下属之间的协作等关系对员工的影响。另外，领导者的工作风格、对公司对工作的责任与态度、人格魅力、威信、对下属的认可与赞美、与下属之间彼此的信任程度，以及因此而使下属具有的成就感与满足感，都是激励的内容。

10. 决策能力

决策，特别是经营决策正确与否，对企业生产经营的效果影响巨大。因此，现代企业十分重视决策问题。一个优秀的领导者，必须要有决策能力。决策是多种能力的综合表现。任何正确的决策，都来源于周密细致的调查和准确而有预见的分析判断，来源于丰富的科学知识和实践经验，来源于集体的智慧和领导者勇于负责的精神的恰当结合。因此，决策要求在充分掌握企业内外环境的基础上进行科学的预测，并能对多种方案进行比较和选择。

领导者成功的标准

领导者的实际权力和地位是由其在实际的管理工作中建立起来的。这种实际地位是领导者的思想、品质、知识、智慧、才能、行为、资历、作风等多种因素的综合反映，同时也受其他诸多因素的制约和影响。

一个成功的领导者一般有以下几个基本特征：

1. 成功的领导者靠成就说话

领导者要想成功，必须靠成就驱动，敢于接受现实。他们对下属的“推力”超过下属乐于接受的范围，但同时他们也“拉”，从而让下属更容易接受这种压力。他们能建立有效的途径，让工作得以完成并让每个人清楚目标是什么。他们并不仅仅满足于分派任务和责任，而会绕过助手亲自检查一些细节。他们自信但常常担心达不到目标。成就是他们关心的重点，并因此受到员工的尊敬。一些人认为这种领导者是严厉的“任务制造者”，而他们就是这种人！但是，他们会把对员工的高期望与诚实开放的思想和公平待遇结合起来。

2. 成功的领导者积极支持上司

成功的领导者支持上司，为实现公司的目标而工作。一旦上级作出了决定，他们会接受上级的决定。他们认为，上级更有经验，更有见识，更有可能提出最有效的行动建议。

3. 成功的领导者预见力较强

成功的领导者，能够预料他们的决定会导致的大部分后果。他们在管理时具有充分的自信。他们善于进行组合和安排，从而使所有的员工都知道期望的结果。由于他们在遇见问题时会吸收其他人参加计划工作，因此所有团队成员都知道现在在干什么，并且知晓下一步要进行的行动。

4. 成功的领导者从不会自满

成功的领导者，通常都不满意自身的工作表现，他们渴望把每件事情做得更好。

员工必须要确信领导者知道他在干什么，并且是否把员工的切身利益放在心上。当领导者拒绝某一个要求时，必须给出合乎逻辑的解释。这个解释可能不具有说服力，但必须是合理的。比如，对为什么要遵守规则一类的问题，必须要给出解释，而对与工作相关的问题，则需要找到双方均可接受的答案。成功的领导者，坚持认为工作必须按时按质完成。他们通过影响力而非权力来获得员工的尊重。

领导者必备的心理素质

作为成功的领导者，在下属中应有威信，可是威信从哪里来呢？威信是从领导者自身的一言一行中来的，而不是说出来的。每个领导者都想成为有威望的人，无论这个组织有多大，这个团队的级别有多高，作为领导者都想在别人的心目中树立起良好的形象，从而得到人们的拥戴和支持。新上任的领导者要想树立自己的威信，就应当具备以下几种素质：

1. 良好的自信心

别人看待你的眼光、对你的评价并不重要，关键是自己对自己的评价。如何看待自己所取得的成绩，怎样看待自己曾经的失败，这些都是领导者给自己定位的重要环节。人的自信心并不是突出地表现在那种咄咄逼人的气势上。自信心并不是毫无内涵的粗声大气，而是一种坚定的眼神、一个有力的动作或一句果断的言语。

2. 认真务实的工作作风

领导者的工作态度一定要求真务实，切不可搞一些不切实际的设想和只做表面文章。如果领导者雷厉风行，并保持一种严谨的工作作风，下属也会追随领导者的节奏而尽心尽力地工作。

3. 积极向上的乐观态度

领导者也有喜、怒、哀、乐，但是，作为领导者，你的喜与悲却不可以随意表露，因为那样的话，工作就无法开展也无法进行。但是，领导者的城府绝不是阴险狡诈和消沉没落，而是一种积极、稳定的情绪，成功时不失冷静，失败时仍有一股热情，在任何事情面前总有一个积极的、乐观的态度。

4. 强烈的危机意识

领导者必须要有危机意识，才能居安思危、防微杜渐。把这种危机意识体现在工作的各个方面，就可以使各个方面的工作尽量不出现纰漏，使工作能正常运转和进行下去。

5. 紧迫的时间意识

领导者应抓紧一切可利用的时间做自己的工作。要牢固树立时间和效益的关系，不能把宝贵的时间浪费在无聊而琐碎的事情上。因为，领导者这种紧张的情绪也会影响到下属，使他们也紧张起来，做起事情来效率也会高。同时要注意的是，紧张的工作不等于无效率的工作，要让这种紧张促成有条不紊、高效率的劳动。

6. 强烈的求知欲和洞察事物的判断力

领导者需要不断地学习，尽可能地吸收更多的知识，运用这些知识，对身边发生的事情进行分析，以便作出正确的判断和分析。

7. 勇敢面对挑战的能力

领导者事业的路途总是坎坷不平的，有时会充满荆棘，有时会背着一座大山，压得人透不过气来，此时领导者真想站在宽广的水面上大声地呼喊，发泄一下心中的郁闷和无奈。但是，回到现实，依然要勇敢地扛起担子，凭着那颗坚强的心，战胜困难，渡过难关。在下属面前要表现出一种英雄气概，哪怕回到家里痛哭一场，但是也不要让自己的那种悲观情绪来影响在下属心目中的形象。这就是领导者！

8. 追求崇高理想的意志力

领导者需要有伟大的理想，不要忌讳伟大这样的词语，伟人之所以伟大，是因为他们做出了不平凡的事情，我们可以不追求伟大的称呼，但不可以不追求伟大，把平凡的工作做好就是一件很不平凡的事。

第二章
放眼长远：格局有多大，舞台就有多大

不管大局，最终只有“出局”

领导者在工作过程中最忌讳的就是鲁莽行事、只顾眼前而不顾未来。正所谓“运筹帷幄之中，决胜千里之外”，做任何事情之前，都应从全局出发，考虑到所有可能出现的后果，然后把计划和步骤全都考虑清楚，再去执行，这样才能尽量避免失败的发生。置身于领导者的位子上，个人的失误不仅会给自己造成不良影响，还会给自己的下属甚至整个企业带来损失。所以领导者一定要从大处着眼，从全局出发看待问题，才不会被判“出局”。

领导者要顾全大局，有总揽全局的能力，遇事冷静，不要一有问题就自己先乱了阵脚，这样只会给下属造成更大的压力，让他们感到不安。

管理学家查尔斯·汉迪认为，所谓把握全局，指的是领导者有计划、有步骤、妥善而又完整地把握工作的全过程，并运用灵活机动和切实有效的领导方法，带领下属去完成计划的一种能力。对于领导者而言，把握全局既是最重要的工作方法之一，也是工作的灵魂和核心，更是必须具备的职业素质。

一个领导者，想要带好一个团队确实不容易，因为团队本身就是由各种性格的下属组成的，大家的经历、年龄、爱好等存在着很大的差异，而且下属在不同的任务和工作岗位上又会产生不同的需求。如果领导者没有清醒的头脑和灵活机动的处事方法，以及丰富的经验和把握全局的能力，是很难将工作做好的。

查尔斯·汉迪在他的著作中明确指出：

“作为一名领导者，总是希望下属能够在他的带领下步调一致，但却往往事与愿违。这是因为在一个团队中，所有的人各有所需，虽然大家彼此认识，而且同属一个组织工作，但毕竟存在经历、层次和修养等不同的特点，再加上家庭背景的不同和生活条件的不一致，因此，在工作的过程中，难免会出现利益冲突。领导者应该在下属完成任务的前提下，尽量满足他们合理而又可能的要求，而不应该有意或无意地去伤害一些下属的自尊心。防止矛盾冲突发生，最为恰当的办法莫过于事先把工作做得尽善尽美。

“其办法是尽量使整个团队始终保持在一定的范围内工作，既能管住‘面’，又能抓住‘点’，既管大又抓小，有机结合。

所谓‘管大抓小’，是指领导者正确处理下属间的利益关系，同时又要把两者的矛盾尽量圆满解决。比如，从全局的角度出发，把问题想清楚。”

可见，作为一个组织的核心人物，领导者把握全局的能力是否足够，会影响下属的情绪和心理活动，继而影响工作成绩。领导者只有在做任何事情之前，都从全局出发，才能稳定人心、带好团队。

能洞察时代形势的变化

面对当今瞬息万变的企业环境，解读及预测时代发展趋势，不仅是企业高层的责任，也是许多领导者需要共同承担的研究课题。

要想成为顺利地推动组织发展的人，已经越来越不容易了，至少应具备以下条件：

（1）能找出全球性时代潮流与大众动向，并加以分析。

（2）能综观整个行业，找出自己的定位，并反映在实际的工作中。

（3）能对未来加以预测，并不断顺应时势，修正不合时宜的规划。

（4）能全面考虑工作，进行决断，并让周围的人充分了解自己的见解。

（5）能拟定 3~5 年后的中长期进度表。

一旦判断有误，领导者不仅无法将目标与自己的行动结合起来；在实现目标的方法上，也会因为忽略了重要的指导纲领，而无法全神贯注地将精力投入到执行计划的过程中。而出现这所有现象的根源都是因为领导者无法掌握现况，对整体与自己的联系认识不清。

面对这样的状况，领导者的当务之急就是要从颓势中扭转过来。可惜现实中，许多领导者却因为不知如何应对这种状态而患得患失，在决策时迟疑不前。常见的情况包括：

（1）因信息不足、缺乏自信，以致浪费时间，错失良机，无法作出明确判断，或是作出错误的决策。

（2）因上司经常表示不满，导致决策更为迟钝。

（3）一遇到需要作出正确无误的决定时，就会增加开会次数，以期能集思广益。

（4）因为过去不用心进行自我充实，所以很难迈向更高的层次。

（5）因没有养成深思熟虑的习惯，以致无法发掘事情的真相。

无论从上司还是下属的立场来看，这样的领导者都是无法让人信赖的。因此一旦企业需要进行调整，他们就会最先遭到淘汰。

某著名企业曾在数年前，执行了一项震撼管理界的决策，即在200位厂级的领导者中，命令其中的50位“自己离开公司，在家等待机会”。

这50位领导者就是因为不能洞察时代形势，跟不上企业发展的脚步，才被命令离开公司的。

一般来说，观察时代的形势变化时，领导者应该注意以下几个重点：

（1）形势变化不一定是以非常直观的形式来表现，很多时候可能体现在细微的征兆上，这就需要领导者有极其细致的观察能力。

（2）要能敏锐注意到会引发重大事态的形势变化，并积极从各种渠道搜集有关资料。

（3）搜集来的资料必须先由当事人确认无误，并客观地加以验证才能使用，以免因个人偏见或误解而出现错用。

（4）面对变化时，不能一味担心抱怨，而应针对该项变化提出应对方案；或修改应对方案，作出更有效的决策。

如果领导者不能尽早掌握状况，而等到事后才谋求应对之策，就往往会措手不及，造成无法弥补的损失。这样的企业既无法与其他公司竞争，内部也必定问题丛生，长此下去，必然会被淘汰出局。

只顾眼下不顾后，迟早会出问题

只顾眼下不顾后路的领导者，迟早会出问题。走一步能看三步，看清三步再走下一步，这是一种使未来了然于胸的高瞻远瞩的眼界，也是一种成熟睿智的领导艺术。

美国前总统理查德·尼克松曾在《领导者》一书中写道：“成功者一定要能够看到凡人所看不到的眼前利害以外的事情，需要有站在高山之巅极目远眺的眼力。”这句话非常清楚地指出了高明的领导者与平庸的领导者的区别在于看问题的眼光。

平庸的领导者看问题时视野有限，只看到眼前的事物，或者只看见事物的表象。他们在工作的时候，总是边走边看，得过且过，唯上级的命令是从，缺乏主动性；处理问题时，也只能是头痛医头，脚痛医脚，只管解决眼前的问题，不知从根本上解决问题。不仅劳心劳力，还总让自己陷入困境走不出去，最终被淘汰出局。而高明的领导者则能高瞻远瞩，放眼未来，放眼世界，能看透事物的本质，准确把握时代脉搏，预测事物的发展方向。这样的领导者工作起来就会游刃有余。

鲁肃投奔孙权，孙权在与之交谈后，对鲁肃的为人及见识颇为满意，当其他宾客告退时，孙权又单独留下鲁肃，同他对饮，并秘密商议大事。密谈中，鲁肃为孙权提出了未来发展的对策，这就是著名的《榻上策》。鲁肃说：“汉室是没有希望复兴的了，曹操也是一时半会儿除不掉的，因此，作为将军的您只有立足于江东来观察天下局势的变化。目前要趁北方混战的良机，消灭黄祖，攻打刘表，将长江以南之地都据为己有。到那时，将军就可以建国称帝，然后力图夺取天下。这正是当年汉高祖缔造的大业啊！”

《榻上策》明确地看到了“汉室不可复兴”的发展趋势。要知道，这一论断是在汉室当时仍有一定影响力的建安六年（201 年）说出来的，鲁肃的战略眼光由此可见一斑。后来东吴政权的建立和扩大，正是执行了这一正确战略决策的结果。

领导者作为团队的指引者，应该开阔视野，放远眼光，如果鼠目寸光，工作起来就会缺乏系统性与可持续性，难以将工作做好。领导者干工作之所以顺水顺风，就在于他们能预见未来的发展趋势，能洞察事物的本来面目，能准确辨别团队的前进方向，在着眼全局、着眼未来的大背景下去思考问题、谋划策略、领导下属、开展工作。

坐在指挥的位置上，如果什么也看不见，就不能叫领导者；坐在指挥的位置上，若只看见已经出现的东西，那是平庸的领导者；只有当清晨第一缕阳光刚刚露出海平面的时候，就能看出未来的大趋势，才是好的领导者。有如此战略眼光的领导者才是企业最需要的。

决定之前，眼光必须长远

一个领导者的发展是否有潜力，关键要看领导者自己有没有眼光。所有行业的领导者都有一个共性，就是用深邃的目光找到成功之路，然后带领下属向着胜利的方向前进。

克劳塞维茨在《战争论》中有一句非常著名的话："要在茫茫的黑暗中看到微光，带领着队伍走向胜利。战争打到一塌糊涂的时候，将领的作用是什么？就是要在茫茫黑暗中，用自己发出的微光带领队伍前进。"这段话说的就是优秀的将领必须具有深邃的战略目光。其实，不仅仅是军队，任何行业的领导者都是如此，必须眼光长远，看清成功的道路该怎么走，才能带领下属向着胜利的方向前进。

1366 年 5 月，朱元璋受到陈友谅和张士诚对应天的两面夹攻。双方血战之时，江北形势骤变。小明王韩林儿和刘福通派出的三支北伐军遭到元军反击而惨败。小明王退兵安丰后，张士诚却派大将吕珍围攻安丰，情况十分危急。小明王多次派人向朱元璋征兵解围。为此，朱元璋召开军事会议，讨论派兵解围问题，会上众将一致反对派兵救援，就连军师刘伯温也坚决不同意。但朱元璋却力排众议，毅然派兵去救小明王。

朱元璋为什么愿冒这样的风险？因为他认为安丰是应天的屏障，安丰失守，自己的应天就暴露在敌方的攻击之下，救安丰就是保应天；至于小明王，他的影响最大，最有号召力，是一面旗帜。朱元璋尊小明王为主，打着他的旗号，一来是利用小明王的影响，争取人心；二来是将矛头引向小明王，以便实现更大的图谋。

事实证明朱元璋的这一步棋走对了，他利用小明王的力量遮风挡雨，自己则在江南迅速发展势力。后来等到羽翼丰满的时候，朱元璋又面临着先打张士诚还是先打陈友谅的选择。

当时张士诚和陈友谅的势力都与朱元璋旗鼓相当，究竟先攻灭哪一方势力呢？朱元璋的许多下属看到张士诚的军事实力弱于陈友谅，就建议先攻张后打陈，但朱元璋却作出了与他们相反的判断。他认为张士诚缺乏进取心，陈友谅却习惯进攻，如果先攻打张士诚，陈友谅必然会全力来攻打自己，使自己腹背受敌，而如果先攻打陈友谅，依照张士诚的性格，肯定会犹豫不决，不会参与。于是，朱元璋果断决定先打陈友谅。后来的形势发展果然与朱元璋所料不差，部下们都对他的判断佩服不已。

后来，朱元璋又根据不断变化的天下大势，制定出了“先取山东，撤彼屏蔽……拔潼关而守之，扼其户槛……然后进兵……”的一系列正确的战略决策。长远眼光是正确决策的保证，正确决策是事业成功的保证。

眼光决定成败，领导者在作决策之前别忘了先把准大势，看到事物未来的发展方向，再指挥下属一起坚定不移地走下去，成功也就不远了。

时刻把危机意识放在心头

生于忧患，死于安乐。企业管理也是如此，领导者只有时刻保持危机意识，才能使企业保持生命力。

青蛙效应就是对危机意识最好的诠释。把一只青蛙放在一个盛满凉水的容器里，然后慢慢地给容器加热，控制在每小时升温 1℃的状态。水温不断上升，当水温到了 90℃时，青蛙几乎已经被煮熟了，但这之前它从没想到过主动从容器中跳出来。其实，这并不是因为青蛙迟钝，事实上，如果将一只青蛙突然扔进热水中，青蛙会马上一跃而起，逃离危险。青蛙对眼前的危险看得一清二楚，但对还没有到来的危机却置之不理。

其实在管理中也是如此。如果一个企业、一个领导者失去了必要的刺激，处在一种安逸的工作氛围中而不自觉，那么他就会失去工作活力。等危机真正到来时，就会像温水里的那只青蛙一样，只有眼睁睁等死了。

那些优秀的领导者都明白这个道理：只有时刻保持危机意识才能不断成长。海尔集团创始人在谈到海尔的发展和未来时说：“市场竞争太残酷了，只有居安思危的人才能在竞争中获胜。”英特尔公司前 CEO 格鲁夫在谈到其取得的辉煌业绩时也说：“只有那些恐惧感强烈、危机感强烈的人才能生存下去。”

世界著名的大企业，随着全球经济竞争的发展，它们面对的挑战会越来越激烈，要是沉醉于自己的优势地位，就可能会遭到淘汰。为改变这种状况，很多企业都非常重视推行危机式生产管理。百事可乐公司就是其中的一例。

百事可乐公司作为世界软饮料行业“大哥大”级的公司，可谓春风得意，每年有几百亿美元的营业额，几十亿美元的纯利润。但是，展望公司的未来发展前景，公司的领导者们看到，汽水业会趋于不景气，竞争也会更加激烈。为避免被市场打败，他们认为应该让员工相信公司时刻面临着危机。但百事公司一路凯歌高奏，让员工相信危机这回事谈何容易？

公司总裁韦瑟鲁普决定要制造一种危机感。他找到了公司的销售部经理，重新设定了一项工作方法，将以前的工作任务大大提高，要求员工的销售额要比上年增长15%以上。他向员工强调，这是经过客观的市场调查后作出的调整。因为市场调查表明，不能达到这个增长率，公司的经营就会失败。这种人为制造出来的危机感马上化为了百事公司员工的奋斗动力，使公司处于一种紧张有序的竞争状态中。正是这些，保证了百事公司欣欣向荣地一直走到现在。

在国内，很多企业也渐渐认识到了危机意识的重要性，开始在实践中推行这种管理模式。

当华为2000年以销售额220亿元、利润29亿元位居全国电子百强首位的时候，华为总裁任正非却大谈危机：“华为的危机以及萎缩、破产一定会到来。”他颇有感触地说：“10年来我天天思考的都是失败，对成功视而不见，也没有什么荣誉感、自豪感而是有危机感。或许是这样，华为才存活了10年。我们大家要一起来想怎样才能活下去，也许才能存活得久一些。失败这一天一定会到来，大家要准备迎接，这是我从不动摇的看法，这是历史规律。”

任正非为什么总在兴盛中提到危机？因为他看到华为的冬天一定会到来，到时候“也会像它热得让人不可理解一样冷得出奇。没有预见，没有预防，就会冻死。谁有棉衣，谁就能活下”。“创业难，守业更难，知难不难……唯有惶者才能生存！”华为的奋进与崛起，就归因于这种深重的危机意识与苦心经营！无数的事例告诉我们，成功的企业的领导者都具有强烈的危机意识。他们通常是“怀抱炸弹”，进行着“末日管理”。然而正是这种深深的忧患意识和一系列的预警措施，使他们安然躲过一个又一个暗礁，实现了持续发展。

巴尔扎克那句耐人寻味的名言：一个商人不想到破产，如同一个将军永远不准备吃败仗，只能算“半个商人”，是不成功的商人。怎样才能成为“一个商人”即成功的商人呢？巴尔扎克给出的答案是：“要想到破产。”正午的日头，是最辉煌的时候，也是西下的开始。虽然这句话说的是自然现象，不能与企业生存发展进行简单的类比，但是企业要时刻想到日落西山的时候，这是生存法则。

把“商人要想到破产”放到现代商业领域来理解，就是领导者在经营过程中应时刻怀有一种高度的危机感，警惕企业末日（破产）的到来。如果从未有过这种警惕，一旦遭遇事关企业未来的危机的突然袭击，必然缺乏应对之策，在无准备之仗中毁掉自己和企业的未来。因此，企业经营者和所有员工面对市场和竞争，要时刻保持危机感，不要陶醉在曾经的辉煌中。记住，今天的成功并不意味着明天的成功，企业最好的时候往往是没落的开始。

第三章
擅长决策：尽可能做对每一次决策

充分获取有效信息

信息是产生决策意识的萌芽阶段，任何决策目标的确立和决策备选方案的提出都是对信息进行总结、归纳的结果。

1975年初春的一天，美国亚默尔肉食加工公司的老板正躺在沙发上看报纸，突然，他看到一则令他大为惊诧的短讯——“墨西哥将流行瘟疫”。

这位老板立刻推测，如果墨西哥有瘟疫，必定会从加利福尼亚和得克萨斯两州传入美国，而这两州又是美国肉食供应的主要基地。一旦这两地瘟疫盛行，那么全国肉类供应就必定紧张。

于是，在证实了这个消息的可靠性之后，他立即倾囊购买得克萨斯州和加利福尼亚州的生猪和牛肉，并及时运往美国东部。

不出所料，从墨西哥传来的瘟疫很快就蔓延到美国西部几个州。美国政府立即严禁这些州的食品外运。于是美国全境一时肉类价格暴涨，肉类奇缺。

亚默尔公司数月内净赚900万美元，一时占尽风光。

正是亚默尔公司的老板掌握了有效信息，进而作出的决策给公司带来了巨大的利润，可见信息在决策中所起的重要作用。我国古代的《孙子兵法·谋攻篇》中指出："知彼知己者，百战不殆。"现代决策理论的首创者西蒙也认为："决策过程中至关重要的因素是信息联系，信息是合理决策的生命线。"从某种意义上说，领导者能否作出正确决策取决于他占有的信息量的多少。

领导者在决策之前应该掌握哪些信息呢？主要有两个方面的信息：任务信息和背景信息。这两种信息虽然都与决策制定有关，但领导者仍有必要弄清自己正在寻找的信息和已经获得的信息分属哪一类。

任务信息是指领导者为完成工作需要掌握的信息。在这个方面，领导者对这种信息的定义会与普通员工迥然不同。例如，领导者比普通员工更关心来自战略伙伴和战略竞争对手的信息。任务信息一般有三种形式：第一种是有关工作职务的基本信息；第二种是反馈信息，这类信息必须通过便于利用的方式，及时、准确地传递给使用者；第三种是与增强工作中所运用的技能和知识有关的信息，包括培训资料在内。

背景信息是为了判断自己的任务和决策是否与外部大环境相符。背景信息主要包括企业宗旨、相关产业信息、企业领导层之间讨论公司战略的会议内容等。背景信息对于确保领导者从全局角度看待自己的工作具有极其重要的作用。离开了背景信息，领导者制定的决策就会脱离实际，成为空中楼阁。福特公司在位于布里奇恩德的新工厂中的做法是这方面的一个好例子。

作为结束管理层与工会长期对立状态的举措之一，该公司与工会达成协议，向员工公开所有的商业信息。一位工会代表对这一举措的评价是：布里奇恩德工厂的领导者与工会有着一个共同的目标，就是要使企业日益繁荣昌盛。

在现代信息高速发展的社会，互联网技术日益成熟，信息已全球共享。众所周知，互联网是目前最大的信息集中地，而互联网就是以资源共享为目的建立起来的信息平台，它极大地丰富了信息来源，也极大地提高了信息传播速度，使人们能够通过多种渠道，以最快的速度收获信息资源。然而，大量的信息往往使决策者面临两难甚至多难境地。

作为企业的领导者，在决策之前如何才能掌握自己需要的信息呢？

首先，领导者要对信息具有高度敏感性，这样才能获得自己所需要的信息。

其次，信息时时刻刻都在不断地变化，不断地更新，新的信息产生、旧的信息淘汰，领导者应紧跟信息更新步伐，及时掌握信息，提高决策效率。只有使领导者及其团队掌握更加真实的信息，才能使决策更加科学化。

综上所述，决策是一项背靠历史、立足现实、面向未来的主题活动。因此，领导者在进行一项决策前，必须全面掌握对决策有利的信息作为依据，这样才能使决策更加理性、更加科学。

把握决策的时机

几乎所有的领导者都明白决策的重要性，但是，很多领导者仍然会出现决策失误。有人认为，他们之所以出现这些问题，是因为不会决策或者是决策不当，但实际上，导致决策失败的另外一个原因往往起了更大作用，那就是决策时机把握不当。

有些领导者处处谨小慎微，害怕风险，即使事情迫在眉睫也不敢拿主意，企图得到有关决策对象全部的信息资料，寻找到所有的决策方案，希望能够准确地预测各种备选方案可能产生的后果，从而选择出最优的决策方案。殊不知，等到作出了一个看似正确的决策时，已时过境迁，落后于客观事物的发展，变成了马后炮。

对此，美国的企业家艾柯卡曾有一番颇为精彩的议论。艾柯卡曾对接任福特汽车公司总裁的菲利普·考德威尔说过："菲利普，你的问题就出在你上过哈佛大学。你所受到的教育是，在你没有获得全部事实根据之前不采取行动。你即使已经得到了95%的事实根据，你也还得花上六个月的工夫去得到其余的5%，而当你得到100%的事实根据时，它们已经过时了，因为市场情况变了。这就是生命的含义——时间性。"因此，艾柯卡的结论是：即使是正确的决策，如果迟了，也会是错误的。

领导者所面临的环境不是静止的，而是不断发展变化的。在作决策时过分追求信息完整、规划完整很可能导致坐失良机。记住，贻误时机是决策之大忌。

决策时机并不等于决策速度，把握好时机的决策应该是张弛有度的。有些决策基于稍纵即逝的机遇和威胁，领导者必须利用手中的信息尽快作出决策。但有些情况下，领导者并不需要马上作出决策，广泛收集信息，静观事态发展才是明智之举。

根据轻重缓急，我们可以把决策分成如下几种，决策者应根据不同的时间压力，分别采取不同的对策。

1. 紧急事件的决策

这类决策要求领导者必须能够马上作出反应，立刻采取措施应对危机。例如，有消费者向媒体举报企业产品有质量问题。这类决策等不得，通常是越快越好，否则会给企业带来更大危机。这类决策通常来不及仔细分析选取最优方案，也不能强调决策范围。这就要求领导者根据自己的管理经验，立即作出决策。

2. 等待时机的决策

问题已经出现，但还不明朗，决策的时机还没到来。这类决策可以等待时机成熟或到了问题逐渐明朗时再作。

3. 最优决策

在这类决策中，有多种方案可供决策者选择。尽管快速作出决定很重要，但有效的决策取决于对各种方案的分析和评价，取决于决策方案选择得是否合理。对这种决策，找到最佳方案比决策速度更重要。

4. 无关紧要的决策

这类问题的决策既无时间的要求，也无须追求最佳方案，随便什么时间、采取什么方案都可以。对这类决策，有时间及早决策，没时间可以扔在一边，等有时间再作。

然而在实际工作中，领导者并不能完全按照问题本身的需要来选择决策时机，还往往受到个人性格的影响。于是英国学者德斯迪拉夫根据领导者的决策速度，又将作出决策的领导者分为兔子型和乌龟型两种。

兔子型

优点：能够快速吸收观点和信息，可以在较短时间内对所发生的情况有一个大致了解；能够找到他人难以发现的捷径；能够随时作出决策；能够对机遇和威胁迅速作出反应；能够当机立断；在必要时能够进行现场指挥；能够抓住各种变化带来的机遇。

缺点：易犯“欲速则不达”的错误；对细节问题不耐烦；对复杂问题浅尝辄止；对那些使事情进展放慢的人看不顺眼，尤其是对乌龟型的领导者，认为他们是笨蛋，没有必要时也爱现场指挥；注意力有限；只看问题的一面。

乌龟型

优点：能收集复杂详尽的信息，形成完整的意见，从正反两方面看待问题；当事情进展较预期慢时，能够保持足够的耐心；做事有始有终；能深挖问题的实质，注重细节；目光着眼于长远。

缺点：在不必要的细节上耽误时间；瞧不起那些脑门一拍就能得出结论的人，特别是兔子型的领导者，认为他们不称职；对机遇和威胁不敏感；看不到关键决策的紧迫性；做事不分主次；优柔寡断。

由此可见，在把握决策时机时，领导者除了要抓住问题的实质，还要认清自身的性格特点，注意发挥自己的优点，克服缺点。

再好的决策也经不起拖延

领导者在作出一项正确的决策时，速度是关键。即使是进行一项好的决策，如果不能在企业上下形成共识，也等同于虚设。普希尔认为，凡是在某些行业内的领跑者，都具有迅速作出一项正确决策的能力。思虑太多，就会阻碍决策的速度。

一个企业，不管领导者制定了怎样美好的未来战略规划，如果不能坚定、果断、有步骤、迅速地实施决策，那就无法达到战略决策的目标。

美国的 IBM 公司在这方面就有过深刻的教训。托马斯·沃森是 IBM 的缔造者，第二次世界大战后，沃森的长子小沃森成为 IBM 的执行副总裁助理。当时正是打孔卡计数器和电子计算机这一老一新两大电子产品并存的时代。

小沃森敏锐地预见到电脑市场的前景，认为那种“电脑粗大笨重、运算不可靠、价格昂贵”的说法是缺乏远见的，于是向老沃森提出建议：迅速投入人力、物力，进行电脑的研究工作，将生产和销售电脑作为公司未来的发展战略。但老沃森看到公司当时的打孔卡计数器及打字机制表机等主导产品仍热销市场，对电脑的前景心存疑虑，因此，没有实施小沃森提出的战略规划。

然而，随着科技的进步，老沃森才终于承认小沃森的建议是正确的，但是他仍然没有投入足够的资金进行研发，因而收效也不大。

而与此同时，其他公司在电脑领域中飞速发展。到 20 世纪 50 年代初期，IBM 的主要竞争对手兰德公司确立了在电脑产业中的领先地位，而 IBM 只处于中等水平。随后，老沃森才知道自己的主导产品全面滞销的现实，而打败IBM打孔卡计数器的，正是电脑。

老沃森又气又悔，马上决定让小沃森出任公司的执行副总裁，放手让他实施他的战略规划。小沃森经过九年的不懈努力，才使IBM获得巨大的收益，为IBM成为电脑巨无霸打下了坚实的基础。

人们往往浪费太多时间来预测未来，才延误了作出决策的时机。在为数众多的企业里，能够成为行业领袖的毕竟是少数。对于诸多的中小企业而言，要想在与大企业的竞争中赢得先机，取得胜利，就必须行动迅速。对企业而言，商场如战场，讲究兵贵神速，如果反应迟钝，拖拖沓沓，就会落在人后。

下面是一个温州商人的快速反应、快速决策的故事：

1992年秋天的一个晚上，酒足饭饱后，长住上海大方饭店的温州乐清五金机械厂朱厂长逛街去了，他把这种消遣称为“跑信息”，或者说“捡钞票”。拐出延安东路就是热闹非凡的大世界，一家食品店门口排长队买糖炒栗子的人们引起了朱厂长职业性的条件反射。这些年来，朱厂长悟出了一条真理：“凡是人群密集的地方，一定有财神爷在微笑。”

朱厂长在一旁仔细观察了起来，他发现急于尝鲜的上海人买了糖炒栗子后，都急猴似的咬着、剥着吃，而常常又把栗子仁弄得四分五裂，一副狼狈相。

“能不能搞个剥栗器？”朱厂长的脑子里立刻就有了灵感。他迅速画出了剥栗器的草图，计算起了成本：材料用镀锌铁皮，成本每只 0.15 元，出厂价 0.30 元……10 分钟后，朱厂长就推开了商店经理室的大门。经理认为：一项发明，顾客肯定欢迎，不过，上市要越早越好，于是问他两个月够不够。朱厂长笑了：“两个月？我一个星期后就送上门。”经理不相信，但还是同意只要产品出来了，就愿意代销。

当晚，朱厂长就将剥栗器草图传真回了在温州家乡的工厂，两个小时后一副模具就出来了，冲床开始运转。三天后，一卡车剥栗器就涌进了大上海，大大小小商店门口的糖炒栗子摊主也成了朱厂长的经销商。

朱厂长看到上海人剥板栗有困难，就在别人都还没有发现这一商机之时，用最快的速度去解决人们的困难，收获了丰厚的利润。可以说，朱厂长是一个快速有效的决策者。

再好的决策也经不起拖延，决策要求快速、简洁。即使是同类、同质、同价产品，谁行动快，谁先投放到市场，谁就能占领市场制高点。难怪有企业家说：“抢先一步走在别人前面，便可将经营引向成功。”

因此，领导者决策时，要养成“三快”的习惯：

1. 决策的形成要快

有些领导者在遇到新情况、新问题后，往往是慢条斯理地研究一番，仿佛不这样做不足以显示其“大将风度”。待到决策方案研究出来后，早已是时过境迁。

2. 决策的方案实施要快

一位企业家曾指出：“在瞬息万变的现代社会，存在着很多不确定的因素，稍有迟疑，就可能使原来非常杰出的构想，在片刻之间变得一文不值。因此，今天想好的主意今天就得实行。”这位企业家的话确实是经验之谈。要使自己的决策达到预期的目的，只要条件成熟，就要立即予以实施，使头脑中和纸上的东西变成现实。

3. 决策方案实施过程中的节奏要快

有的领导者在实施决策过程中抓得不紧，本来三天能办完的事情，硬要拖上七八天。这种拖拉的作风不仅会使决策大大贬值，甚至还会出现前功尽弃的情况。

决策之快与行动之快缺一不可。没有快决策，行动必然慢半拍；没有快行动，决策再快也没用。只有两者紧密结合起来，才能在市场竞争中占得先机。

不搞“一言堂”

一些企业大搞“一言堂”，许多重要决策往往都是由总裁一个人说了算。个人决定企业的命运，可谓是“成也萧何，败也萧何”。

1989年8月，史玉柱和三个伙伴用仅有的4000元人民币作为初始资金，开创了巨人集团，企业产品只有一种，即史玉柱自己开发出来的M-6401排版印刷系统。然而通过他们的努力，不到四个月，就得到利润近百万元。随后的两年内，巨人集团以软件业为根本，相继开发出M-6402文字处理系列产品及M-6403汉卡。到1992年年底，巨人集团销售收入达两亿元，实现纯利3500万元，企业迅速发展，成为中国电脑行业及高科技企业的一颗耀眼新星。然而到1996年年底，企业却突然陷入了全面财务危机。为什么一个本来很成功的企业却衰败了呢？其中最主要的原因就是巨人集团的独断决策机制。

每当总裁史玉柱需要作出重大决策时，他总是关起门来，把自己封闭在一个独立的空间里，在屋内来回踱步，一个人冥思苦想。

在巨人集团，企业的决策是高度集中的，集团虽然有许多老总，但因为没有股份，因此在决策时，他们很少坚持自己的意见，也无法对总裁的决策进行干预。巨人集团虽然设了董事会，但也只是一种摆设。决策由总裁办公室会议作出。那办公室会议又是怎样的呢？史玉柱自己坦言：“决策会议实行民主集中制，大家可以畅所欲言，然后我拍板，这个总裁会议左右不了我的决策，事实上我拍板的事，就这么定了。”

当时巨人集团计划投资兴建一个18层的巨人大厦，但在一念之间又改为38层，后来又改为54层，并不断加高，从54层到64层再到70层，设计投资额也从两亿元增加到12亿元。楼层一再加高，竟然没有一个人提出反对意见。

从64层加高到70层，也是史玉柱一夜之间决定的，也是这个决定致使巨人集团出现全面财务危机。

作为企业领导者，如果妄自尊大，大搞“一言堂”，用一个人的大脑取代集体智慧，以个人意志替代科学决策，势必导致决策失败。

俗话说，“众人拾柴火焰高”。作为一名领导者，在经营环境错综复杂的当今，应该依靠集体的智慧，不能一个人说了算。

美国社会学家T.戴伊说：“正确的决策来自众人的智慧，如果一个人说了算，大家就不会去干。”事实上，也只有不搞“一言堂”，依靠集体智慧作出的决策，才能被有效地执行。

世界著名的壳牌公司在组织管理上的一大特色是部门拥有充分的自主权，公司的权力不集中在某个人手中，而是分散于各个管理部门。各级实际管理部门可以根据结果和技术报告，不必层层请示，逐级审批，就可以自行作出决策去解决经营过程中所遇到的各种问题。部门主管可以与当地顾客联系，又可以迅速地作出应变，以应对突发事件。

在重大问题决策管理方面，壳牌公司的做法是：公司里由六名执行董事组成董事会，一切重大决策均须一致点头通过，借以防止董事长一人独断专行。这样的组织管理手段使壳牌公司在20世纪80年代，不仅避免了盲目随潮流而收购其他大石油公司所带来的风险，又避免了大量借外债的风险。

壳牌公司采取这样的组织管理方法，使公司既可以发挥集体的作用，又可以发挥执行董事个人的作用。而且公司每一位执行董事都来自基层，他们都至少主持过一个地方部门的业务，所以执行董事的决策意见富有见地，独到深刻。

壳牌公司决策管理制度的成功告诉我们：人无完人，每个人的能力都是有限的。综观许多领导者的巨大成功，绝非单纯依靠双手披荆斩棘得来。他们之所以成功，其秘诀就在于吸收了群体智慧。

因此，在千变万化的商业环境中，要制定出一个成功的决策，不但需要领导者个人的智慧，更需要集思广益。同时，领导者还要善于对不同的决策意见进行比较和融合，取长补短，开阔视野，深化思路，从而使群体智慧最大限度地发挥出优势，保证决策的成功。

在情绪激动的时候不作决策

如果个体是决策者，那么他的情绪会对决策产生重要影响，有时甚至能左右决策的结果。为什么这样说呢？

从理性和非理性的关系来看，在大多数决策的过程中，情感所占的比重绝不亚于理性所占的比重。从实证角度讲，人是“社会人”“复杂人”“情绪人”，人的许多决策和行为，往往要受意志、情感、欲望等非理性因素的影响，或是依经验、习惯、习俗等进行。

情绪的状态不容易控制。一个人在情绪状态下伴随产生的生理变化与行为反应，是无法控制的。特别在喜、怒、哀、乐、惧、爱、恨时，这种表现会更加明显，所以我们强调情绪十分高涨或十分低落，都不要作决策。

而且，在现实中，无论什么人办什么事，最忌讳的就是遇事不冷静，突然发生紧张冲动或暴怒的情绪，这些不良情绪所引发的恶果给决策带来的副作用很大。因为盛怒之下的批评训斥之后，常常容易作出带有裁制性的断言惩罚与处分。这时的冲动情绪一旦掺杂在决策中，决策就必然失误，最终为此付出的代价也将无法估量。古今中外都有无数这样的事例。

刘备听到关羽被杀害的消息，悲伤得晕倒在地上，醒来之后便发誓要为关羽报仇。诸葛亮劝他不要冲动，但他一点也听不进去，每天都只顾着操练士兵，想着要去攻打吴国为关羽报仇。

蜀国大将军张飞心情也不好，整天闹情绪，伤心得每天喝酒，喝醉之后就乱发脾气，常常鞭打士兵，有的士兵都被打死了。他的手下都很担心，害怕下一个轮到自己。张飞要求部下范疆和张达赶快做出所需要的白色盔甲，在战场上祭奠关羽。由于时间紧迫，范疆和张达请求宽限几天。张飞大怒，让士兵们把他俩绑在树上狠狠地鞭打，然后对他们说："如果明天准备不好，就要你们的脑袋！"

范疆和张达两人被打得浑身是血，回去后非常害怕。范疆说："怎么办呢？如果明天完不成，我们肯定会被杀死！"

张达说："不如我们先杀掉他！"到了晚上，张飞又喝醉了。范疆和张达两人便趁着张飞酒醉不备，连夜潜入帐中将他杀死，并拿着张飞的首级，投奔了吴国。

由此可见，人在情绪激动时，不能思考问题，更不宜讨论事情作出重大决议。

一般而言，领导者情绪失控时，应该牢记以下两点：

1. 冷静下来

生理学研究指出，当人在情绪失控时，脑中往往会产生极度缺氧的情况。因此，此时的决策或行为往往不是自己所能控制的。所以，此时领导者千万要让自己冷静下来！一方面让自己极度缺氧的大脑多吸收一点氧气，以免作出事后会后悔莫及的举动；另一方面更要沉淀心中那股冲动的情绪！

2. 赶紧摆脱引发情绪失控的情境

人在情绪失控时会作出一些非理性行为或决策的原因之一，就是陷入当时引发情绪失控的情境之中。因此，领导者一旦察觉到情绪已经有点失控，应想办法摆脱当下的情境，以避开引发情绪失控的刺激。唯有如此，才能避免陷入情绪失控的螺旋陷阱里。

身为领导者，应该学会了解自己的情绪，进而驾驭自己的情绪，使自己的智慧与情绪相结合，作好决策。

让决策远离朝令夕改

在下棋的过程中，悔棋是最令人厌烦的。那么，如果将领导者对组织进行领导的整个过程比作下棋，决策的朝令夕改就是悔棋。走棋之前不仔细想清楚，出麻烦了，方知走错了一步，老是悔棋就会没有了弈友。朝令夕改也一样，领导者的决策改多了，会削弱自己命令的力量，渐渐地就丧失了权威和威信。

信用是领导者有效管理的保证。人无信则不立，作为领导者更是如此。有时候对于领导者而言，信誉甚至比能力更重要。有能力但没有信誉的领导者，下属不会服从；有能力而又有信誉的领导者，下属就会听令。任何一个下属都讨厌那些“算了不说，说了不算”和“朝令夕改，夕令朝改”的领导者。所以，作为领导者必须慎重决策、慎重表态，一旦作出决策和表态，则“一言既出，驷马难追”，坚决落实和兑现。

公元前781年，周幽王继位。周幽王昏庸无道，只知道吃喝玩乐，到处寻找美女，还任用奸谗好利的虢石父执政，弄得朝政腐败、国人怨恨，加上天灾频频，整个国家危机重重。褒珦劝谏周幽王，却被关进了监狱。褒珦的儿子将美女褒姒献给周幽王，周幽王才释放他。自从得了褒姒，周幽王迷恋其色，不仅不治国安民，更加穷奢极欲。可是褒姒自从进宫，就从来没有笑过一次。周幽王想尽办法想让她笑起来，都没有成功。于是周幽王悬赏：能令褒姒一笑者，赏金千两。

周朝为了防备犬戎的侵袭，在骊山一带造了很多烽火台。如果犬戎侵袭，士兵便点燃烽火报警，附近的诸侯见到，就会发兵来救。于是虢石父对周幽王说：“大王可以带褒姒到骊山去玩。到了晚上，我们点燃烽火，让附近的诸侯赶来，叫他们上个大当。娘娘见这些兵马一会儿跑过来，一会儿跑过去，就会笑的。”

周幽王拍手叫好，并按虢石父说的去做了。晚上，烽火一点起来，满天全是火光。邻近的诸侯以为有敌来犯，纷纷带兵前来救援。没想到一个敌人也没看见，也不像打仗的样子，却只看到周幽王与褒姒正在宴饮作乐。褒姒看到诸侯们哭笑不得的样子，感到很有趣，果然大笑了起来。周幽王看到褒姒笑了，立即赏了虢石父一千两金子，笑逐颜开地对诸侯们说："辛苦了，各位，没有敌人，你们回去吧！"诸侯们这才知道上了大王的当，十分愤怒，各自带兵回去了。

周幽王为了博得褒姒的欢心，下令废后，立褒姒为后。此举令申侯十分不满，一怒之下，便向犬戎借兵，攻打周都镐京。周幽王见犬戎兵到，急忙下令点燃烽火求救。但是那些诸侯们只当是周幽王又在开他们的玩笑，纷纷按兵不动。结果，孤立无援的镐京很快被犬戎攻破，周幽王被杀，褒姒也被掳走。

这就是昔日周幽王"烽火戏诸侯"的典故，周幽王失信于臣民，结果害死了自己。作为现代的领导者，应以此为戒，要坚持把信誉放在第一位。确实，没有谁愿意服从处事轻率、决策不顾后果的领导者，这样的领导者发号施令或做工作都只会越来越难。

领导者一定要注意凡事"三思而后行"，一旦发令便不轻易更改。对于已经决定的事情，即使发现不是最优方案，也不要随意变更，而应该多做观察。政策的连续性往往比政策的最优化更重要。当然这并不意味着鼓励领导者"执迷不悟，一意孤行"。每个人都有犯错误的时候，如果领导者犯了弥天大错，却要执行到底，那么，这个组织就有危险了。

号令、程序、规章的颁布和执行，不能犹豫不决、朝令夕改、因人而变，应保持相对稳定，并坚决执行。一个成功的领导者，他的坚决是领导能力的基础。当一个领导者对自己的决定进行频繁的修改时，他实际上已经失去了领导的能力。领导者作为号令的发布者，一定要明白号令的作用，切忌朝令夕改。

面对朝令夕改的领导者，下属不敢作出任何个人判断，只好事事征求领导者的同意，甚至要领导者签名认定。这样做，工作效率就可想而知了。当领导者以为找到了一个更优的方案，把决定改变了，可能过几天又会有新的想法，这样决策就会没完没了，执行也就无从谈起。

这就要求领导者在作决策之前，必须依据一定的程序，例如搜集资料、分析讨论，而不是照个人的喜好与直觉作判断。领导者在作决策时，除了运用已有的知识和经验外，更应尽量多听听各方面的意见，博采众家之长，使决断更加正确和符合实际。领导者可能欠缺对于一线业务或信息的掌握，所以正常的决策过程，必须借由部门上下的讨论与共识。

当一位领导必须改变其原先的决策时，必定有不得已的原因。不断地尝试与犯错，也是组织发展必经的历程。这时要想不让下属觉得自己是朝令夕改，领导者就需要在平时的沟通当中建立互信。

决策是关系到一个组织未来前途的许诺，是一件极为严肃的事情。在工作当中，领导者要坚持养成绝不应允任何自己不能兑现的事的习惯，使所有的下属都认识到自己是一个言而有信的领导者。在得到下属理解的基础上，领导者即便偶尔地更正自己决策的错误也能得到下属的原谅。

当然，让下属原谅自己的朝令夕改并不是领导者的终极目的，领导者必须争取在客观的事实根据，科学地探讨分析，积极的信息预测的基础上，作出正确而又长远的决策。在决策公布或运行之前，领导者就必须考虑到诸多变化的因素。决策一旦确定下来，就不能朝令夕改。

在决策中多一点逆向思维

领导者在作决策的时候，需要多一点逆向思维。领导者一定要具体问题具体分析，绝不能墨守成规。

哲学研究表明，任何事物都包括着对立的两个方面，这两个方面又相互依存于一个统一体中。人们在认识事物的过程中，实际上是同时与其正反两个方面打交道，只不过由于日常生活中人们往往养成了一种习惯性的思维方式，即只看其中的一方面，而忽视另一方面。如果能运用逆向思维，从反面想问题，便能得出一些创新性的设想。

逆向思维法是指为实现某一创新或解决某一因常规思路难以解决的问题，而采取反向思维寻求解决问题的方法。

在企业管理决策上，一些有才干的企业家很推崇运用逆向思维的方法。他们认为，现在世界上的一切变化都很快，如果你只会用常规的方法，那就势必落后，导致失败，因此必须重视运用反常规的思考方法。在20世纪初，美国福特汽车公司创始人福特就提出过这样的观点：一个人按照常规的办法办事，在生活上是许可的，但在经营上却是注定要失败的。

为了克服固定的、习惯性思维的消极作用，决策者应该时常提醒自己：“从逆向去思考会怎样？”对有些问题还可以大胆地问一下自己：“反过来试试行不行？”

一位叫德瑞克的美国人，发现了从石油中可以分离出代替鲸油的煤油。在当时，这个发现肯定是一个发财的好点子。但是他面临着一个头疼的问题，那就是如何将地底下的石油采集上来。

为此事烦恼很久的德瑞克先生，有一天突然听到了附近的一个农户正在抱怨，在地下打的水井，总是渗入了讨厌的石油，弄得水井无法使用。在这一瞬间，德瑞克先生脑袋一转，想到了一个绝妙的好方法！只要用打水井的方法，在地下钻一个井，不就可以像抽水一般，抽取石油吗?

但是欣喜若狂的德瑞克将这个设想说出来之后，却引来了一片嘲笑声。因为这在当时人们的眼里，简直就是天方夜谭。用水井怎么可能抽取出石油呢?没有被嘲笑声吓倒的德瑞克先生，决定尝试一下，他在宾夕法尼亚州的一块土地上，挖了世界上第一口钻井。

没多久，他就成功了。钻井里涌出了源源不断的石油，那里更成为了世界上第一块油田。而直至今天，全世界都还在使用着他所构想出来的钻井方法。

对于农民来说，水井中涌入这种可恶的石油，的确是一件令人讨厌的事情；但是对于德瑞克来说，却正是解决难题的良方。

也许，换一种想法，多一条思路，正确的决策就找到了。因此，决策者在思考问题的时候，要试着跳出传统思维的圈子，认清问题背后的问题，抓住机遇中的机遇。说不定，转个弯就是另一个商机。

在20世纪80年代初，美国人吃黄豆制品蔚然成风，随之而来的是对豆制品加工机械的需求日益增长。然而，美国机械制造商那时只专注于科技含量高、先进的机械产品，没有厂家愿意搞这些简单、“落后”的加工机械。此时，有位机械制造厂商瞄准了这块被美国人丢弃的“荒地”，迅速开发制造出豆制品加工机械，结果抓住了大洋彼岸的这一市场契机，捷足先登，很快占领了美国市场。

从这个成功的实践中我们不难看出，“人弃之处”或许正蕴藏着勃勃的商机，经营者只要细心挖掘、用心寻找，在垃圾里淘出金子，又有什么不可能的呢？

日本丰田公司总裁丰田喜一郎说：“我这个人如果说取得

了一点成功的话，是因为我什么问题都爱倒过来思考。”事实证明，企业决策中巧妙地运用逆向思维，常会取得出人意料的成果。

逆向思维是创新突破的根本方式。对于领导者而言，从逆向思维入手，解决棘手问题，是化解矛盾的最好方法。运用逆向思维去思考和处理问题，实际上就是出奇制胜。因此，逆向思维的结果常常会令人大吃一惊，别有所获。

第四章
主动负责：敢担当的领导者更有魅力

做任何事情都要用心

作为一个领导者，应该时刻注意自己的工作态度和行为举止，要知道领导者在工作中的一切言行，下属都在关注着。领导者的言行举止，不管大小都具有很强的导向作用，是下属关注的中心和模仿的样板。

如果说认真做事是一种态度的话，那么用心做事就是一种品质。有时一个不经意的细节，往往能够反映出一个人的修养。某企业在招聘管理人员时，就巧妙地设计了下面的场景：

一家大企业招聘高级管理人员，很多的应聘者都较为自信地回答了考官的问题，得到的结果都是等通知，没有当场录用的。就在招聘临近结束时，一个小伙子走在最后，看到面试室门口有一个纸团，他弯下腰把纸团捡起，准备扔到垃圾桶里。

这时，其中一个面试官对他微微一笑说：“年轻人，请打开纸团看一看。”小伙子打开手中的纸团，上面写着一行字——“欢迎你加入我们公司”。

这位年轻人之所以被当场录用，就在于他捡起纸团这一细微动作，体现了比别的面试者更用心的做事态度，因此也赢得了面试官的青睐。迪士尼乐园有一句名言：“每一天上班都是一场表演。”这句话的言外之意是：当你做事的时候要非常用心，因为有人在看你。

有些人总是抱怨没有施展才能的机会，其实你并不是真的没有机会，而是别人在看你的时候，你表现得很糟糕。如果抱着类似“无所谓，反正老板不在”的念头，你就错了。做任何事情，都要假设有人在看你，监督自己，谨言慎行，这样遇到机会才不会错过。

从这个角度来说，只有用心做事，才能改变自己不满的现状甚至是命运。

认真做事，才能把事做对；用心做事，才能把事做好。一个用心做事的人才是有潜力的人，他会全身心地投入到工作之中，全力以赴地对待自己的工作。也只有这样，才能做好一个领导者，带出优秀的下属，齐心协力把工作做好。

甩手掌柜当不得

领导者应该恪尽职守，勤于政事，认真对待工作。

洪秀全从进天京(南京)城至去世，从未迈出天京城门一步，他既不上马杀敌，也不过问朝政。11年间仅颁布过25篇诏书，而且1854~1858年这五年竟然未发一诏。连曾国藩也奇怪地感叹："洪逆深居简出，从无出令之事。"

现代社会中依然有不少这样的人，一旦有了一官半职，就开始变得很松懈，很多事情都不愿意去做了，就是自己分内的事也多派给下属去做，自己则悠闲地当起了甩手掌柜。比如有的领导，从工作报告、会议讲话到汇报材料等，不分轻重缓急、不论文章长短，从不自己动手，一律由秘书代笔，只在开会讲话时拿着稿子上台念一遍而已。

现代管理理论都重点强调"执行力"这个词，执行力是一个组织成功的必要条件，组织的成功离不开强大的执行力，当组织的战略方向已经或基本确定之后，执行力就会变得更为关键。而要想保持良好的执行力，领导者的工作态度、敬业精神无疑就是一个重要因素。

不喜欢整天坐在办公室里，喜欢把大部分的工作时间都用在“走动管理”上，即到各公司和部门走走、看看、听听、问问。20世纪60年代，麦当劳面临严重亏损的危机。克罗克发现造成危机的重要原因之一，就是公司各职能部门的经理有严重的官僚主义，习惯于躺在舒适的椅背上，指手画脚，将许多宝贵的时间耗费在抽烟和闲聊上。于是克罗克想出一个办法——将所有经理的椅子靠背锯掉。一开始几乎所有人都骂克罗克是个疯子，然而不久大家明白了他的一番苦心。于是他们纷纷走出办公室，深入基层，及时了解情况，现场解决问题。就这样，麦当劳在各级领导者的努力工作下，终于走过了困难时期，逐渐步入良性发展的轨道，规模越来越大。

“官不勤则事废”，如果一个领导者不尽心尽力、尽职尽责地干好本职工作，他所领导的部门或团队必定混乱不堪、弊病百出。

领导者勤于政务是德政之基，善政之要，执政之魂，“苦干可以出思路出办法，苦干可以出成绩出经验，苦干可以战胜困难开拓前进”。如果领导者对于工作吊儿郎当，贪图清闲，做甩手掌柜，又怎么能带出纪律严明、执行到位的团队呢？在其职就得谋其政，领导者也有自己的岗位职责、工作任务，应该恪尽职守，勤于政事。

要有强烈的责任感

一个民族需要有责任感，否则这个民族就是可悲的；一个企业需要有责任意识，否则这个企业就是可怜的；一个领导者也需要有责任心，否则是没有办法干好任何事情的。因为责任是成就一个好的领导者的基石。

在社会上生活，我们每个人都在扮演着不同的角色，而每一个角色又含有不同的人生意义，肩负着不同的责任。领导者也好，下属也罢，只有能充分承担责任的人才能演绎好自己的人生角色。对一个人而言，责任是可以让人在成功的兴奋中冷静下来的镇静剂，也是可以让人在困难面前不屈服的兴奋剂；责任让人懂得面对绝望时不放弃，面对机遇时也不自满；责任是人一生中最重要的朋友，是每一个希望获得成功的人的人生基点。对一个好的领导者而言，责任就是他成就和完善自己的翅膀。

修正药业股份公司董事长修涞贵就是一个敢于承担责任的好领导。这一点从他做药业的口号“做良心药，做放心药”中就能看出一二。

1954年出生，毕业于吉林大学法律系的修涞贵，于1995年承包了一个固定资产25万元、负债却高达400万元的制药厂，经过近十年的努力，修正药业成为吉林省最大的制药企业及中国著名的中药生产商之一，总资产达到了16.7亿元，并形成了非处方药、保健品、医疗服务和国际贸易的经营平台；2000年2月在吉林省同行业中率先通过GMP认证。企业已发展成为集科研、生产、营销于一体的大型现代化股份制制药企业，是吉林省制药行业的龙头。修涞贵在“2007年胡润百富榜”中，以55亿元的资产成为吉林省首富；“2009胡润百富榜”上修涞贵排名第98位。

修涞贵的领导格言是：“药要有良心，人更要有良心；做药要负起对患者的责任，管企业要负起领导者的责任。我取得的成绩越大，我的责任就越多，这是社会发展的必然要求，所以在修正，不需要没有责任感的人！”

职位本身就意味着责任，地位越高，权力越大，责任也就越重。如果把领导者的工作比喻成一座建筑，那么责任对于领导者而言就是这座建筑物的基石，没有了它，领导者成功的高楼大厦就不可能建成。“这个世界上有两种人绝对不会成功，一种是除非别人要求他，否则他绝对不会主动做事的人；另一种就是思想里没有责任观念的人。”

海信集团的周厚健也是这样的一个领导。他曾不止一次地说过：“对于企业管理人员而言，责任心比事业心更重要……当干部就没有休息日，想有休息日就别当干部。”

现代社会，谁没有责任感，谁就没有将来的发展，因为责任才是发展的基础，是领导者顺利领导下属工作的基石。没有了它，下属就没有安全感，所有的理想都只能是空中楼阁——可望而不可即。由此可见，一个领导者要在工作中得到更高的提升，那么他首先就应该是一个有责任感的人。

对领导者而言，无论何时何事，责任都是保证追求更高发展、走得更久更远的基点。只有自己先具有强烈的责任感，才能一级抓一级，在下属的面前树立好的榜样，才能将整个团队的责任感层层落实到位，也才能让每个下属都具有责任心。

让公司的问题成为你个人的问题

如果一个人把外事当家事，这个外事就是家事，家人就会齐心协力把这件事办好。如果一个人把外人当家人，他一定对这个人特别亲切，生活的环境就会格外和谐。如果领导者把公司的事当自己的事，把公司的问题当成个人的问题，就没有管理不好的公司。

石太线客运专线4号斜井工区长肖华祖就是一个把公司的事当作自己的事的好领导。

刚上任的那个清晨，肖华祖就踏着朦胧的晨光向隧道口走去，正好被巡夜的人员看见。巡夜人问道：“肖总，你怎么这么早就来了，不是来查岗的吧？”

“不是，有你们值班，还要我查吗？我睡不着，到洞里看看。”说着，肖华祖就走进了洞里。他第一天这样，第二还这样，天天这样，工人不解地说：“肖总，你不相信我们能把工作做好？”

“相信！”肖华祖坚定地说。

“相信你还老往洞里跑？许多事由我们各把一道关，你宏观上掌握一下，细节的事交给我们办，你放心吧。”工人立即回道。

然而说归说，肖华祖还是放心不下，他觉得他是最基层的领班，他到洞里是和大家一块干活的，不是只管决策的领导者。

一次，有一个刚从迁曹线下来的挖掘机司机，因为从来没进过洞，看到那黑乎乎突起的石头就心惊肉跳，细心的肖华祖发现了他的不安，一下跳到车上说：“没事，我也坐在你驾驶室里，要有事，你先跑！”两排炮下来，这位驾驶员心里就踏实了许多。

好几次，肖华祖回到办公室都累得靠在背椅上睡着了。细心的主任怕他感冒，叫醒他让他床上去睡时，他总说：“不，一会儿我还要进洞去。”一天这样，两天这样，天天这样。与他一起共事的同事们都被他这种责任心给感染了。于是技术部门的人向他申请重新调整一下炮眼，洞下调度员便总是第一个冲上掌子面观察石质，指挥排险……

在肖华祖的带领下，工地从未出过一次事故，工作效率更是得到了大大的提高。有人问他为什么会有这样的成绩时，他只是淡淡地说一句：“把公司的事当自己的事。”

“让公司问题成为你个人的问题”，吉列公司的老总吉姆·基尔特斯的这句话可谓一语中的，道出了身为企业领导者的责任。在这个世界上，没有不需要承担责任的工作，相反，一个人的职位越高，权力越大，肩负的责任也就越重。将公司问题视为你个人的问题，你才能全身心地投入到问题的解决中去，你也才能出色地将问题处理掉。

责任体现在每一个细节中

随着社会的不断发展和市场竞争的日趋激烈，企业需要具备越来越强的竞争力。要想在竞争中获胜，一个好的领导者必不可少。而一个好的领导者必备的条件就是要有责任感，责任不仅体现在大事上，更体现在每一个细节中。

现实中也有很多领导者对于细节很不以为意，认为领导者就应该从大处着眼，把大事放在第一位，而对那些不起眼的小事无须在意。其实，这是一种错误的思想。因为在日常工作中，很多事情都是小事、细节，而一个人的责任心也正是从这些小事、细节中体现出来的。

一个年轻人刚来到一家大公司上班，就发现一个问题，中午的时候，办公室的人都从别的部门把饭盒拿回来再去热饭，于是他就问同事：“我们部门不是也有冰箱吗，为什么……”同事告诉他：“半个月前冰箱就坏了，大家也是没办法，又没有人修。”于是，这个年轻人就利用中午的时间把冰箱里已经发臭的食物清理掉，然后寻找冰箱不能运转的原因。原来冰箱并没有坏，只是电源插座松了，于是他把电源插好，冰箱又开始运转了。后来，这个年轻人由于工作中的突出表现被提升为经理，这个公司就是中国数码产业的龙头企业——创维集团，这个年轻人就是曾任职于创维集团的张志华。

做事不能只做表面文章，要踏踏实实，因为通过一件小事就可以看出一个人的责任心，一个细节就能体现出一个人潜在的领导素质。工作时不要忽略了任何一个细枝末节，以为不重要，要知道涓涓细流可以汇成江海，小的积累才有大的成就。如果在小事上都不能负责，那么有了大事又怎会承担责任呢？而且，小事处理不好，最终会坏了大事。

有一个声名卓著的长者，他学识渊博，受到世人的尊敬。于是就有很多人来到他的住处，希望能够拜他为师，学习知识。有一天，来了两个年轻人拜师。于是长者就让两个年轻人留了下来。第一天，长者让其中一个年轻人去扫地。过了一段时间，这个年轻人满头大汗地回来了，他说：“我不仅把屋子里的地扫干净了，还把院子也扫过了。”长者低头看了一眼桌子下面，然后说：“辛苦你了，你去休息吧。”

第二天，长者又让另一个年轻人扫地。一段时间以后，另一个年轻人回来向他报告说："我把屋子、院子和门前的小路都仔细地扫过了。"长者又看了桌子下面一眼说："辛苦你了，你去休息吧。"

第三天，长者把两个年轻人叫到面前，说："经过我的测试，你们两个都不能达到我的收徒标准，你们还是回去吧。"两个年轻人都十分惊讶，说："您还没有考我们呢，怎么就知道我们不合适呢？""其实，我已经考过你们了。就在你们扫地的时候。"长者说，"你们看看桌子底下是什么？"原来，桌子底下有一枚钱币，这是长者早就放好测试他们的。两个年轻人由于对工作的细节不够重视，所以都没有看到那枚钱币。长者说："一个人的责任不仅表现在大的事情上，更体现在小的细节中，这才符合做我弟子的标准。"

也许领导者会认为工作中的细节都是不起眼的小事，但在激烈的竞争中，许多事情的成败就决定于一个个细节中。所以，领导者要对每一个细节都负起责任，把每一个细节都做好，把每一件小事都出色地完成，才能带领下属走向成功。

坏的结果更需要承担

作为一个领导者，责任心就是使命。既然选择了工作，你就应该为自己的选择负责，无论是好的结果还是坏的结局，你都要接受而且必须接受。不愿意承担责任，就不配做一个领导者。“不可推诿责任”应该铭刻在每位领导者的脑中。

然而，有的领导者在工作一切顺利时，笑口常开，而在发生波折时，却立刻板起面孔责怪别人；工作方案推行成功时，他独居其功；失败时，却将责任推得一干二净。

每一位领导者在享受鲜花和掌声时，也必定要承担起自己的那一份责任。因为工作不仅会为人带来成功和荣誉，同时它也带来了无尽的辛苦、巨大的压力和挫折，所有这些，也都是工作的一部分。所谓“在其位，谋其政”就是这个道理，只要领导者身在其位，就要对工作负起该负的责任，无论好的还是坏的结果，有了成绩要接受，出了问题更要勇于承担。

格罗夫曾任英特尔公司的首席执行官，作为世界顶级企业的领导者，他对于领导者的责任观有着自己的见解。他曾经说：“我们所有处于管理岗位上的人，无论男女老少，都担心一旦犯错误，就会毁掉自己千辛万苦赢得的尊敬。但事实上，承认错误是力量、成熟和正直的标志。”他正是一直遵守着这样的理念，为英特尔公司赢得了大量的发展机会，为下属树立了榜样，也成为英特尔后继领导者们的楷模。他的这一理念在英特尔一直延续到现在。

英特尔前首席执行官贝瑞特说：“我们崇拜格罗夫，并以担当责任为荣，这是英特尔的文化。”

身为领导者，不应害怕承担那些“坏”的责任。敢于为不良后果负责，这才是获得下属认可的有效途径。因为，“坏”

的责任最能体现领导者对于工作和下属的态度。

可惜的是，实际工作中总是有领导者害怕承担这样的责任，害怕自己的前途受到影响，对于坏结果总是避而远之，最后导致失去了下属的支持，无法成功。

因此，领导者一旦发觉自己走上了这样的歧途，应立即改正，重新开始，做一个敢于承认错误、敢于承担责任的人，这也恰恰是一个人领导能力提升的标志，也是他走向“好领导”的标志。承担责任的勇气和行为不仅反映出一个领导者的工作态度和强烈的责任感，更意味着领导者的精神境界已然达到了一定的高度，也是他赢得下属尊敬、带领下属取得成功的必备条件。

无论任何时候，任何情况下，发生了任何事情，领导者都要敢于挺身而出，承担责任。如果做到了这一点，那么领导者就会因为这份承担而让自己赢得尊重。

自己的责任不能推给下属

作为领导者，有些人极少向下属承认自己的错误，甚至有的错误连公司高层都清楚了，还不肯承认。如某人犯了错，使公司蒙受了损失，高层追究起来，就将责任推到下层不受重视的员工身上，在未经调查的情况下将其开除。员工无辜受罚，日后这个工作污点也无法洗清。出现如此情形，真正犯错及不问情由的高层难辞其咎。

当事情错到无可挽救的地步时，还想方设法推卸自己的责任，是领导者最要不得的行为。这样做，只能使下属进一步看清你的嘴脸，彻底丧失你在下属中的威信。

其实推己及人，领导者身在领导之位，就应该有承担责任的勇气。不仅应让下属有安全感，而且也应通过自己勇于负责的行动，使下属进行反思，进而发现自己的问题，并勇敢地承担起他所应承担的那部分责任，这样才能让问题解决起来更加迅速与清楚。因此，当问题出现的时候，无论问题有多严重，领导者都应该有勇气站起来对大家说：这件事情是我的责任。

春秋时，晋国有一名叫李离的狱官，他在审理一件案子时，由于听从了下属的一面之词，致使一个人冤死。真相大白后，李离要以死赎罪，晋文公说："官有贵贱，罚有轻重，况且这件案子主要错在下面的办事人员，又不是你的罪过。"李离说："我平常没有跟下面的人说我们一起来当这个官，拿的俸禄也没有与下面的人一起分享，现在犯了错误，如果将责任推到下面那些办事的人员身上，我怎么做得出来。"他拒绝听从晋文公的劝说，伏剑而死。

"金无足赤，人无完人。"每个人一生中或多或少都有这样或者那样的缺点或错误，关键是要诚实地面对这些缺点与错误。作为领导者，面对错误坦率承认，不仅不会丢面子，反而能赢得下属的信任与爱戴。

在第二次世界大战中，任美国总参谋长的乔治·马歇尔将军是承担责任的楷模。当战斗失败后，马歇尔将军总是先反省自身的错误，勇敢地承担责任，不把错误推给下属，也因此而得到下属的爱戴。

领导者千万不要利用自己的功绩或手中的权力来掩饰错误，从而忘记了自己应承担的责任。

人们习惯于为自己的过失找种种借口，以为这样就可以逃脱惩罚。伊甸园中的亚当被发现偷吃禁果之后，把责任推给了夏娃，这是不成熟的表现。夏娃随之又开罪于骗人的毒蛇，这也是欠成熟之举。当兄弟或伙伴们被叫到一起承认错误时，“是他叫我干的”就成为亘古不变的托词。领导者正确的做法应该是，承认它们，并为它们道歉。最重要的是利用它们，让人们看到你如何承担责任和如何从错误中吸取教训。这些并不会影响你的形象，反而会让人们更加敬重你。

与下属一起尽职尽责地工作

对于一个领导者而言，责任既是一种品格，也是一种境界。领导者对于责任的认识和学习，既是满足工作的客观要求，也是满足自己内在的主观追求。一个尽职尽责的领导，一定是一个全心全意工作的人，一定是一个让下属心悦诚服的人。

如果一个领导者足够称职，那么他就会主动去培养下属的责任感，通过不断提高下属的能力和素质，对下属进行有效的领导，进而完成工作任务，履行各自的职责，承担各自的责任。

因为培养下属在日常工作中发现并解决问题的能力，提高下属的综合素质本身就应该是领导者的工作内容之一，因为领导者只有把这一点做好，才能让下属在工作中少犯错误。而领导者也只有真正地认识到了这一点，在工作中要求下属不断增强责任心，才算得上是尽到了自己的责任，完成了自己的职责。

当时，正在美国硅谷领导研发用于卫星、监控、外太空探测的高端平行数位成像技术的邓中翰应邀回国，挑起了“星光中国芯工程”总指挥的重任。他说：“在硅谷的时候也研发芯片，但是感觉是完全不同的，因为在美国，做出来任何结果都是别人的。但是回到祖国之后，我们所做的任何一个‘中国芯’的自主知识产权都是属于我们国家的。每当想起把自己的青春和自己的知识与国家的发展相结合，每当想到作为一名中国人的责任，所有人都感觉到浑身有使不完的力量。”

邓中翰和他的同事们克服困难，经过将近六年的艰苦攻关，终于成功研制开发出了具有中国自主知识产权和国际领先水平的“星光中国芯”五代数字多媒体芯片。这项成果实现了七大核心技术突破，并申请了该领域的数百个专利。先后被三星、飞利浦、惠普等一批国际知名企业大量采用，覆盖了欧美和亚太地区。这是我国具有自主知识产权的集成电路芯片首次在一个重要的领域达到全球市场领先地位。

谈到这一伟大的成果，邓中翰说：“我要感谢和我一起工作的每一个人，是他们给了我成功的机会。今天能有‘中国芯’的问世，完全是因为那些和我一起为工作尽职尽责的人。正是因为大家一起全心全意地努力，才会有今天我们耀眼的成就。”

邓中翰正是用自己强烈的责任感使下属产生了共鸣，与下属一起尽职尽责地工作，所得的成果最终才被大批国际知名企业所采用，获得了世界的承认。“能尽多大的责任就能干多大的事业。”无论在哪个行业，领导者都要牢记自己的责任，认识到自己工作的重要性并全心全意地做好它，这就是领导者的责任。领导者的努力不仅能唤起下属的工作热情，还会激发下属的负责精神，从而使自己和下属一起全心全意、尽职尽责地工作。

众所周知，责任意味着要承担更多的压力和风险。只有当领导者在心中形成了责任感时，他才能自觉地意识到自己所担负的责任，在这种自觉的责任意识产生之后，才会进一步产生积极的工作态度，才能带出一支尽职尽责的优秀的团队。

第五章
巧妙协调：发挥领导者的影响力

左手“严刑重罚”，右手“法外施恩”

春秋时，郑国的著名政治家子产，他的政绩，备受统治者称道。清朝人王源说：“子产当国，内则制服强宗，外则接应大国，二者乃其治国大端……子产为春秋第一人。”

子产是郑国宰相。他将死的时候，对将成为自己接班人的游吉说：“我死后，你一定会被重用，你一定要实行严厉的制度。火的外表猛烈，所以很少有人会被烫伤；水的外表很柔弱，但是往往会淹死人。所以你必须严格执法，而不能懦弱。”

子产死后，游吉到底是心有不忍，于是郑国出现了好多盗贼，都躲在一个大泽里，成了郑国的祸害。游吉带兵和他们打了一天一夜才获胜。游吉感叹地说：“如果早听从子产的教导，就不会有今天的后果。”

在历史上，这样的故事不断出现：

南宋理宗时，衢州江山县有一伙人想占山为王，且已经商量好了暴动的时间和地点。

不料，传递消息的人被官府抓住了。知州陈埙详细了解了这些人的情况后，便有了主意。他按兵不动，派人送肉送酒给准备当草寇的人，并带口信说："你们不做良民而做草寇，不去耕田而舞刀弄枪。这样能有什么好处呢？现在送些酒肉，希望各自珍重，如果不听劝，本官就只好杀无赦了。"

这些准备举义的人得知密谋已经泄漏，官府有了准备，只好纷纷前去自首。

接着，陈埙又下令：凡献出兵器的自首者一律重赏。于是，投奔官府的人越来越多。陈埙未发一兵一卒，便从容地平息了一场即将发动的暴动。

可见，领导者既应懂得运用"严刑重罚"的手段，也应懂得"法外施恩"的手段。也就是说，领导者要学会视情况而采取相应的措施，对于无法宽大处理的要"严刑重罚"，而对于那些可以挽救的，则"法外施恩"，给予对方改错的机会。如此一来，就能最大限度地消除内耗，把力量集中在解决关键问题上，促进企业发展。

从容面对员工的不敬

手下拥有有修养的员工固然可喜，但因为员工不断流动，领导者有时也会雇到一些行为不太规矩的员工，他们很容易向领导者作出不敬的举动。一般而言，他们对领导者不敬的原因有以下几种：

（1）因为领导者是由公司提拔的员工、昔日共事的同事，有些人认为领导者的才干不及他，所以投以敌对及不满的目光。

（2）有些人早已萌发“此地不留人，自有留人处”的心理，喜欢哗众取宠，当众人心目中的“英雄”。

（3）有些人欺善怕恶，领导者礼貌对待他们，使他们以为领导者可欺；领导者凡事以和为贵，遇事不张扬，于是他们便存心为难领导者。

（4）有些人看准公司正是用人之际，态度嚣张，认为领导者不敢对他们怎么样，因为他们觉得领导者一时间雇不到这样的人才。

无论下属基于什么原因，只要领导者问心无愧，他们的不敬行为就应该予以惩戒。

面对第一种员工，领导者起初可能会感到沮丧，继而敌视那些妒忌自己的同事，再加以整肃。然而这样做最终会使局面恶化，只有先去除掉本身的成见，了解他们的心理，用时间、耐性和友善的态度做好管理工作。既然没有深仇大恨，人际关系很快便会由紧张变得缓和进而融洽。

第二种员工多是不负责任的人，也多数为刚毕业踏进社会工作的年轻人。他们从受保护的学校踏进办公室，难免感到丝丝失落。几年之内换数份工作者大有人在，往往还有与上司大吼一顿后走人的。和这些人讲道理几乎是对牛弹琴，唯有不与他们计较，才能好一些。他们在社会多待一两年，自然会领略个中滋味，可能偶然也会想起领导者的风度雅量来。

面对第三种员工，领导者不要被他们的得寸进尺唬住。他们觉得只要跟领导者混熟了，就可以肆无忌惮。对于此类员工，领导者宜采用公事公办的方法，尽管平日里友好，但也要暗示他们公私分明。

第四种员工无疑是最不让人省心的，他们乘公司正值用人之际，便肆意批评公司政策，每有新员工到任，立刻数落公司的坏处，让人被浇冷水般心凉半截。领导者要警告嚣张的员工，声明随意毁坏公司名誉，后果自负；或可将事实向高层报告，另聘人才。

总的来说，无论员工以何种方式对领导者不敬，作为领导者，都要本着以下原则处理：

（1）公事公办。

（2）耐心和友善。

（3）不与他们一般见识。

（4）不允许随意毁坏公司的名誉，警告其若不听劝则后果自负。

凡事让三分

一个公司，常见这样两种人：一种人无理也要争三分，得理一定不让人，小肚鸡肠；另一种人真理在握，却不声不响，得理也让三分，有君子风度。前者，往往是生活和工作中的不安定因素，后者则有一种天然的向心力。一个活得叽叽喳喳，一个活得潇洒自然。争强好胜的人未必掌握真理，而谦虚的人，本就把出人头地看得异常平淡，更不屑为了一点小是小非去争论。

领导者在与员工发生一些小摩擦时，往往也是考验他个人修养的关键时刻。有的领导者可以冷静地面对所发生的一切，事情往往会风平浪静；而如果不依不饶，得理不让人，往往会火上浇油，最终使小事变成大祸，后果难以设想。领导者在处理企业内部人际关系时，要凡事让三分，得理也让人，才能不至于让别人尴尬，须知给别人一条路，同时也算是给自己留了一条路。

人非圣贤，孰能无过？得饶人处且饶人，给别人一片天，也让自己多条路！

美国曾有一位叫麦金莱的总统，在用人上遭到一些人的强烈反对。在一次国会会议上，有位议员当面粗野地讥骂他。他极力忍耐，没有发作。等对方骂完了，他才用温和的口吻道："你现在怒气应该平和了吧,照理你是没有权利这样责问我的，但是现在我仍然愿详细解释给你听……"他的这种让人姿态，使那位议员感到羞愧，矛盾立即缓和下来。

试想，如果麦金莱得理不让人，利用自己的职位和得理的优势，咄咄逼人进行反击的话，那对方一定不会服气。然而麦金莱得理让人，不与他人计较，让剑拔弩张的局势瞬间就缓和了下来。

一个人做错事时，往往会产生两种心理，一种是感到悔恨、抱歉，希望能补偿；另一种是认为和对方的交情已无法挽回，从此与之为敌。而最终选择走上哪条路，得看自己如何选择。当你记住别人与你的私怨，就等于向对方打出了战牌；而宽容和忘却则是给予他人和自己一次重新开始的机会。

《菜根谭》中说"处世让一步为高……待人宽一分是福"，还有"有理也要让三分""得饶人处且饶人"等不少名言警句。这些至理名言无疑在告诫我们,得理也要让人,要讲礼让、谦让、退让和忍让。身为领导者，得理让三分，这才是最重要的。

巧妙化解尴尬

商场如战场，即便是部门之间，竞争也尤为激烈。因此，在如此激烈的竞争环境中，出现一些不妙情况是无可避免的。

例如在一些商务午餐或晚宴上，就有以下情况发生：A和B有心结，见了面互不理睬，但两人与你都有一定的交情，必然会上前跟你交谈，聊聊各自的近况。如果两人在同一时间，分别朝你走来，你该怎样才好呢？

比较理想的做法是，假装看不到两人，低头去拿一杯饮料，或整理衣衫，看谁先走到面前，就跟谁说："你好！"既然两人不和，B如果见到A正在跟你招呼，自然会停住脚，不再向你走来，你也就能够避免尴尬情形了。

好了，当你寒暄完毕，说过再见之后，请尽快主动找B，忘记刚才跟A有关的一切，只与B尽情闲聊。

更糟的情况是，在一次聚会上，你发现主办者给你安排的座位，刚好是夹在A与B中间。遇到这种情形，怎么办？你最好先发制人，去找主办者，随便说一个理由，请他替你调换一个座位。总之，两方俱不得罪，置身事外为妙。

或许，你还时常发现自己处于十分尴尬的局面：两个同事因私事交恶，互不理睬，而你成了两人争着拉拢的对象。

你本来深明公私分明之理，可问题是两位同事真让你头疼，不知该如何是好。

这时应采取的方法是，让一切保持常态，就当作什么事都没有发生过。更清楚一点来说，执行公务时，不要有"这两人不会合拍，由我去做吧"这样的想法，事情本来应由谁去负责，就让谁去执行，以免吃力不讨好，惹祸上身。

即使有人不愿意，也请提醒他："这任务一向是你的工作范围，由你去处理，效果一定更理想。"

如果对方直接开口请你代劳，怎么办？不妨表明立场："我的职责不在此，恐怕对你有害无益，帮帮忙我是愿意的，但是具体工作还是由你去执行吧！"

不要跟下属称兄道弟

作为一名领导者，要善于把握与下属之间距离的远近。具体要保持多远的距离，则需要领导者在长期的管理实践中去摸索总结。但原则是不要和下属过分亲密，给下属一个庄重的面孔。这样会给下属留一些未知和威严，以使自己在管理过程中能够轻松自如、游刃有余。具体地说，领导者不跟下属称兄道弟，会有以下一些好处：

1. 避免团队内耗

如果领导者与个别下属过分亲近，必然会导致其他下属对该下属产生嫉妒心理，也会对领导者不满，甚至会由此起冲突，人为地造成团队内部的不安定。与所有下属都保持一定距离，尽量不有意地去接近个别下属，就能避免许多麻烦。

2. 减少用人失误

领导者与下属过分亲近，就可能对自己喜欢的下属偏爱有加，对其优点无限夸大，对其缺点视而不见。在用人的时候，就会出现"小材大用"的现象，结果往往会以失败告终。因此，管理学大师德鲁克说："为了能确保选用适当的人员，领导与直接的下属一定要保持适当的距离。"

3. 不让自己犯错

领导者与个别或者部分下属走得比较近，这些下属自然就会感恩戴德，为了报答"知遇之恩"，就会阿谀奉承，请吃请喝，甚至送礼行贿。如果对下属保持庄重的态度，自然就不会发生这些事情，也不会担心犯错误了。

4. 帮助树立权威

领导者要是跟下属走得太近了，他们就会跟领导者称兄道弟，将江湖义气与工作态度混为一谈，很容易有恃无恐，不把其他同事放在眼里，甚至骑到领导者本人头上。

管理工作提倡"从群众中来，到群众中去"。"从群众中来"就是搜集下属对工作的意见与建议，以便制定相应的规章，提高工作效率与工作业绩；"到群众中去"是下去了解下属的疾苦。但是一些领导者曲解了这一有效的管理方法，整天与下属称兄道弟，这不是走群众路线，而是沆瀣一气，同流合污。

值得指出的是，领导者与下属之间的距离分两种：一是心理距离，就是要在内心保持这种意识，领导者与下属还是有区别的，两者之间的关系应严格局限于良好的上下级关系，不可超越等级；二是交往的距离，这由接触的远近、频次来表现，离得太近，接触太频繁，都有可能让下属觉得与领导者交往可以无所顾忌。

古人云："临之以庄，则敬。"这句话的意思就是说，领导者不应该和下属过分亲近，否则就会给自己的工作带来许多麻烦，导致管理工作无法顺利进行。这样既影响自己的形象，又干扰日常管理。因此，领导者正确的做法是与下属保持一定的距离，给他们一个严肃的态度，这样才有可能以公正之心来管理团队，将一碗水端平。

巧妙对付谣言

从古至今有多少英雄豪杰都是被谣言所害。谣言之所以会流传，不仅是因为有这么一批人以制造谣言为乐趣或以此来达到排除异己的目的，而且和每个人的猎奇心理也有关。谣言在某些情况下正好能迎合一些人潜意识里不道德的那一部分暗示。

被谣言伤害这类事情似乎只是电影里才会出现的情节。不幸的是，现实中同样也存在这种情况。那些刻薄地散布谣言的人会分散企业员工的注意力，让企业领导者感到不知所措和有心无力。

谣言是组织内部绝大多数矛盾冲突产生的根源，尤其对领导者来说，它是不折不扣的祸根。领导者一手建立起来的高效能干的组织会被一些虚无缥缈的谣言攻击。作为一个企业的领导者，此时应该巧妙应对。

对待谣言一定要慎重而果断。预防谣言的产生、解决它所产生的问题要双管齐下，而不能仅仅偏重其一。

预防谣言的最好办法就是：在他们有机会说闲话之前，就告诉他们想知道的所有事情。如果领导者能告诉大家所有能给的信息，那么他们就会感到更受激励，也会感到没有什么闲话可说。领导者如果在这一点上都信任他们，他们就更会感受到激励，就会建立起对领导者的信任。在信息不充分时，要告诉他们这个情况。如果他们几个月前就已经知道在开发新产品，就告诉他们快好了。但是要注意，如果没有必要，不要告诉员工那些他们知道后会成为其负担的事情，毕竟这些事情不告诉他们比告诉他们要好。

谣言是公司稳定的大敌，领导者必须及时发现它、认识它，进而澄清它，要做的就是内部辟谣。

对于谣言，领导者不能愣头愣脑地站出来大喊一声“那是谣言，大家别信”就草草了事。

谣言之所以能在企业内散播是利用了不明真相的群众的猎奇心理。只要领导者认真地收集事实证据，然后在适当的时候拿出来，或是通过员工中较有威信的人员将真正的信息在员工当中传开，了解真相的人们自然也就会为当事人平反了。

如果谣言已经传遍整个企业，领导者就不得不采取一些措施来解决谣言所造成的问题。首先应找出制造和传播谣言的人，如果你不能确定，千万不要冤枉他人。

找出他之后，不要粗暴地对待他，要对他好一点，好像这是一些有用的信息而不是谣言那样。毕竟，在领导者与他讨论这些之前，不知道事实到底如何。领导者可以对他说："听说你正在传播新闻，能给我说一说这件事吗？"领导者可以要求他告诉自己一些细节，比如他从哪儿得到这些信息，支持这些信息的证据是什么，等等。

然后，根据所掌握的情况，当着他的面向相关人员核实一下情况。在证实了事情的真相后，领导者就可以采取相应的措施，如果他是那个制造谣言的人，可以质问他，并警告他以后不要这样。因为这样的谣言无论是对他自己还是对集体都没有好处。如果他不是那个制造谣言的人，就不要让他难堪。但是无论如何，在谈话结束后，真正的肇事者已经被根除，谣言也就会自动失去传播的能力。

如果员工发现领导者是这样对待谣言的，那么，在未来散布谣言之前，他们就会三思，毕竟没有人愿意经历这种难堪。

最后，企业内部要形成一种习惯：如果他们听到一些影响工作的闲话，就会直接到领导者的办公室，简单地问这件事是不是真的。当他们发现，领导者总是很乐意谈论这样的事情，并让他们了解能够告诉他们的所有情况，那么，他们就不会再制造谣言了。

对待那些造谣的人，最好拿起法律的武器给予还击，千万别与他们结下私人恩怨，那样的话，捕风捉影的事会在领导者身上时有发生。也别在工作中故意刁难那些制造谣言、混淆是非的人，领导者的责难，会被别人误解为是对他人的打击报复。

企业是绝不能给搬弄是非的人以生存空间的。如果企业中人际紧张，谣言四起，那对员工绩效的取得无疑是极大的障碍。领导者勇敢地站出来辟谣，凭借自己的正直善良、光明磊落，使造谣者无可乘之机，企业人际的和谐就会驱除谣言的阴云。

第六章
不怒而威：气场十足，得心应手

以身作则方能赢得拥戴

《道德经》中有这样一句话，“圣人处无为之事，行不言之教”，意思是说，圣人做事，不以语言说教，而是身体力行，他们会在潜移默化中感染周围其他的人。在管理工作中，领导者不能总以自己的观点处事，而是要以身作则来赢得下属的信任和拥戴。

在企业中，领导者最大的职责自然是管人，但从人的内心分析,人们永远喜欢管人,而不喜欢被管,这是每一个人的本性。但是，当人们从心底佩服某个人时，自然不会抵触这个人对他的管理，而会主动服从。

因此，有些领导者总是习惯于向外寻找方式，制定种种的制度和规则，以此来达到约束人的目的。而聪明的领导者却能够从自身寻找办法，正人先正己，“行不言之教”，让员工心甘情愿地服从。

1942年，盟军与德军即将在北非展开决战。盟军将领巴顿将军意识到自己的部队可能无法适应北非酷热的天气，一旦开战，盟军士兵的战斗力很可能因酷热的天气而减弱。

为了让部队尽早适应战场变化，巴顿建立了一个类似北非沙漠环境的训练基地，让士兵们在48℃的环境下每天跑一英里，而且只给他们配备一壶水。巴顿的训练演说词就是："战争就是杀人，你们必须杀死敌人，否则他们就会杀死你们！如果你们在平时流出一品脱（容积单位，一品脱约为500毫升）的汗水，那么战时你们就会少流一加仑（容积单位，一加仑大约为3.785升）的鲜血。"

虽然人人都意识到战争的残酷，但严格的训练还是让许多士兵暗地里抱怨不已。巴顿从不为训练解释，他以身作则，和士兵们一样在酷热的环境中坚持训练。当士兵们看到巴顿每次都毫不犹豫地钻进闷罐头一样的坦克车中时，再多的怨言也只能变成服从。

巴顿作为统帅人物，他用自己的个性成功地影响了整个部队。尽管部属们有时恨他，但仍然能够仿效他的言行，像他那样思索和战斗。

如果一个企业想要发展、壮大，乃至腾飞，企业的领导者就必须学会在管理工作中向内看，从自己做起。不能只依赖权力来指挥下属，不言之教才是指挥的高级阶段。

要管理好下属，一部分靠权，以权管理，名正言顺，这属于“硬件”，而另一部分就得靠己，这属于“软件”。一个领导者只有正人之前先修己，才能上行下效，使大家心甘情愿地听指挥。领导者要以身作则，作出表率，才能最大限度地取信于员工。只有营造人人平等、公平至上的氛围，才能形成强大的战斗力。

命令下达后就绝不妥协

领导者要做到成功地管好人、用好人，首先得保证命令畅通。如果下属能够依照命令完成所赋予的任务，就没有问题。但是在现实生活中，并不是一切都能如此顺利。相信不少领导者都有无法达到预期的营业额、经费超出预算、拿不到预约的原料、无法在约定期限内交货、无法回收成本等各种阻碍达成工作目标的经历。

或许领导者不时会听到下属埋怨说：“这很难办呢！”“请再多宽限几天。”“我已经尽力了。”

面对这样的状况，领导者该如何处理呢?

领导者处理的基本原则是，命令下达后就绝不妥协。虽然达成目标并不容易，然而如果每次都延迟进度或重新修正，最后任务的内容就会变得含糊不清，就像下面这个例子一样。

王总认为，为帅者管大事不管小事。于是，每次下达一个命令之后，他就认为自己的工作做完了，把所有的工作一并交由总裁秘书小李去办。

但是公司的几位副总与李秘书又互不服气，执行命令的具体过程中有些什么问题，副总们也不愿意向李秘书请示，找王总，王总也只是敷衍几句就罢了，于是工作中的问题越积越多。

问题积多了，工作的进展自然就慢下来了，李秘书就想协调一下，但是当他指出一个部门的缺点，该部门的副总又极力否认，并推脱责任。口舌官司打得不可开交，公司内部搞得人心惶惶，于是工期越拖越长，而且问题越来越多。

这时王总才察觉到不对劲，于是召集相关人员商讨对策，拿出了一个修正案。

这个修正案刚开始执行，王总又以为万事大吉了，又忙其他的事去了，对这件事又不闻不问。

于是类似的问题又冒出来了，中层干部相互扯皮，工作进度又慢了下来。

王总又不得不来过问这件事，又开一个讨论会，重新商讨一个修正案……

王总的失策之处就在于他对命令的执行情况监控不严。

下达命令其实只是成功的一半，更重要的事情是要严格地将相关命令付诸实施。

如果命令不能很好地执行，那就没有下达命令的必要了。

领导者在下达命令之前，可以充分发扬民主，调动群体的智慧，让众人积极提意见，但是命令下达之后，就要实行强制手段。

领导者在执行命令时最好做到以下几点：

（1）明确员工在执行命令过程中的权利和责任。每个人都要有明确的任务分工，组织协调要由专人负责，力争做到组织内部的所有人都各司其职。

（2）领导者要在执行过程中进行监控，具体的组织工作可以让助手做，但是主要问题一定要由自己把握。一旦实施过程中出现问题和偏差，领导者应立即出面予以解决和纠正。

（3）领导者要赏罚分明，对于工作积极、任务完成得好的员工要奖赏；对消极怠工、相互扯皮的员工要惩罚。

领导者只有做到以上三条，才能保证决议顺利地执行，保证工作圆满完成！

用强有力的语言增强影响力

在一些适当的场合使用某些词语可以强调所说的话，这些词语如果使用得自然、诚恳，可以增强影响力。下面是一些强有力的话语的例子：

（1）告诉下属，你想让他们“释放出创造性潜能”，而不要只是简单地提出建议。

（2）解释说我们共同拥有一个“需要为之奋斗的明确前景”，而不要只简单地说出制定的几个奋斗目标。

（3）说自己参加了一次“有影响”的贸易展销会，而不是简单地说一次贸易展销会。

（4）只要开始进行某个项目，就要说“接近”完成某一项目，而不是具体说差得有多远。

（5）要求团队“一次就做对”，而不是简单地说避免错误。

（6）当领导的部门赢得了一次部门间的小争论或胜过了竞争对手，就说你们“战胜”了他们。

使用有影响力的话语是体现领导艺术的重要方法，但如果对语言修饰得太离谱或太频繁，也还是会显得靠不住。

此外，领导者还可以频繁地使用类比和比喻。类比能使人们注意到不同事物各方面的相似之处以便作出比较。“我们公司很像微软公司的早期”，这是很多小型高科技公司创始者激励员工时所使用的一个类比。

其实，领导者的比较是比喻还是类比并不重要，重要的是这种比较是否能吸引住员工，员工能否被与自己所面临的挑战相关的类比和比喻所鼓舞。

关键时刻为下属出头

中国人自古以来就讲究“仁义”，可以说这是评价一个人的重要标准。孔子也曾说：“仁者，人也，亲亲为大。义者，宜也，尊贤为大。”自古以来，“义”已经成了英雄豪杰的标志，那么究竟什么是义呢?

某职场专家说：“义者，人字出头，加一点。在别人有难时出手出头，帮人一把，即为义。在别人需要时，及时出手，用我身上的力量帮助他们，就是义。”

一位管理大师说过：“领导力不是命令与控制，它是关于内在的‘怎样为人’，而不是外在的‘怎样做事’，它决定了‘我是谁，我为什么要做这项工作，我信仰什么’。”好的领导者的信仰之中应该有一项是为下属服务，肯牺牲个人的利益为下属谋取福利。以义为质，把义作为做领导者的根本，设身处地为下属着想，必要的时候，可以为下属的利益牺牲个人利益，甚至甘愿为了更多人的利益冒个人的风险，这也是下属眼中真正的好领导者。因此，领导者不仅要跟下属一起工作，还要在关键时刻为下属出头。

一个肯为下属出头的领导者，肯定会有一批忠实的下属愿意为他出力。一个领导者要有义薄云天的气魄和精神，也就是要有正义之气。

比如说，身为一个领导者，你的上司做了一项不符合实际情况的决定，而这个决定又关系到下属的直接利益，那么这个时候，你就有必要挺身而出，敢于替下属出头，去跟领导交流，告诉他真实的情况是什么样的，把利害关系说清楚，让上司明白他的决定是不符合目前形势的。当然，做这项工作的时候要讲究一定的方式方法，最终的目的是要在保护集体利益的前提下满足下属的需求。如果一个领导者做到了这一点，那么他就肯定能得到下属的拥戴。

某知名联合收割机厂发生过这样一件事。当时有一位中方女工程师长期驻厂工作。一次她在酸洗车间，看到车间周围的树木因为受腐蚀已经枯死，而工人们却都只是戴着简易的口罩进行有毒作业，于是她就要求将工人的口罩改为防毒面具。当时由于管理人员对酸腐蚀的认识还不够充分，就没有答应，而是随口应付她说，现在国内还没有那玩意儿，只有国外才有，不好买。可女工程师并没有放弃劝说，而是直接告诉他说外国使用的防毒面具正是国内某家企业生产的，而且她还马上命人给每位员工购买了防毒面具。正是她这种为下属着想的做法赢得了员工的尊敬，也使这个常年亏损的企业在第二年就赢利3000多万元。

女工程师在看到工人的健康受到威胁时，敢为他们出头，替他们争取应有的权益。这就是领导者身上应该具有的“义”。

在下属的眼里，领导者肯为自己出头才是值得信赖和尊敬的。而遇到一个能在特殊的情况下，肯为大家谋取利益的领导者，则会被下属看作是自己工作中最大的幸事。

不把喜怒哀乐挂在脸上

领导者不能毫无理智地放纵自己的情绪，这样下属往往会觉得无所适从。高明的领导者应该学会不把喜怒哀乐挂在脸上。

瑞希在美国中部一个大制造公司做了四年的人事专员。他自称适度自信，性格外向，工作顺利，婚姻幸福，生活整体称得上乐观。然而他却常常陷入一种莫名的不快中。他承认："我总觉得自己失去了什么。我在工作中并不很受欢迎，因为我对同事们从没有真正的亲密感。或许在内心深处我不相信任何人。即便跟妻子在一起，我大多数时候也是小心谨慎。当有人直截了当地问有关我自己的问题时，我通常闪烁其词。作为人事专员，我需要人们的支持和信任。但我感觉他们有点儿躲着我，甚至提防我。或许他们是在回报平日里我对他们的喜怒无常和神经质吧。"

瑞希的想法没有错，恰恰是因为他不善于控制自己的情绪，喜怒哀乐毫不掩藏，同事们才躲着他。

还有这样一个故事：

胡茜是一个办公室的管理人员，具有丰富的工作经验，为其组织中相当数量的办公室成员承担着广泛的责任。她同丈夫离婚后一直与十多岁的儿子和女儿住在一起。她觉得自己有很多烦恼。“我总是无法控制地向别人发脾气，虽然事后常常后悔，但总也控制不了自己的恶劣情绪。我们办公室的职员流动相当快，所以对大多数的人很难有真正的了解，而我周期性地与这样或那样的人发生口角。我试图强硬些，也试图亲切愉快些，可什么都不管用。如果我粗暴强硬，他们就怨恨不满并予以回击。而如果我态度可亲，他们又觉得我软弱可欺，想趁机利用我……”

瑞希与胡茜显然都是成功的职业人员，他们的工作涉及领导其他同事却又离不开他们的支持和拥护。他们要么有不错的学位和职位，要么有长期的工作经验，可显然他们都感觉自己对工作不能驾轻就熟。他们的共同症结就在于不能信任同事，尊重同事，无法良好地管理、控制自己的情绪，结果既伤害了自己，又得罪了他人。

遇喜兴奋，遇悲哀伤，这都是人正常的情绪表现，但作为一名领导者却不能纵情悲喜，单独一人的时候或许尚可发泄感情，但是面对下属时，却得时时维持着稳重的形象。聪明的领导者一般都喜欢把自己的思想感情隐藏起来，不让别人窥视自己的底细和实力，这样下属会觉得领导者神秘莫测，从而产生畏惧感，就难以钻空子了。

不把喜怒哀乐挂在脸上，以冷静客观的态度来应对事情，这种性格的人才配做一位优秀的领导者。

这种性格至少有两大优点：

（1）当组织内部遭遇困难时，如果领导者露出不安的表情或慌乱的态度，便会影响到全体员工。这种情形下，如果能保持冷静、若无其事的态度，就能安抚民心。

（2）在领导员工时，应具有从容镇定、成竹在胸的气场。如果把持不住，狂喜或暴怒，不但有损领导者形象，也容易被下属窥见弱点。

在生活中，领导者会遇到各种情况，但无论遇到哪种情况，都应当从容不迫，泰然处之。

现实中我们常看到，有些领导者由于脾气暴躁，情绪容易失去控制，在自己的一亩三分地里，更是滋生出专横跋扈的作风，动不动便因为下属的言谈举止不合自己的意而大发雷霆，把下属批评得一无是处。

这种做法极为不智，不仅会对领导者的形象有损，还会造成更深的不利影响。领导者应该时时提醒自己，有意识地控制自己的情绪波动。当然，这是长期修炼才能形成的领导艺术，需要领导者在日常工作中用心揣摩。

自己的秘密绝不轻易示人

向他人过度公开自己的秘密，无疑是将自己的软肋放在他人的面前。法国总统戴高乐说过一句发人深省的话："仆人眼里无伟人。”正因如此，他把保持神秘感作为自己担当领袖必须遵循的一个信条，而且竭尽全力地做到这一点。

事实上，如果一个人能被人一眼看穿，不仅难以受到别人的尊重，而且还会因此使别人更加小心防范，甚至陷自己于危险的境地。因此，自己的秘密不要轻易示人，守住自己的秘密是对自己的一种尊重，是对自己负责的一种行为。

王新是一个公司的职员，他与他的同事兼好朋友卢琦无话不谈。一次，借着酒劲，王新向卢琦说出了他不为人知的秘密。王新年轻时，打群架砍伤了人，结果被判了两年刑。从监狱出来后，改过自新，重新做人，考上了大学，进了现在的这家公司工作。

不久后公司准备从他们部门挑选一个人担任部门主管的职务。王新和卢琦从事同一工作，但论实力，王新比卢琦要略胜一筹。

不久，公司就传开了，大家都知道王新是坐过牢的，对他的印象也急转直下。谁愿意让这样的人做自己的上司呢？结果王新不但没有升职，还被公司找借口裁掉了，卢琦则成功地被公司选上，任命为部门主管。

每个人都有自己的过去，都有一些不为人知的秘密。朋友之间，同事之间，哪怕感情再好，也不要轻易把你过去的事情、你的秘密告诉对方。因为很有可能在关键时刻，他会跟卢琦一样，拿出你的秘密作为武器回击你，使你在竞争中失败。他将你的秘密说出来，你的竞争力就会大大削弱。

罗曼·罗兰说："每个人的心底，都有一座埋藏记忆的小岛，永不向人打开。"马克·吐温说："每个人像一轮明月，他呈现光明的一面，但另有黑暗的一面从来不会给别人看到。"

在企业中，不要把自己过去的事全都告诉他人，特别是那些不宜让他人知道的秘密，一定要有所保留。

向他人过度公开自己秘密的人，往往会因此而吃大亏。因为世界上的事情没有一成不变的，人与人之间的关系也不例外。或许今日是朋友，明日就成了敌人，这样的事例屡见不鲜。你把自己的秘密完全告诉别人，一旦反目成仇或者他根本不把你当作真正的朋友，他还会替你保守秘密吗？

也许，他不仅不会为你保密，还会将所知的秘密作为把柄，对你进行攻击、要挟，弄得你声名狼藉、焦头烂额。那时的你，后悔也来不及了。

记住，秘密只伴随自己，千万不要廉价地送给别人。在与人交往时，应该永远记住，要避免自己的感情冲动和谈话时间过长，做好必要的防范。

空头支票好开不好用

一旦许下的承诺不能兑现，就会损失自己的信誉。一次失信可能就会失去一个一生的合作伙伴，而一旦失信于人的事传开去，又会失去更多的信任，这会在以后的工作中造成很大的困难。

常有些领导者喜欢顺口答应别人事情，而事实上都无法做到，这就叫作开空头支票。乱开空头支票，用文雅一点的话来说，就叫轻诺寡信，即很轻易答应别人的要求，实际上却无法做到。

有些刚上任的领导，新官上任三把火，由于过分相信自己的实力，常很轻易地答应下属“……我可以帮你这样做”，然而最后却往往做不到。这样很容易就在下属心中留下一个不守信用的印象。

某公司的年轻主管王锐，很想将公司的人事变迁问题解决，于是就向公司人事部门提出种种申请。当他每一次出差到总公司去时，总是告诉人事主管或科长：“我那边的××职员已调出去五年了，请您今年把他调回来。”“××职员有七年的时间都在同一单位工作，一步也未曾离开，是否考虑将他升职？”“××这人很明显不胜任调查工作，如果不早点将他调到别的部门，无论对他本人还是对周围的人来说，都是一种很大的负担。”

但是人事主管或科长总是以各种理由敷衍，问题久拖不决。

于是王锐想尽各种办法，透过厂长向总公司的常务董事提出报告。常务董事听后说：“原来是这样，我晓得了。我会好好安排，让人事主管办妥此事。”

王锐从厂长处听到此消息后，兴奋异常，以为人事问题即将解决，于是转告下属再稍稍忍耐一段，下属也兴奋地期待着。

好不容易熬过了三个月，却毫无动静，到了第六个月，人事调动终于来了，但仅仅解决了一个人。到这时，下属对王锐的不信任感就越加强烈了。

其实，王锐确实作了很大的努力，但是他的下属仍然不免在背后批评他:“主管只是为了获得我们的欢心，便如此乱讲，说可以升我们的职，而事实上却没有结果。跟这种人一起工作，有什么意思？”

可怜的是，王锐本人本来没有过错，由于他在没有确切消息的情况下向下属许诺，结果为自己增加了不少非议。

一般说来，当领导者听到下属的请求时，不要认为事情容易实现，就一口答应下来，而应当详细地考虑各种情况。这样，即使后来由于情况变化或本身判断错误，以致发生执行上的困难时，也不至于失信于下属。如此才能保持自己的信誉，让下属觉得你可以信赖。

既要避亲又要避疏

在冷风瑟瑟的冬日里，有两只困倦的刺猬想要相拥取暖休息。但无奈的是双方的身上都有刺，无论怎么调整睡姿也睡不安稳。于是，它们就分开了一定的距离，但又冷得受不了，于是又凑到了一起。几经折腾，两只刺猬终于通过自己的努力找到了一个合适的距离，能互相取暖，还不至于刺到对方，于是舒服地睡了。

刺猬能够舒服地睡着而不刺到对方，就是因为它们之间保持了合适的距离。有人说，恋人必须保持一点距离，这样，才能使魅力永恒。距离产生魅力，距离维持魅力，这是一个“相对真理”。在博弈管理艺术中也应遵循这一点，管理者与下属相处时，更应记住保持一定的距离。

所谓距离有几种：一种为心理距离，即在内心保持这种意识。你所做的一切，只是为了更有效地开展你的工作，维护你的权威，而不是真的为了你好、我好。

另一种为实际接触距离，由接触的远近、频次来表现。离得太近，接触太频繁，都是实际接触距离不当。在与“中间派”的相处中，绝不能让他们觉得与你交往可以无所顾忌。

与疏远者尽量靠近。对于与上级关系疏远的人，作为上级应主动努力去缩小距离。针对造成疏远、反感的原因，可通过改变时间条件，相似性吸引和接近性吸引，报偿性吸引和仪表性吸引等来缩小距离。通过改善条件、增强吸引来实现彼此了解，不断增进友谊，逐步改善关系。如果采取冷落、排斥态度，必然会导致距离越来越疏远，关系越来越紧张。

与亲近者保持适当距离。“亲者严，疏者宽”是管理者处理上下级关系的重要原则。这就是说，要通过“宽”“严”来调节自己与不同人的关系。事实证明，上级偏袒亲近者，也是不平等待人的做法，往往对工作和上下级关系不利。明智的领导者不仅要对亲近者与疏远者平等对待，而且要与亲近者保持适当的距离，不要发展到亲密无间的程度。

你要是和某人近乎些，久而久之，他便会由最初夸赞你这位领导没有架子，到进而和你称兄道弟，不分轻重。

管理者可以一直以“与中间派打成一片”的形象出现，这样“中间派”可以比较自由地向领导者反映各种情况，还可以在非正式的场合称呼随便点。但是，绝不能允许他们没有上下级观念，也不能允许他们太放肆。得让“中间派”清楚，领导者永远是领导者，无论领导者多么和蔼可亲、多么平易近人，他也是为了更方便地开展各种工作、实施各项措施。领导艺术的高明、巧妙，只是从另一方面证明了他是一位领导者的事实。让“中间派”感觉到这一点，既利于领导者决策的平稳展开，也在不知不觉中树立了深入群众、深得人心，工作有魄力、有业务能力的良好形象。

业务部的杨菁是个很能干的女孩子，去年还成了全公司的销售状元，由此深受陈经理的赏识。杨菁活泼大方，性格外向，所以陈经理和她很谈得来，经常在工作上帮助杨菁。杨菁本来就很聪明，受高人指点，业务能力更是大有提高。第二年年底，杨菁被陈经理任命为销售部主管。做了主管后，由于要花一些精力管理，杨菁的销售业绩有所下降，公司的风言风语就多了起来。一天她和陈经理一起吃饭，隔壁房间传出几个同事熟悉的声音：“看，杨菁现在卖不出东西了吧！这都怪陈经理用人不当。”“杨菁本来就没有管理能力嘛，也许是陈经理看在她天天陪吃饭逛街的分儿上，给了她这么个安慰奖。”杨菁和陈经理面面相觑，两人再无半点食欲。

上司可以与员工关系和谐，但不必太过亲近。这里面有个度的问题，一旦越界，不仅不利于对员工的管理，而且还会产生很坏的影响。

企业内部应建立、健全各项管理制度，使企业的一切行为规范化、制度化。制度管理是管理的方法和手段，亲情和感情管理是企业文化，它应该融合在管理制度中，在管理制度中体现出来，而不能凌驾于企业的管理制度之上。否则，实行亲情管理和感情管理，就会增加管理者决策的随机性、人为性和不稳定因素，产生不公平、不对等的情况，从而降低员工对企业管理的信任度。

上级与下属之间往往存在着或亲或疏的现象。其实这也是必然的。造成亲疏的原因多种多样，既有时间因素，又有空间因素，还有文化素养和性格、志趣因素等。人与人之间友谊的加深，离不开必要的时间积淀，上下级之间也是如此。一般来说，相处时间越久，感情就越深；相处时间越短，感情就越浅。上下级之间文化素养接近，思想和智力的组合就易于和谐，就容易建立亲密关系；文化素养相差太远，思想和智力组合必然欠佳，就不容易建立亲密关系。性格相合易相吸，志趣相投易交往。这些都会给上下级关系的密切程度带来一定影响。此外，工作性质、能力、资历及对上级工作的支持程度等，也影响上下级的关系。

生人或接触有限的人，因为摸不清底细，便不敢轻举妄动。大家相当熟悉了，没有了距离，从生活习性到特长爱好，便可了如指掌。根据你的喜好投你所好也好，知道你的弱点采取相应对策也罢，你每行一步都在别人的掌握中。如此一来，你是领导者，是被监控的对象，还是被利用的傀儡？

对大多数人来讲，威严是制造出来的，人和人能差到哪里去？为什么一人必须听从另一人的指挥？就是因为他有一个上司的头衔吗？

领导者既要避亲，防止因为与员工过分亲近而影响自己的权威，也要极力避疏，防止失去领导和控制，致使没有人追随自己。

第七章
用人有方：用对人，做对事

掌握方与圆的用人智慧

在企业中，领导者要掌握方与圆的智慧。“方”指用人的原则性，包括用人的规范和范围，是用人的内在要求。“圆”指用人的灵活性，包括用人的技艺和策略，是用人的艺术形式。方与圆的智慧其实就是方与圆的辩证统一，也就是原则性与灵活性的有机结合。过于求方，可能有迂腐之嫌，会导致下级和员工之间过于疏远；过于求圆，则会有圆滑之嫌。出现这样的结果，都是领导者没有掌握方与圆的智慧的缘故。没有通过运用方与圆的智慧发挥人才的最大效益，是领导者不称职的表现。

如果你想成为一名称职的领导者，就必须做到方与圆的辩证统一。那究竟如何做到呢？在管理过程中要方中有圆，圆中有方，方圆相济，方圆适应。具体地说，有以下几个方面：

1. 开局需先圆后方

俗话说，“新官上任三把火”，作为领导者，就一定要把这“三把火”烧出艺术来，不能烧得太急。因为这时即使自己有不少的抱负，由于对新环境不熟悉，要经过一段时间的摸索才能逐渐进入角色，才能把自己的抱负付诸实施。三把火烧好了，有利于领导者顺利打开工作局面。开局应该是先圆后方，首先着眼于人际沟通，与上级的沟通，与同级的沟通，与下属的沟通。着力于调查研究，增进相互了解，逐步在活动中扩大用人权的使用范围，由圆而方。

2. 进局需外圆内方

进局是指开局过后，新的领导者要改变或发展前任留下的局面，形成自己用人风格的过程。这时的用人艺术是：在继承和模仿中融入己见，在容忍中纠错。对于前任的用人弊端既要有宽宏的肚量，又不能为求稳定而守旧；对前任的成功用人之道，要继承和发扬，通过兴利除弊来形成自己的用人之道，这就叫作外圆内方。

3. 中局需人方我圆

中局是指进局过后，领导者以开拓和创新的气概作出自己贡献的时期。这个时期，领导者要讲究人方我圆的用人艺术。这种用人艺术的关键之处在于充分调动人的积极性，也就是我们常说的用干部出主意。主意出得好，用人用得好，就可以让别人按照自己的意图去开拓创新，领导者只须适当介入，着重从旁观察、背后支持和当面制约，并不断地探索，不断地总结经验。

4. 定局需上圆下方

定局是指领导者形成自己相对稳定的领导格局的状态。在这种状态，应以维护自己的领导格局与开拓兼顾为宜。这一时期，领导者对上级的工作意图要彻底掌握，不能完全自行其是，应该把自己在用人方面的开拓与创新也纳入上级领导的范畴之中，做到原则性与灵活性相统一，这就是“上圆”。所谓“下方”，是指领导者在这一时期用人必须坚持原则，排除各种制约因素，只要自己认准了的，就应当坚持到底，而不应畏缩不前。

5. 选才需腹圆背方

所谓“腹圆”，是指领导者在行使用人权时应该有开放的心态和容才的海量，善于接纳各种类型的人才，知人善任，不要怕他们分权。所谓“背方”，是指领导者用人时要坚持标准，严格要求，切不可任人唯亲。

6. 立威需近圆远方

领导者通过一系列手段建立自己的威信叫作立威。对领导者而言，至少需要立两种“威”：一是在企业中的威信，二是在行业中的威信。前者可使领导者有效地实现领导目的，后者能使领导者及其单位在社会上树立良好形象，吸引各种人才的关注与兴趣。

所谓“近圆”，是指领导者在企业内部要充分尊重各类人才，善于听取他们的意见，尊重他们的意愿，多为他们排忧解难，多为他们办好事、办实事。所谓“远方”，是指领导在参与各种外界活动的过程中，要坚持站在本企业的立场上，“方”是维护本企业与人才的合法权益，而不能用损害他们的利益来换取别人的好感。

7. 激励需形圆神方

激励的目的在于调动人的积极因素，团结和谐，形成群体合力。所谓“形圆”，是指激励要注意手段和方法，并加以灵活应用。所谓“神方”，是指激励必须坚持正确的原则，即针对不同需要，注重工作和人才本身，努力做到公正、公平。

8. 处事需方圆兼顾

企业是一个复杂的群体，人与人之间的各种争端和矛盾不可避免。领导者在处理争端和矛盾时一定要做到方圆兼顾，既要通情达理，又要合情合理，不能失之偏颇。只有方圆兼顾，才能公正；只有公正，才能平衡，才能减少内耗与矛盾。

9. 协调需小圆大方

沟通协调，是领导者处理人才之间相互关系常用的方式，它的艺术在于小圆大方。所谓“小圆大方”，即在整体上和方向上坚持原则，在细节与局部上宽宏大量。领导者要把握好原则与细节、整体与局部的关系——求大同存小异，求“大方”而可“小圆”；善于“委曲求全”，增加人才之间的相互依赖与信任。

10. 建立领导模式需表圆本方

“表圆”旨在保住新用人模式的认同基础，以免格格不入；“本方”旨在继承中发挥自己的优势，形成自己的独特风格，把人才对前任领导者的认同慢慢转移到自己身上来。

请合适的人上车，不合适的人下车

“如果你有智慧，请你拿出来；如果你缺少智慧，请你流汗；如果你既缺少智慧，又不愿意流汗，请你离开！”这是蒙牛集团始终坚持的一种用人观，也是任何一个企业都在追求的一种用人观。毕竟任何一家企业，需要的都是要能创造效益的员工。

企业要发展，就必须提高自身的竞争能力，而团队职业化程度的高低直接影响竞争能力的强弱，团队的整体职业素质是制约团队发展、团队业绩提升的瓶颈。要想突破这个瓶颈，就要确保每一个员工的素质都要达到一定的水平。这就要求企业从一开始就要作好员工的选拔工作。

有一群虫子在草地上开联谊会，它们一边兴奋地聊着天，一边开心地吃着美味可口的食物。不多久，就把准备好的汽水喝了个精光。

聊了很久，大家口渴难耐，于是就商量要派一个代表跑腿帮大家买汽水，而卖汽水的地方离这里有一段很长的路程。小虫子们认为要解决口干舌燥的急事，就一定要找到一位跑得特别快的代表，才能胜任这样的任务。

大家你一言我一语，终于一致推选蜈蚣为代表，因为它们认为蜈蚣的脚特别多，跑起来一定像旋风那么快。

蜈蚣在所有小虫子们的期待下，起身出发为大家买汽水，小虫子们则放心地继续嬉闹欢笑，一时忘记了口渴。

过了好久，大家东张西望，焦急地想蜈蚣怎么还没回来。情急之下，螳螂跑去了解究竟发生了什么事。它一推开门，才发现，蜈蚣还蹲在门口辛苦地穿鞋呢！

有的领导者往往会根据外表来判断一个人的能力。然而，实际上看走眼的几率是相当高的。毕竟，一个人的能力实在无法单凭外表来评判。此外，人们也常常产生先入为主的偏见，以为只要腿长或脚多，就一定跑得快。然而像故事中的蜈蚣一样，虽然脚多，却不见得跑得快。所以，客观地评价一个人的优缺点对于选择人才是很有必要的。尤其对人事主管而言，在招聘或任用时，更应站在不偏不倚的角度，去除个人的偏见，甚至发展或建立一套客观的评估标准来选择合适的人才，才不会造成人力资源的虚耗。

在选拔人才时只将合适的人请上车还不够，还要定期将不适合企业的人请下车。

老鹰是鸟类中强壮的种群。根据动物学家的研究，这可能与老鹰的喂食习惯有关。

老鹰一次孵出四五只小鹰，由于它们的巢穴很高，所以猎捕回来的食物一次只能喂食一只小鹰，而老鹰的喂食方式并不是依平等的原则，而是谁抢得凶就给谁吃。在此情况下，瘦弱的小鹰吃不到食物都死了，最凶狠的才能存活下来，代代相传，老鹰一族便越来越强壮。

这个故事告诉我们：适者生存，公平不能成为组织中的公认原则，组织如果没有适当的淘汰制度，常会因为一些小仁小义而耽误了进步，在竞争的环境中将会遭到淘汰。

一般而言，企业里往往有四种人：

第一种是为企业增加积累的人；

第二种是不思进取但求无过的人；

第三种是赚钱买花戴的人；

第四种是职位低、权力大的人。

对于第一种人，领导者应该积极鼓励；对于第二种人，领导者要稳住；对于第三、四种人，领导者则有必要进行教育。

然而，如果教育之后，他们仍旧是停滞不前，不思进取，那就应该采取果断措施——辞退。人才要有进有出，企业绝不能像一潭死水，要让员工有危机感，坚信人无压力，便无动力。

疑人不用，用人不疑

疑人不用，用人不疑的核心就是信任。作为一个合格的领导者，具备这样的用人之道，毫无疑问是其最基本的素质之一。但是，在具体运作的时候，很多人会觉得真正做到这一点是十分困难的。

与员工建立良好的信任关系，是领导者试图达到的一种理想的用人状态。所谓疑人不用，用人不疑，讲的就是这个道理。问题的关键是：你如何在用权的时候赢得下属的信任，或者如何使下属对你的权力支配心甘情愿呢？一些领导者之所以紧抓权力，其中一个重要的原因就是不信任下属，怕下属把事情办砸了。因此，领导者放权的一个前提就是信任下属。没有信任，上下级之间便很难沟通，很难把一件事处理好，这样，领导者用起人来，就很困难，甚至受到阻碍。

信任下属——要做到这一点，必须用人不疑，疑人不用！这就是说，必须在可以信任的基础上用人，否则坚决弃而不用。因为没有信任感地用人，即使委以重任，也形同虚设，起不到应该起的作用。假如一个员工某些方面存在严重不足，要么弃而不用，要么等到条件成熟后再用，不必非要冒险，这是常识。

只有充分了解各种各样的人，才有可能从中发现人才，并将其放到能发挥作用的地方，合理使用。银行界大亨摩根把他无数的钱财，全部交给属下分别掌管，这并非他不重视这些钱财，而是他已经使下属具有了确实负起责任而无疏忽大意的能力。当然，摩根的信任绝非盲目，他先将小的任务交给手下人，待手下人陆续用事实证明自己确实可信任时，再委以重任。

可见企业领导者最好的用人办法是给员工充分的信任和鼓励，大胆起用人才，做到疑人不用，用人不疑。

敢于用比自己强的人

敢不敢用比自己强的人？这恐怕是领导者在用人中最大的考验，同样也是最容易犯的错误。

“他都比我强了，那在别的员工眼里，他是老板还是我是老板？”

有些领导者认为：别人比自己强就意味着自己不称职，同时意味着会在员工心目中丧失威信；员工中有比自己强的人，那他一定会对自己的位置虎视眈眈，总想取而代之，不能养虎为患；有能力的人或多或少都是有野心的，明知等他们强大后会自立门户，为何还要给他创造发展的机会呢；在企业中，我称老二就不能有人称老大……

在这类心态的支配下，领导者往往就希望别人无限放大他的才能，而他自己却无限缩小别人的才能。当员工工作取得比领导者好的成绩，获得更多的支持时，领导者就会觉得他们是在树立自己的威信并且威胁到他的领导权。领导者在这种心态的支配下，势必会严重挫伤这些员工的积极性。

其实，一个优秀的领导者，想获得成功，不是要处心积虑地去压制属下，而是要雇用比自己优秀的人，并且让他们受到重用。

全球零售巨头沃尔玛的总裁李·斯科特，就是一位敢于聘用比自己更优秀的人才的领导者。

1995年，斯科特雇用了一个员工迈克·杜克负责物流工作，并向自己汇报。现在，迈克已经是沃尔玛的副主席了。

当时迈克被提升接管物流部门的同时，斯科特自己也升职了。那一天他正在法国，忽然收到了一封传真，调任他做新的销售部总经理。

这让斯科特有点吃惊，之前他一直负责物流和仓储运输，从来没有从买方的角度工作过。于是他就问老板为什么要自己来负责全球最大零售商的销售，得到的答案是：因为斯科特可以找到一个雇员，做得比自己还好。即使斯科特把销售部搞得一团糟的时候，至少还有迈克可以让物流部保持原样！

斯科特一直认为是因为他雇用了比自己更强的人，才能够走到今天这一步。

凡是想要成大事的人，都应该像斯科特一样，能把比自己强的人招揽到自己旗下，并诚心相待。

美国的钢铁大王卡内基的墓碑上刻着：“一位知道选用比他本人能力更强的人来为他工作的人安息在这里。”卡内基的成功在于善用比自己强的人。在知识经济时代，领导者就更需要有敢于和善于任用比自己强的人才的胆量和能力。

领导者要想成功，除了敢用比自己强的人外，还要做到以下三点：

（1）领导者要具备足够的胆量。因为，任用比自己强的人，往往会产生一种“珠玉在侧，觉我形秽”的危机感。作为一名领导，要想做到乐于用比自己强的人，就必须有胆量去克服嫉贤妒能的心理。那些生怕下级比自己强，怕别人超过自己、威胁自己，并采取一切手段压制别人、抬高自己的人，永远不会成为成功的领导者。所以，领导者敢用和善用比自己强的人，一定要有足够的胆量。

（2）“强者”并不等于“完人”。优秀的人才最可贵的地方就在于他有主见、有创新能力，不随波逐流，不任人左右。真正的人才需要具备很强的创造力，才能为组织带来绩效、为领导开创局面。然而，他们也并非完人，所以领导者还要具备容人之雅量。

（3）要允许失败。失败乃成功之母。在创造性的工作中，失败是常有的事，不能因为他们强就剥夺他们失败的权利。

领导者只有在敢用比自己强的人的基础上做到以上三点，才能真正保证企业在市场上保持竞争力，获得成功。

用人要精而不要滥

求贤若渴，实为领导者的高明之举。但如果因为人才紧缺，对其渴望过度，饥不择食，用人过滥则会适得其反，欲速则不达。

然而现实中就有那么一些企业，在用人方面滥而不精，主要表现为两方面：

一是用人多，人浮于事，不能充分发挥每个人的作用，从而导致资源浪费；二是人员素质不高，有滥竽充数的，有不能胜任的，有特殊照顾的，有看人行事的，这势必影响企业团结和规章制度的推行。总之，用人过滥，会给企业带来很多问题，成事不足，败事有余，是企业一大弊端。

德国著名的大众汽车公司，在几十年的经营活动中都较为顺利。但当出现石油危机时，这家大企业就遇到了前所未有的困难——1974 年发生了高额亏损，1975 年亏损的势头加剧。这家闻名全球的大企业面临崩溃。

在这关键时刻，斯米克尔应聘该公司的总经理职位。他上任后对本公司作了全面的了解，发现客观原因是导致公司经营困难的一个方面，但企业内部机构和人员过多所造成的各种阻力，才是更为主要的一个方面。据此，他果断地采取了一项措施，就是精简公司的机构和各级领导人员，清除了那些不干实事、提不出建议的领导和管理人员，对那些争权夺利、给企业生产造成内耗或不利于提高生产效率的人员，均予开除。经过改革，大众公司的员工从 11.2 万人减少到 9.3 万人。由于减少了中间环节，政令畅通，工作效率大大提高了，同时，公司的费用支出也大大减少了。1976 年，公司扭亏为盈，从此以后，大众公司恢复了元气，走上了稳定发展的道路。

斯米克尔从大众公司在20世纪70年代初陷入的高亏损中，总结出企业各级领导者如不称职，庞杂的机构和过多的冗员会相继产生，整个企业的管理系统就会形成恶性循环的教训。如果企业各级领导班子和人员能够精干，不但可以节省各项费用，还可以提高效率。特别是在科学技术迅速发展的当今，在很多情况下电脑代替人脑，机械手取代人手，精干的人员已成为企业普遍追求的，亦成为衡量企业的竞争能力的条件。

在有的企业里，一般不存在用人多、人浮于事的问题。企业老板为了节省费用，该用三个人办的事只用两个人。但用人唯亲的情况却是相当普遍的，这就难以保证人员的素质，也堵塞了选用贤者、能人的路。

要防止企业发生用人过滥的问题，最重要的是坚持用人制度，严格按照有关的规章办事，加强对用人的不正之风的检查处理。

这样，就可以使企业在用人问题上能沿着一条正确的、健康的道路走去。

善于挖掘下属的优点

领导者要做到知人善任，成为下属的知己，一个重要的方面就是要具备发现下属潜能的眼光和能力。工作中，不是每个下属都会有显著的成绩，许多人的表现甚至很平庸。事实上，在任何一个单位中，真正出类拔萃的总是少数，而大部分人都处于一种中间状态。这些下属虽然表现一般，但并非说明他们没有能力，有些还是很不错的，只不过他们的能力还没有被激发出来，他们更需要领导者的关注和激励。

这就要求领导者要有挖掘这些一般下属优点的眼光，如果领导者能够在日常的工作事务中发掘出他们的优点并予以哪怕是口头的表扬，就可能改变很多人，使他们的潜能被大大地激发出来。同时，也会让领导者赢得下属真心的拥戴和支持。

一个值得下属追随的领导者应当是一个能够以潜能识人、用人的领导者。

伊尹是商汤的开国大臣，他帮助商汤打败暴君夏桀，为建立商朝立下汗马功劳。他原名叫阿衡，是有莘氏家的奴隶，虽然思谋精奇，才学宏深，却不为人知。

有莘氏把女儿嫁给商汤时，阿衡作为陪嫁的奴隶到了商汤府中做厨子。一次上菜时，商汤偶然问起他有关烹调的事。阿衡恭恭敬敬、不卑不亢地谈起烹调的技艺。商汤见一个厨子能把烹调之事讲得绘声绘色、有条有理，就没有打断他。阿衡循序渐进，话锋一转，不知不觉把话题引向治理国家的道理上，商汤越听越奇。听到阿衡讲王道与霸道同炊火与爆炒的异同时，商汤肃然而起，喟然长叹：治理国家的人才，我却让他烧菜做饭！他毅然决定把国家政事交给阿衡（伊尹）管理。

商汤死后，伊尹又辅佐帝外丙、帝仲壬、帝太甲。太甲是商汤的孙子，当了三年皇帝后，开始胡作非为，失民心于天下。伊尹就把太甲放逐到桐宫悔过，自己行摄王政，让成汤德政重布于天下。三年后，太甲悔过自新，向天下承认自己的错，伊尹又把政权还给太甲。太甲死后，伊尹又立其子沃丁为帝。这样，伊尹也成为了五朝老臣。

伊尹如托孤老臣，忠心耿耿辅佐帝王治理天下。有这样的人才，国家何愁不富强，帝王何愁不成明君呢？伊尹的忠诚与商汤对他的赏识和重用是分不开的。“士为知己者死”，领导者若要赢得下属的忠心追随就应当像商汤一样，有一双识人的慧眼。

领导者要跳出用人识才的误区，较快地识别和激发下属的潜能，应当注意以下几点：

1. 听其言

有潜力的下属大多都是尚未得志之人，故其在公开场合说官话、假话的机会极少，所说之言，绝大多数是在自由场合下直抒胸臆的肺腑之言，因而就更能反映和表达真实的思想感情。

2. 观其行

一个人的行为，体现着一个人的追求。例如，一个讲究吃喝打扮的人，所追求的是口舌之福和衣着之丽，等等。任何一个人，一旦进入了自己希望进入的角色，就会为了保住角色而多多少少地带点“装扮相”。只有那些处在一般人中的人才，既无失去角色的担心，又不刻意寻觅表现自己的机会，所以，一切言行都比较质朴自然。领导者若能在一个人才毫无装扮的情况下看透其“真迹”，而且这种“真迹”又包含和表现出某种可贵之处，那么大胆起用这个人才，十有八九是可靠的。

3. 析其能

有潜能的下属虽处于成长发展阶段，有的甚至处在成才的初始时期，但既是人才，就必然具有人才的先天素质。或有初生牛犊不怕虎的胆略，或有出污泥而不染的可贵品格，或有“三年不鸣，一鸣惊人”之举，或有“雏凤清于老凤声”的过人之处。一位善识人才的伯乐，正是要在千里马无处施展腿脚之时识别出它与一般马匹的不同。

4. 闻其誉

善识人才者，应时刻保持清醒头脑，有自己的独立见解，不受表面现象所左右。对于已成名的人才，不应当跟在吹捧赞扬声的后面唱赞歌，而应多听一听反对意见；对于未成名的潜人才所受到的赞誉，则应留心在意。

人云亦云者居多。大家说好，说好的人越发多起来；大家说坏，说坏的人也会随波逐流。当人才处在潜伏阶段，别人对其吹捧也没有好处可得，所以，其称赞是发自内心的，是心口一致的。领导者如果听到大家对一名普通的下属进行赞扬时，一定要注意。

用人之长，避人之短

一个企业需要的人才是多种多样的，同时，每个人也只能够在某一方面或某几个方面比较出色，不可能在各个方面都非常出色。高明的领导者在用人时，不会盯住人才的缺点，而是发现人才的长处，让他的某方面特长能为团队的事业作出贡献。

明代永乐皇帝朱棣是一位很有作为的皇帝。他当皇帝二十多年，摸索出了一套用人经验。有一次，他和内阁辅臣聊天时谈到用人，对现任的六部大臣逐一评价，说了一句："某某是君子中的君子，某某是小人中的小人。"这两个人当时一个是吏部尚书，一个是户部尚书。

举国上下那么多人，为什么朱棣还要让一位"小人中的小人"担任那么重要的职位呢？这正是朱棣用人高明的地方：让"君子中的君子"做吏部尚书，不会结党营私，把自己的门生、亲戚和朋友全部安排到重要岗位上，而是以国家利益为重，为国家、朝廷选拔人才；而"小人中的小人"做户部尚书，能为了把税收上来不择手段。朱棣每年的军费开支非常大，正常的财政收入根本无法应付，除了常规的赋税外，每年还必须要有大量的额外收入来支撑军费。所以他必须找一个"小人"。

有人说：没有平庸的下属，只有平庸的领导者。每个人都是长与短的统一体，任何人只能在某一领域是人才，一旦离开他精通的领域，人才就会变成庸才。因此领导者在用人时，只能择其长者而用之，恕其短者而避之。任何人的长处，大都有其固有的条件和适用范围。长，只是在特定领域里的“长”。如果不顾条件和范围，随意安排，长处就可能变成短处。

领导者应以每个下属的专长为思考点，安排适当的位置，并依照下属的优缺点，作机动性调整，让团队发挥最大的效能。最糟糕的领导者就是漠视下属的短处，随意任用，结果总是使下属不能克服短处而恣意妄为。一个成功的领导者，在带领成员时，并不是不知道人有短处，而是知道他的最大任务在于发挥他人的长处。

然而，如果一个人的短处足以妨碍其长处的发挥，或者妨碍到团队组织的正常运作与发展时，那么领导者就不能视而不见，而是必须严正地处理了。尤其是在品德操守方面，正所谓人的品德本身并不一定能成就什么，但是一个人在品德方面如果有缺点，则足以败事。所以，领导者要容忍短处，但也要设定判断及处理的准则。

不要忽视“小人物”

领导者如果现在自恃地位高，忽视一些“小人物”，就等于为自己树立了一个个强大的敌人；相反，若是懂得尊重他们，也等于为自己带来了朋友。领导者事业上的成功，除了靠大人物提拔，更多的时候还必须依靠广大“小人物”的支持。

《战国策》记载了这样的一个故事：

中山国君宴请都城里的军士，大夫司马子期在座，只有他未分得羊羹。司马子期一怒之下跑到楚国，劝说楚王攻打中山国。中山君被迫逃走，他发现，逃亡时有两个人拿着戈跟在他后面，寸步不离地保护他。中山君回头问这两个人说："你们是干什么的？"两人回答说："我们的父亲有一次快要饿死了，你给了他一碗饭，救活了他，父亲临终时嘱咐我们，'中山君如果有难，你们一定要报效他'。所以我们决心以死来保护你。"中山君感慨地仰天而叹："给予，不在于多少，而在于时机；怨恨，不在于深浅，而在于恰恰伤害了别人的心。我因为一杯羊羹而逃亡国外，也因一碗饭而得到两个愿意为自己效力的勇士。"

《史记·魏公子列传》中说，魏无忌为人仁厚，又能礼贤下士。凡是士人，不论才能高低，魏无忌都能谦虚地以礼相待，不因为自己富贵就怠慢他人，所以各地的士人都争相前往归附，因而他的食客共有三千人之多。

当时魏国有个隐士名叫侯嬴，已经70岁了，因为家里很穷，只好去做夷门的守门人。魏无忌听说后，就带了丰厚的财物前去问候，但侯嬴不肯接受。于是魏无忌就改摆酒席，大宴宾客。

当客人坐定之后，魏无忌带着礼物，空着车子左边的座位，亲自去夷门迎接侯嬴。侯嬴整了整破旧的衣帽，毫不谦让地上车坐在了上首，想借此来观察魏无忌，不过魏无忌反而对他更加恭敬。

之后，侯嬴又故意对魏无忌说：“我有个朋友住在街上的屠宰坊里，希望您能顺便带我去拜访他。”

魏无忌不以为意，随即驾着车子就来到市场。侯嬴下车去会见朋友，他边跟朋友谈话，边暗中观察魏无忌，但魏无忌的脸色更加温和，即便市场上的人都看着这个场面，他仍然保持恭敬有礼的态度，没有一丝不耐烦。

很长时间过去了，侯嬴还没有出来，这时随从都在暗地里骂侯嬴。

侯嬴观察到魏无忌的脸色始终不变，才辞别朋友，登上车子。来到魏无忌家后，魏无忌领着侯嬴坐在上位，并为他一一介绍宾客。到了饮酒正酣时，魏无忌起立，来到侯嬴面前向他敬酒。

这时，侯嬴才对魏无忌说：“我不过是一个守门人，但公子却亲自驾着马车去迎接我。我本不应该去拜访朋友，却委屈公子跑了一趟。然而，我侯嬴想成就公子的美名，故意让公子的马车久久停在市场上，借此观察公子，但公子却更加恭敬。百姓们大都把我看作小人物，而认为公子是有德行的人，能谦恭地对待士人啊！”

此后，侯嬴成了魏无忌的上宾，并为魏无忌的事业作出了重大贡献。

魏无忌之所以对许多别人看不进眼的“小人物”如此恭敬，原因就在于他了解“小人物”中蕴藏的巨大潜能，而且只要能妥善利用这个潜能，就能成就大事。

同理，企业领导者也该如此。要知道，人是最复杂的动物，想要成为卓越的领导者，就不要忽视“小人物”，在他们身上的投资，可能会带来意想不到的收获。

相反，如果领导者只是因为一点私事而心情不好，甚至把这种不良情绪带到了工作环境中，并且不加遏制地迁怒于下属，把那些微不足道的“小人物”当作出气筒，那么领导者就可能遭遇困难。

当然，大多数下属都只会忍气吞声，但是一旦遇到的是个有个性且自尊心很强的人，他或许就会在某天重创你。也许，这个人有非同一般的家庭背景，他的家族中有人可以决定你的升迁，但你却无端对他发火，那岂不是自己葬送了机会和前程？也许这个人颇有才华，几年以后，就会站到与你同样或比你更高的位置，这样一来，岂不等于为自己树立了一个敌人？

这个世界是不断变化的，没有一成不变的事情。“小人物”不会甘于永远充当小角色，或许有一天也会变成“大人物”，多一个朋友总比多一个敌人强。